ANTONIO MONCLOVA BOHÓRQUEZ

Historia de las aves terrestres extintas

Las colosales y enigmáticas aves que dominaron la Tierra tras la extinción de los dinosaurios

GUADALMAZÁN

Primera edición: noviembre de 2024

Guadalmazán • Colección Divulgación científica
Director editorial: Antonio Cuesta
Edición de Ana Cabello
Maquetación: Rafael Joaquín Jiménez Romera

www.editorialguadalmazan.com
info@almuzaralibros.com

Talenbook, s.l.
C/ Cervantes, 26 • 28014 • Madrid

Imprime: Liberdúplex
ISBN: 978-84-19414-44-1
Depósito Legal: M-22548-2024
Hecho e impreso en España - *Made and printed in Spain*

A tantos que me han ayudado
a llegar hasta aquí

Índice

Prólogo

En cualquier territorio en el que nos encontremos, en cualquier biotopo terrestre que contemplemos, las aves serán los vertebrados más diversos, los que presentan un mayor número de especies. Hacia finales del siglo pasado, había un cierto consenso en la estima del número de especies vivas de aves superior a 9600. Hoy, para muchos especialistas, esa estimación asciende a más de 10.000 especies. Hasta muy recientemente la descripción de las especies se apoyaba exclusivamente en rasgos morfológicos y físicos que se aprecian en los individuos que componen cada especie, tales como caracteres anatómicos, diseño del plumaje, canto, etc. La utilización del material genético en sistemática y taxonomía ha ocasionado, en alguna medida, una redefinición de los límites de la especie y, en consecuencia, se ha incrementado su número. Las aves constituyen un grupo exitoso de animales. Esta afirmación es cierta para las aves actuales y también lo es para las que vivieron en el pasado, según vamos sabiendo a medida que se amplía el registro fósil de estos animales.

Esa notable diversidad que exhiben las aves —y que es el motivo esencial de que en cualquier país haya grupos de personas dedicadas a su contemplación— se basa en que la mayoría de las especies no son generalistas. Su tipo de vida, sus adaptaciones de todo tipo, su conducta se ha ido adaptando a biotopos relativamente restringidos. Si se me permite una figura antropocéntrica, las aves han experimentado una estrategia hacia la superespecialización. La gran diversidad de especies se produce al especializarse en los innumerables nichos ecológicos que encuentran en continentes e islas. Esto se entiende bien al comparar la riqueza de especies presentes en los heterogéneos ambientes terrestres con el limitado número de especies marinas, adaptadas a un medio muy homogéneo.

La característica más distintiva de este grupo de animales es su capacidad de volar. Esto les faculta a llegar a lugares inaccesibles a otros animales y a recolonizar antes territorios después de una catástrofe. Además, los animales terrestres vivimos, *grosso modo*, en dos dimensiones. La mayoría de las aves, en tres. Así pues, en efecto, las aves son muy diversas y, en la mayoría de los ecosistemas, sus individuos son más numerosos que los de otros grupos, aunque esto no resulta tan evidente porque las aves son mayoritariamente de tamaños pequeños.

Pues bien, el libro que usted se dispone a leer trata de las aves que no vuelan —mejor dicho, que no volaban— y que fueron bastante conspicuas, ya que la pérdida de esta capacidad tenía que ir ligada al aumento de talla. Como han ido mostrando numerosos trabajos que se recogen y comentan en el libro, ambas características han evolucionado al mismo tiempo en los grupos de aves que adoptaron una locomoción estrictamente terrestre. En las últimas décadas, se ha avanzado mucho en el conocimiento de estas aves, tanto en las relaciones filogenéticas entre estos grupos, como de su entronque con las otras aves. En la literatura especializada encontramos muchas discusiones sobre una amplia variedad de temas: significado de caracteres anatómicos, condiciones ambientales o geográficas implicadas en la diversificación y extinción de estos grupos de animales, etc. Como es natural, muchas de tales discusiones siguen ocupando a los estudiosos del tema. Y esto se nota claramente en el libro. La razón probablemente sea que es un libro muy bien documentado. En cuanto a los artículos principales que dan forma a cada tema, es casi exhaustivo. Todos los problemas y discusiones que se abordan en la investigación de estas aves tienen su espacio. Esta es una obra de las que a veces se llaman «del estado de la cuestión». Se muestran las discusiones entre especialistas, la diversidad de trabajos sobre unos mismos temas tal cual se producen.

Algunos de los temas que aparecen tienen una historia relativamente larga y Antonio Monclova es un erudito también en historia. En cada grupo de aves, el autor nos presenta los primeros hallazgos de fósiles, avistamientos de aves aparentemente extinguidas, curiosas descripciones, leyendas, etc., trazando también la historia de aciertos y grandes errores de los primeros contactos que tuvimos con estas extrañas aves.

El libro repasa en los primeros capítulos la historia de las ideas acerca del origen y primeras etapas de la evolución de las aves, unas etapas de la evolución de estos animales muy anteriores a cuando algunos grupos fueron perdieron la capacidad de volar y alcanzaron grandes tallas. Los grandes debates sobre la evolución de las aves fueron especialmente intensos en las tres últimas décadas del pasado siglo y en los comienzos de este. Un impulso lo constituyó la aparición en China y, en menor, medida en Mongolia, de una gran cantidad de esqueletos de aves completos o casi completos y en muy buenas condiciones de conservación. Aparecían detalles anatómicos que nunca antes se habían podido estudiar. Y la enorme variedad de diseños y adaptaciones que las aves habían ido experimentando con el discurrir del Cretácico era sorprendente. Esta ha sido una de las grandes y últimas discusiones científicas. Posiblemente, porque se trataba de aves y del grupo de los dinosaurios terópodos, atrajo la atención incluso de medios de masas. Ignoro si en otro campo se ha dado una situación paralela. Especialistas que hasta entonces habían sido los principales especialistas en aves mantuvieron ideas que finalmente fueron rechazadas. Algunos de estos investigadores pensaron quizá que el último capítulo del debate se daría en el campo de la embriología, en torno a la fórmula de los dedos de las manos de terópodos y aves. No fue así. El paradigma del entroncamiento de las aves —en el sentido de Th. Kuhn— había cambiado.

Dr. Antonio Sánchez Marco
Institut Català de Paleontologia Miquel Crusafont
Universitat Autònoma de Barcelona

Sobre este libro

En mi libro anterior[1] señalaba lo pretencioso que habría sido querer tratar de todos los mamíferos de mayor tamaño que vivieron durante el Cenozoico, de igual forma lo sería en el caso de las aves de gran tamaño que habitaron nuestro planeta durante el mismo periodo geológico, aunque los taxones descritos de estas sean muchos menos. Este libro no trata de todos los grupos taxonómicos aviares, solo se han seleccionado aquellos que incluyen a taxones de aves terrestres no voladoras cuyo tamaño supera al de los demás miembros extintos o actuales de sus respectivos grupos. En este sentido, han quedado excluidas las rapaces gigantes y las enormes aves marinas de pico dentado por ser aves voladoras, aunque también lo han sido los taxones de pingüinos gigantes extintos por tratarse de aves marinas.

La mayor parte de este libro trata en detalle de numerosas aves terrestres no voladoras extintas pertenecientes a grupos taxonómicos que no están representadas actualmente o que lo están por linajes con características muy diferentes a las de sus enormes parientes extintos. Se trata de gran tamaño que en su mayoría son muy diferentes de las actuales y muchas las cuales conoce el público por las reconstrucciones que aparecen en las obras divulgativas e incluso en el cine.

Por el motivo evolutivo que desempeñaron, trataremos de diversos grupos taxonómicos de grandes aves no voladoras de la subclase paleognatas[2] que actualmente tienen representantes vivos, como

---

1   Monclova, A. (2023) *La primera megafauna*. Editorial Guadalmazán.
2   *Palaeognathae* (en griego significa «mandíbulas antiguas»). Constituye un grupo de aves modernas (*Neornithes*) que incluye a las denominadas ratites (*Ratitae*), un grupo de aves no voladoras originado a finales del Mesozoico.

por ejemplo el avestruz, el ñandú y el emú, junto a otros que fueron extinguidos por los humanos en épocas históricas, como los moa de Nueva Zelanda y las aves elefante de Madagascar. Otros taxones de grandes aves no voladoras de las que trataremos son los dodos, unas curiosas aves emparentadas con las palomas[3] distribuidas por varias islas del océano Índico hasta que las extinguimos los humanos, que habían aumentado de tamaño y perdido la capacidad de volar como consecuencia del aislamiento insular. No trataremos sobre otras muchas aves insulares que experimentaron el fenómeno del gigantismo durante el Cuaternario.

A lo largo del texto aparecen algunos taxones de aves de menor o mayor envergadura, algunas voladoras, relacionadas con las líneas evolutivas de las verdaderas protagonistas de este libro y que, por motivos lógicos, no pueden ser omitidas.

Conforme avance en la lectura de este libro, el lector comprenderá por qué considero necesario exponer tantos datos sobre los grupos ancestrales de las aves terrestres gigantes, hasta llegar incluso a los propios dinosaurios. No he pretendido describir en detalle las características y filogenia de todos los taxones a los que hago referencia, ni tampoco exponer de una forma exhaustiva la historiografía de la paleontología aviar. Mi intención es actualizar en lo posible y unificar el contenido del discurso divulgativo relativo a una parte de la evolución de las aves, proporcionando datos recientes sobre los taxones terrestres de mayor tamaño, aportando también unas breves pinceladas sobre aspectos historiográficos de su investigación.

He de reconocer que, en algún apartado, como el dedicado las «aves del terror», quizás me haya extendido algo más en las anotaciones bibliográficas, y que, en general, he representado muchos árboles evolutivos. Debo aclarar que solo he pretendido poner a disposición del lector muchas fuentes de información que, obviamente, no es necesario conocer para disfrutar del contenido del libro.

En resumen, como hice en el libro que dediqué a los mamíferos gigantes, he procurado establecer, desde una perspectiva holística, la relación entre los contextos ecológicos de las aves terrestres de mayor tamaño que han existido y los procesos evolutivos que condujeron a su aparición y posterior extinción.

---

3   Los dodos y las palomas forman parte del orden *columbiformes*.

A modo de introducción

Considero que este libro es, en cierta forma, una segunda parte de *La primera megafauna*[4], mi obra anterior protagonizada por grandes mamíferos del Cenozoico. Esta percepción no es solo porque aquí también trato de animales de gran tamaño, sino porque enfoco el tema de las *aves gigantes* de la misma forma que hice con el de los *mamíferos gigantes*. Partiendo de que los seres humanos siempre hemos manifestado una mezcla de admiración y temor por los animales *gigantes*, lo cual se constata en el hecho de que, desde hace más de un siglo, los grandes reptiles del Mesozoico —imagen por antonomasia de los gigantes del pasado— han ocupado un lugar destacado en las preferencias del público.

Tras desaparecer los dinosaurios y otros grandes reptiles, su lugar fue ocupado durante el Cenozoico por innumerables taxones de mamíferos de todos los tamaños, entre los cuales hubo muchas formas terrestres y acuáticas de tamaños corporales tan grandes que se podrían calificar como gigantes[5]. Pero es evidente que los mamíferos no han sido los únicos vertebrados de gran envergadura que han existido en los últimos 65 millones de años,[6] y tanto en el registro fósil de aquella *primera megafauna* como en la actualidad podemos encontrar numerosos taxones de enormes vertebrados, y las aves lo son.

Cuando se habla de *aves* la mayoría suele pensar en animales tales como pájaros, gallinas, patos o gaviotas, y si les preguntan cuál es el ave actual más grande la mayoría responderá que el avestruz, el emú

---

4   *Ibid.* Monclova, 2023.
5   Los grandes mamíferos acuáticos del Cenozoico los trataré en un futuro libro.
6   Más a partir de ahora.

o el casuario. Pero si a esas mismas personas se les pregunta por el ave prehistórica de mayor tamaño, la situación cambia radicalmente y la mayoría responderá que no lo sabe, aunque casi todas saben que hubo muchas especies y algunas incluso más grandes que el avestruz. He observado que buena parte del público tiende a pensar que, en épocas remotas, el gigantismo aviar fue bastante generalizado, lo que quizás se deba a la escasa e imprecisa información que se maneja sobre este tema y al hecho de que la mayoría conoce la relación evolutiva entre aves y dinosaurios, unos reptiles que están precedidos por su fama de gigantes.

Hasta hace unas décadas, la información referida a las aves prehistóricas que llegaba al público en general era presentada siguiendo más o menos el mismo patrón, tanto en el caso de los libros y revistas divulgativas como en el de los antiguos álbumes de cromos. La exposición del tema comenzaba invariablemente presentando al *Archaeopteryx* del Jurásico como ancestro evolutivo de las aves, continuaba con *Ichthyornis* y *Hesperornis* como ejemplos de las del Cretácico y finalmente mostraba algunas aves gigantes no voladoras del Terciario y el Cuaternario. Entre estas últimas aparecían, en primer lugar, *Diatryma* (= *Gastornis*) y *Phorusrhacos* como ejemplos de las grandes aves depredadoras, seguidas por varias especies extinguidas por el hombre, tales como el moa de Nueva Zelanda (*Dinornis*) y el *ave elefante* de Madagascar (*Aepyornis*). A veces el muestrario terminaba con el buitre gigante americano del género *Teratornis* (= *Argentavis*).

Sin duda, esta forma de presentar la evolución de las aves no podríamos considerarla exactamente errónea y ninguno de los ejemplos que aporta serían por sí mismos inadecuados, pero existe un problema que radica en la propia narrativa. Esta forma sucinta de mostrar el pasado de las aves, en la cual los taxones de gran tamaño ocupan un lugar destacado, es posiblemente la causa de que muchos de los que se han interesado por el tema apreciaran erróneamente que, a lo largo de la evolución de las aves, gran parte de las especies debieron ser muy grandes. Por otro lado, en las publicaciones divulgativas solían aparecer pocos taxones de «aves prehistóricas» en comparación con los de dinosaurios y mamíferos, pudiendo así transmitir la idea de que la diversidad aviar fue escasa en los ecosistemas del pasado. Esta apreciación es tan falsa como la anterior, porque los géneros citados eran solo los más conocidos y debe tenerse en cuenta que el conocimiento de aves fósiles no está tan alejado del de otros vertebrados terrestres.

Este enfoque de la divulgación paleo-ornitológica siempre me ha parecido curioso, y más ahora visto desde la perspectiva del tiempo, porque, aunque los paleontólogos sabemos que no todas las aves prehistóricas fueron enormes y que su diversidad no tuvo por qué ser inferior a la de otros vertebrados terrestres, lo cierto es que el registro fósil tiende a preservar más y mejor los restos pertenecientes a las especies de mayor tamaño. En el caso de las aves, esta circunstancia se ve incrementada por la mayor fragilidad que presentan sus huesos, preservándose mejor los de las especies de mayor tamaño.

Es indudable que la manera de divulgar la paleontológica ha cambiado mucho en las últimas décadas, y cada vez menos gente ignora que muchos dinosaurios tuvieron plumas, al igual que casi todo el mundo sabe que entre aquellos reptiles se encuentran los antepasados de las aves. La popularización de esta idea ha sido tal que hay quienes han llegado a considerar que las aves serían algo así como una versión moderna de los dinosaurios[7] y muchas de las que les acompañaron aparecen reconstruidas en los actuales libros divulgativos mostrando coloridos plumajes, producto de la creatividad de los paleoartistas.

A pesar de que la información sobre este tema parece llegar a casi todo el público, en el contenido de las publicaciones divulgativas echo de menos la presencia de muchas de las grandes aves que han descrito los paleontólogos a partir de sus restos fósiles. No me refiero a que no se muestren reconstrucciones del aspecto que tuvieron en vida, sino a que apenas se aportan interpretaciones de su biología y de su papel en la historia evolutiva del grupo.

Por otro lado, Internet proporciona una ingente cantidad de información científica y divulgativa sobre aves prehistóricas, pero —como sucede con otros temas— gran parte de ella va dirigida a especialistas y resulta demasiado compleja para el profano, mientras que la información que es más asequible suele ser demasiada y muy dispersa o incluso carente de suficiente rigor. Para manejar

---

7   De hecho, los taxónomos sitúan a las aves modernas dentro del clado *Dinosauriomorpha*.

tanta información sobre aves prehistóricas es necesario poseer algunos conocimientos del tema, y los aportados en este libro, además de tener rigor científico, son asequibles para el público no especializado.

***

Hace treinta años, *The Age of Birds*, de Alan Feduccia, fue la primera obra de carácter científico sobre evolución de las aves que llegó a mis manos. En la portada aparecía una solitaria pluma blanca sobre fondo negro, una imagen que sin duda tenía que ver con el objeto del libro, porque si hay una característica que define a un ave de manera indiscutible, es el plumaje. En 1980, cuando Feduccia publicó su libro, aún no habían descubierto ningún dinosaurio no aviar dotado de plumas, por lo que las plumas seguían siendo patrimonio exclusivo de las aves, aunque, por entonces, ya había paleontólogos acariciando la posibilidad de descubrir el fósil de algún dinosaurio emplumado que sirviese de posible «eslabón» entre los reptiles y las aves.

Después de revisar el libro de Feduccia descubrí que —aparte de su grado de profundización— mostraba la historia evolutiva de las aves de una forma que me recordaba mucho a la de los textos divulgativos que ya conocía. Ya sabe el lector, la que comenzaba por el *Archaeopteryx* y terminaba por los buitres gigantes y el *ave elefante*.

Entonces pensé que aquella situación solo podía significar que quizás los investigadores estaban trasladando al campo divulgativo todo lo que sabían, lo que de ser cierto indicaría que se carecía de información suficiente para articular un discurso del proceso evolutivo aviar menos consistente que los planteados para otros grupos de vertebrados y que, a diferencia de aquellos, no podía ser sometido al revisionismo derivado del avance del conocimiento. En cuanto a la falta de información para elaborar el referido discurso, lo cierto es que cuando Feduccia publicó su libro, a principios de los años ochenta, aún no se habían producido los descubrimientos que pocos años después darían un vuelco a la situación.

1
Unos dinosaurios muy peculiares

EL ORIGEN REPTILIANO DE LAS AVES

«En perfecto rigor, sin duda, es cierto que las Aves no son más Reptiles modificados que los Reptiles son Aves modificadas, siendo ambos tipos reptiliano y ornítico, en realidad, superestructuras algo diferentes levantadas sobre una misma planta.../...».8

On the Classification of Birds
Thomas H. Huxley (1867)

Como en otros animales conocidos por sus fósiles, la forma en que los paleontólogos han visto a los dinosaurios ha ido cambiando a lo largo de la historia y, con ello, la forma en cómo se ha plasmado su aspecto en las reconstrucciones. En ese sentido, la imagen que hoy se tiene de estos reptiles comenzó a fraguarse en la década de 1960, a partir de una serie de innovadoras interpretaciones anatómicas y fisiológicas llevadas a cabo por diversos investigadores, entre los cuales destacó Robert T. Bakker. Este paleontólogo norteamericano,

---

8   Huxley, T. H. (1867) On the Classification of Birds; and on the Taxonomic Value of the Modifications of certain of the Cranial Bones observable in that Class. Proc. Zool. Soc. Lond. 1867, pp. 415-472.

ciertamente entusiasmado con aquella nueva versión de los dinosaurios, utilizó la expresión *Renacimiento de los Dinosaurios*[9].

A finales de la década de 1970 yo estaba iniciando mis estudios universitarios y recuerdo haber seguido aquellos acontecimientos a través de lo que aparecía publicado en algunas revistas divulgativas de la época[10] y en los libros que iban llegando a mis manos, hasta que, por fin, en 1986, pude conseguir *The Dinosaur Heresies*[11]. En aquella obra, Bakker plasmó detalladamente sus propuestas y las acompañó de multitud de dibujos a plumilla hechos por él. Aquel libro se convirtió para mí en una fuente de inspiración cuando en 1987 publiqué mi primer trabajo sobre dinosaurios[12].

Por lo general, en las reconstrucciones tradicionales, gran parte de los dinosaurios parecen animales de aspecto indolente, que probablemente se movían lo imprescindible y que, cuando lo hacían, arrastraban su peso en lentos movimientos; en pocas palabras, se los representaba como unos reptiles. Por el contrario, los «dinosaurios renacidos» aparecían en las reconstrucciones como unos animales de aspecto vital, con cuerpos erguidos y predispuestos a ejecutar movimientos más o menos ágiles, incluso cuando eran saurópodos de gran tamaño (Figura 1), y no hablemos si se trataba de carnívoros. Para el público, esta nueva imagen de los dinosaurios era mucho más atractiva que las anteriores y se popularizó rápidamente.

Luego llegó *Parque Jurásico*, una obra cinematográfica de ciencia ficción dirigida por Steven Spielberg y basada en la novela homónima del norteamericano Michael Crichton[13]. Estrenada en 1993, el éxito de esta película fue tan grande que bien podría decirse que convirtió a los dinosaurios en un fenómeno de masas, especialmente

---

9   Bakker, R.T. (1968) The superiority of dinosaurs. Discovery 3 (2): 11-22.

10   Bakker, R. T. (1975) Dinosaur Renaissance. *Scientific American* 232 (4): 58-79.
- Ostrom, John H. (1978) A new look at dinosaurs. *National Geographic* 154 (2): 152-185.

11   Bakker, Robert T. (1986) *The dinosaur heresies*. William Morrow and Company, Inc., New York.

12   Monclova. A. (1987) Distribución de biomasa y extinciones en comunidades de tetrápodos terrestres. Revista Española de Paleontología Nº. Extr.: Extinction Event, 91-97.

13   *Parque Jurásico* (título original: *Jurassic Park*) es una película de ciencia ficción y aventuras dirigida por Steven Spielberg y estrenada en 1993. Ha tenido varias secuelas y ha dado lugar a una franquicia cinematográfica.

por las espectaculares reconstrucciones digitales que aparecían en la pantalla. Hoy día no creo que nadie dude que *Parque Jurásico* contribuyó de manera definitiva a consolidar la imagen de los dinosaurios que veinte años antes había promovido la *Dinosaur Renaissance*, y es muy probable que gran parte del público actual no haya conocido otra imagen de los dinosaurios que la que muestra esta película y sus secuelas. Pero, por encima de todo, lo cierto es que cualquiera que haya visto a los feroces y ágiles velocirráptores que aparecen en la película siempre asociará la imagen de aquellos dinosaurios con la de las aves.

Figura 1. Sellos postales en los que se muestran reconstrucciones del dinosaurio *Apatosaurus* (= *Brontosaurus*), elaboradas antes y después de la *Dinosaurs Renaissance*. Arriba: Sello emitido en 1994 por el servicio de correos de la República Checa para conmemorar al artista e ilustrador Zdenek Burian (1905-81). Abajo: Sello emitido en 1989 por el servicio de correos de los Estados Unidos de América.

¿EN QUÉ SE PARECE UN PÁJARO A UNA TORTUGA?

Es posible que algún lector piense que con esta pregunta estoy planteando una metáfora para explicar la relación evolutiva entre las aves y los reptiles, pero lo cierto es que precisamente entre un pájaro y una tortuga no encontraríamos ningún parecido, más allá de que ambos son vertebrados tetrápodos de respiración aérea. Pero también es cierto que los anatomistas opinarían de forma muy diferente.

Los especialistas consideran que dos grupos taxonómicos guardan una relación evolutiva cuando sus representantes comparten determinadas características biológicas. A pesar de esto, cuando existe relación evolutiva entre dos grupos, cada uno de ellos puede incluir algunos taxones que a primera vista no se parezcan a los del otro, debido a su grado de especialización, aunque tales taxones de aspecto «diferente» conservan las características esenciales del grupo al que pertenecen y que son las que realmente permiten establecer sus relaciones evolutivas con otros grupos.

Más allá de cualquier parecido morfológico superficial, para determinar posibles vínculos evolutivos entre dos grupos taxonómicos, los anatomistas buscan pruebas entre los aspectos biológicos que caracterizan de manera fundamental a todos los miembros de cada grupo. De hecho, difícilmente podrían establecerse nexos evolutivos atendiendo a aspectos resultantes de elevados grados de especialización, como son, por ejemplo, el caparazón desarrollado por las tortugas (*Chelonia*) o la pérdida de las extremidades en las serpientes (*Ophidia*).

En cuanto a la cuestión del parecido entre un pájaro y una tortuga, lo cierto es que si ambos estuviesen emparentados presentarían características que lo demuestren, pero —como sucede en otros grupos taxonómicos— entre los reptiles y las aves es difícil establecer una relación evolutiva partiendo solo de las características que presentan sus representantes actuales, ya que muchas de las que permitirían hacerlo han cambiado demasiado o han desaparecido a lo largo del proceso evolutivo. Por otro lado, algunas de tales características podrían aparecer actualmente solo en uno de los grupos que se comparan y haber desaparecido en el otro por haberse extinguido los taxones que las mostraban. Ese es el caso de las plumas que poseen las aves y sus parientes evolutivos, que, a pesar de estar ausentes en los reptiles actuales, sí estuvieron presentes en algunos grupos extintos emparentados directamente con los dinosaurios. Esta relación se propuso por primera vez en el siglo XIX después del descubrimiento de los restos fósiles de *Archaeopteryx,* en Alemania (Figura 2).

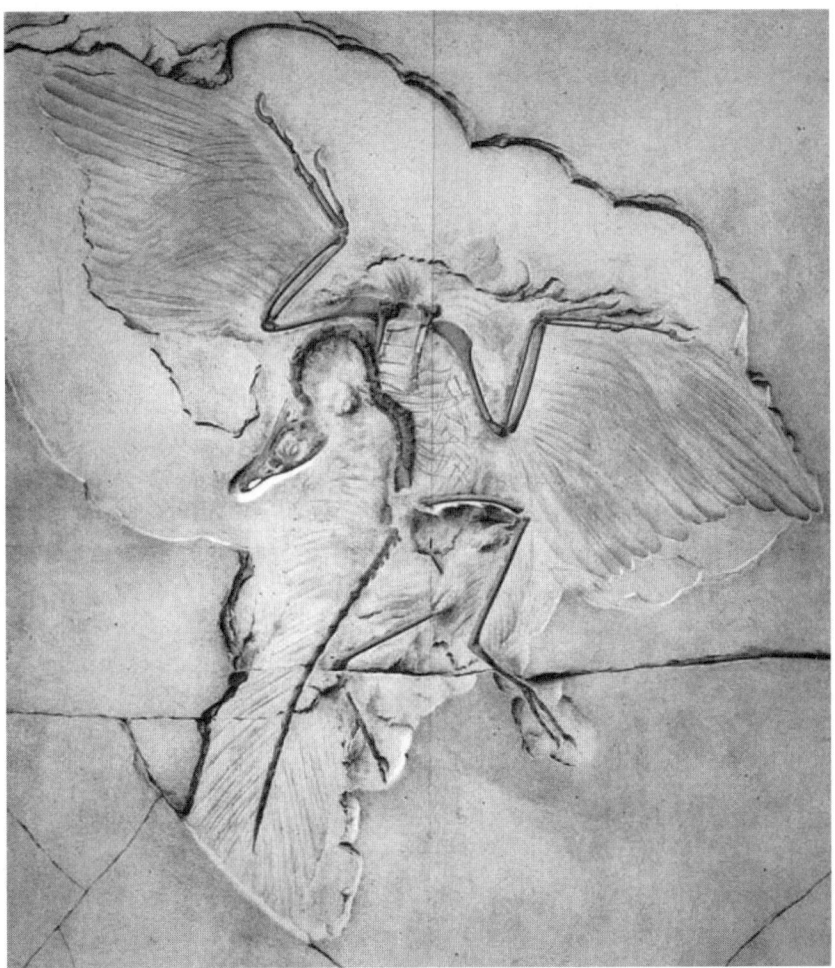

Figura 2. Espécimen de *Archaeopteryx* de Berlín, hallado en 1876.
Litografía de la monografía de Wilhelm Dames (1884)[14].

---

14 Dames, W. (1884) Über Archaeopteryx. Palaeontologische Abhandlungen, 2, 119-196.

***

Para los biólogos evolutivos, las plumas siempre han constituido una característica morfológica fundamental para establecer vínculos evolutivos entre los reptiles y las aves, los cuales están ampliamente aceptados por la comunidad científica actual. Además, el público los conoce bien y cada vez se muestra menos sorprendido ante las reconstrucciones de dinosaurios con plumas, pero en la década de 1860 aún faltaba un siglo para que se hablase por primera vez de ellos.

Solnhofen es una pequeña localidad situada en el valle del río Altmühl, en el estado alemán de Baviera. La zona es famosa por sus canteras de roca caliza de grano muy fino del período Jurásico, conocidas como *calizas litográficas*. Esta denominación de debe al hecho de que los bloques de esta roca, convenientemente preparados, han sido utilizados desde el siglo XIX para un proceso de impresión llamado *litografía*[15]. Las características de las calizas litográficas propician la formación de yacimientos que conservan especímenes fósiles muy detallados que los geólogos denominan *Lagerstätte*.

La extracción de la caliza en la zona de Solnhofen ha dado lugar a extraordinarios hallazgos paleontológicos, entre los cuales destaca una solitaria pluma impresa sobre un fragmento de caliza litográfica procedente de una cantera de la zona, que supuso el inicio de una de las historias más interesantes de la biología evolutiva. Todo comenzó en 1861, cuando el paleontólogo alemán Christian Erich Hermann von Meyer[16] utilizó aquella pluma fosilizada para nombrar un nuevo género y especie de una protoave a la que denominó *Archaeopteryx lithographica*[17]. Poco después, en la cercana localidad de Langenaltheim, hallaron un esqueleto fosilizado casi completo (le faltaba el cuello y el cráneo) que se supuso pertenecería a la misma especie. El espécimen fue vendido al Museo de Historia Natural de Londres, donde fue descrito por el famoso paleontólogo Richard Owen en 1863, atribuyéndolo al género *Archaeopteryx* y reconociéndolo como un ave, a pesar de que al fósil le

---

15   Término acuñado en 1798 por Alois Senefelder.
16   Christian Erich Hermann von Meyer (1801-1869).
17   El nombre deriva del griego ἀρχαῖος (*archaîos*) que significa «antiguo» y πτέρυξ (*ptéryx*) que significa «pluma» o «ala».

faltaba la cabeza y aunque las garras de sus extremidades anteriores, su cola larga y otras muchas características recordaban a los reptiles. En 1866 Charles Darwin lo incluyó en la nueva edición de *El origen de las especies*,[18] y suele decirse que el hallazgo de Solnhofen supuso un gran apoyo para las ideas evolucionistas darwinianas, citándose a menudo como una «prueba» en apoyo del parentesco evolutivo entre los reptiles y las aves. En este sentido, ya señalé que, desde hace más de un siglo, en el ámbito divulgativo nos han presentado a *Archaeopteryx* como el punto de partida de la evolución de las aves, pero como veremos a continuación la cosa no es tan simple.

El hallazgo de *Archaeopteryx* en los depósitos geológicos del Jurásico alemán significaba que una supuesta ave había vivido en la misma época que los dinosaurios, lo cual apoyaba a quienes proponían el parentesco de aquellos reptiles con las primeras aves. Por entonces, los dinosaurios se habían convertido en el centro de innumerables investigaciones y gozaban del favor de un público que no tardaría en asumir la posibilidad de que el origen de las aves estuviera relacionado con los reptiles.

En este sentido, el esqueleto reptiliano contiene estructuras que presentan ciertas afinidades con las de las aves, las cuales utilizó el reconocido evolucionista Thomas Henry Huxley para relacionarlas con los dinosaurios[19]. Al contrario de lo que se suele pensar, el anatomista británico le dio una importancia secundaria a *Archaeopteryx* y, desde luego, no fue el primero en reconocer su papel como posible forma de transición entre los reptiles y las aves, probablemente porque consideraba que al haber vivido en el Jurásico *Archaeopteryx* habría sido demasiado joven para ser un antepasado directo de las aves modernas, aunque sus garras y su larga cola sirvieran para ilustrar aún más que estas habían evolucionado de los reptiles. Para Huxley, el reptil con un parentesco más cercano a las aves no se parecería a un pájaro capaz de saltar desde un árbol, y aunque intentó encontrar un lugar para el taxón de Solnhofen en su serie evolutiva desde los reptiles a las aves,

---

18   Darwin, C. R. (1866) *On the origin of species by means of natural selection, or the preservation of favored races in the struggle for life*. London: John Murray. 4ª Ed.

19   Moody, R. T. J., Buffetaut, E., Naish, D. & Martill, D. M. (Eds.) *Dinosaurs and Other Extinct Saurians: A Historical Perspective*. Geological Society, London, Special Publications, 343

sus características le alejaban demasiado de la transición. La evidencia que buscaba la encontraría entre los dinosaurios que vivían en el suelo. Como evolucionista, Huxley sentía la prioridad de identificar los planes corporales básicos que agrupaban a los diferentes grupos de vertebrados y, a partir de la década de 1860, estuvo acumulando una amplia evidencia anatómica para ilustrar cómo las aves podrían haber surgido a partir de algo parecido a un dinosaurio. Estos trabajos dieron lugar a que se extendiese el relato de que el investigador británico fue el primero en proponer que las aves evolucionaron a partir de los dinosaurios, pero lo cierto es que la visión que tenía Huxley de la evolución de las aves fue mucho más compleja de lo que aprecian muchos de los autores modernos. Sus estudios contribuyeron a establecer muchas de las características que compartían reptiles y aves, pero al no disponer de suficientes fósiles útiles para establecer la transición entre ambos grupos se basó en las similitudes existentes entre sus representantes vivos, y, situando a los dinosaurios entre las formas intermedias, acuñó el término *Sauropsida*[20].

Figura 3. Restauración de *Compsognathus* elaborada por Huxley. Huxley (1877)[21].

---

20   Huxley llegó a afirmar que «una Cigüeña parece tener poca animalidad en común con la Serpiente que se traga» (sic.). No cabía duda de que las aves habían evolucionado a partir de los reptiles.
21   Huxley, T. H. 1877. *American Addresses*. D. Appleton & Co., New.York, pp. 43-67.

Las hipótesis de Huxley se vieron reforzadas cuando diversos paleontólogos sugirieron que varios grandes dinosaurios recientemente descritos[22] podrían haber adoptado posturas bípedas como las aves. Pero, a pesar de esto, resultaba difícil imaginar a las aves evolucionando de unos reptiles tan grandes como aquellos, aunque la situación cambió cuando fueron descritos como bípedos los pequeños dinosaurios *Compsognathus* e *Hypsilophidon*. La forma basada en este último parecía vincular perfectamente la representación del ave actual y el reptil, aunque Huxley consideró que *Compsognathus* era más parecido a un pájaro y lo propuso como hipotético ancestro reptiliano de las aves en lugar de *Archaeopteryx*, calificando a este dinosaurio de «eslabón perdido» entre reptiles y aves. Refiriéndose a la relación entre estos dos grupos, Huxley dijo que no había evidencia de que *Compsognathus* tuviera plumas[23] pero, en el caso de tenerlas, sería muy difícil decidir si se debería llamar *ave reptiliana* o *reptil aviar*, y así lo atestigua la frase con la que encabezo este capítulo (Figura 3).

Las características aviares de este pequeño dinosaurio acercaban los reptiles a las aves, pero, al tener la misma edad que *Archaeopteryx*, resultaba demasiado joven para ser un antepasado de estas. Huxley consideraba que estos pequeños dinosaurios parecidos a pájaros serían en realidad descendientes modificados de formas mucho más antiguas que habrían formado parte de la transición hacia las aves y que servirían principalmente para demostrar que esta fue posible, aunque probablemente no estuvieron entre los antepasados directos de las aves y solo representarían el aspecto que pudieron tener sus verdaderos ancestros.

Es indiscutible que en la actualidad ningún programa científico que estudie la evolución de las aves podría ignorar a *Archaeopteryx*, pero este pequeño vertebrado tuvo poca importancia para Huxley, porque se alejaba de la línea divisoria entre aves y reptiles mucho más que algunas aves ratites actuales (*Palaeognathae*). Estas aves no voladoras se parecían a las primeras más que las modernas aves voladoras (*Neognathae*)[24] y, por tanto, proporcionaron a Huxley mejo-

---

22 *Hadrosaurus, Iguanodon*, «*Laelaps*» (= *Dryptosaurus*) y *Megalosaurus*.
23 Curiosamente se han descubierto compsognátidos con *protoplumas*, como *Sinosauropteryx*.
24 Más adelante trataremos de los superórdenes *Palaeognathae* y *Neognathae*.

res evidencias para su hipotética serie evolutiva, que eventualmente conduciría desde el dinosaurio *Compsognathus* a las aves carenadas no voladoras, y luego a las carenadas voladoras[25]. En 1880 Huxley afirmó que la evolución de las aves a partir de los reptiles confirmaba las predicciones de Darwin y, aunque no llegó a resolver el origen de las aves, construyó la base evolutiva aviar.

Mientras Huxley trataba de identificar una línea directa de descendencia de las aves en Londres, en los depósitos del Cretácico Superior norteamericano, el paleontólogo Othniel Charles Marsh descubría dos nuevos fósiles de aves dentadas. Denominados *Hesperornis* e *Ichthyornis*, estos dos géneros no tardaron en ser presentados como una evidencia de la relación entre las aves y los reptiles. Teniendo en cuenta que los dientes son una característica anatómica típica de los reptiles, el hallazgo de unas aves dentadas proporcionó una nueva prueba que apoyaba las hipótesis de Huxley, el cual planteó la posibilidad de que *Archaeopteryx* pudo tener dientes, a pesar de que, por entonces, aún no se había descubierto el ejemplar fósil que sí contaba con el cráneo[26]. Por otro lado, el paleontólogo norteamericano Edward Drinker Cope también estaba investigando la relación de los reptiles con las aves y, aunque reconoció las características aviares de las patas de *Compsognathus*, se basó en las del dinosaurio depredador bípedo *Laelaps* (= *Dryptosaurus*) para llegar a conclusiones similares a las de Huxley. Cope utilizó a las aves no voladoras para unir reptiles y aves, favoreciendo a los pingüinos como las aves morfológicamente más cercanas a los antepasados reptiles.

Lo cierto es que, si todas las aves fuesen siempre bípedas y los dinosaurios pudieran alternar desplazamientos bípedos y cuadrúpedos, las semejanzas morfológicas entre sus extremidades podrían indicar una relación evolutiva y no solo una convergencia resultante de hábitos compartidos. Para Huxley, la morfología de la cadera y las patas posteriores de los pequeños dinosaurios como *Hypsilophodon* era la mejor evidencia de la conexión evolutiva entre los reptiles y las aves, señalando también que los huesos neumáticos de estas últimas

---

25   Las ratites son aves no voladoras entre las que se incluyen el kiwi (*Apteryx*), la moa (*Dinornis*) y el avestruz (*Struthio*), entre otras. Las carenadas incluyen a todas las demás aves voladoras.

26   Descrito en 1884, es el espécimen más completo, y el primero con el cráneo completo.

solo aparecen en cocodrilos, pterosaurios y dinosaurios, un vínculo morfológico que revelaba un ancestro común.

Sin duda, Huxley convirtió las similitudes entre reptiles y aves en evidencias convincentes de la evolución por selección natural en un momento en que el registro fósil no parecía apoyar la teoría de Darwin, presentando ejemplos de formas transicionales en la evolución de las aves a partir de los reptiles.

Por cierto, las tortugas son reptiles, aunque no se parezcan a los dinosaurios y, por lo tanto, estarían relacionadas con los pájaros. Pero como está ocurriendo en muchos estudios evolutivos, la mejor prueba de tal relación la ha proporcionado la paleogenética. Así, un reciente estudio[27] que compara los genomas de 32 taxones de tortugas y seis de otros grupos de vertebrados[28] ha establecido las relaciones filogenéticas entre las tortugas y las de estas con los demás grupos analizados (incluidas las aves), anulando de paso las hipótesis morfológicas que habían prevalecido hasta ahora.

¿EN QUÉ SE PARECE UN PÁJARO A UN DINOSAURIO?

Desde que se descubrió la primera pluma fosilizada y se describieron los primeros restos de *Archaeopteryx,* han sido hallados más de una docena de especímenes en el área de Solnhofen. Parece no haber duda de que este animal tuvo plumas, seguramente pudo practicar algún tipo de vuelo y, según los especialistas, estaría situado en la base evolutiva de un grupo al que han denominado *aviales* (*Avialae*). Pero lo cierto es que, a día de hoy, *Archaeopteryx* ya no es el único ejemplo de las primeras aves, siendo más bien uno de los muchos vertebrados de aspecto aviar que vivieron durante la segunda mitad del Mesozoico, lo cual nos lleva a la pregunta de cuáles fueron las prime-

---

27   Crawford, N. G., Parham, J. F., Sellas, A. B., Faircloth, B. C., Glenn, T. C., Papenfuss, T. J., Henderson, J. B., Hansen, M.H. & Brian Simison, W. (2015) A phylogenomic analysis of turtles. Molecular Phylogenetics and Evolution 83, 250-257.
28   Cuatro reptiles, un ave y un mamífero.

ras aves verdaderas. Para conocer la respuesta tendremos que irnos al periodo Jurásico cuando, además de haber vivido *Archaeopteryx*, también hicieron su aparición las primeras aves.

Figura 4. *Proavis* peleando. El hipotético ancestro de las aves según Gerhard Heilmann (1916).

Se han propuesto diferentes hipótesis sobre la posición filogenética que ocuparía *Archaeopteryx* y, aunque Huxley había reconocido una estrecha relación entre dinosaurios y aves, la opinión predominante hasta la década de 1970 fue la denominada *relación tecodontiana*, propuesta en la década de 1920 por el danés Gerhard Heilmann. Esta hipótesis sugiere que las aves descienden de los pseudosuquios del

Triásico, incluyendo a *Archaeopteryx* como el miembro más antiguo de la clase. Al igual que hiciera Huxley, Heilmann comparó numerosos reptiles prehistóricos con *Archaeopteryx* y otras aves, llegando también a la conclusión de que los dinosaurios terópodos como *Compsognathus* eran los más parecidos a las aves (Figura 4).

Pero entonces surgió el asunto de la morfología de las clavículas, que en las aves se fusionan para formar la fúrcula,[29] y aunque se sabía cómo era la forma de este hueso en los reptiles más primitivos, aún no se había descrito en el caso de los dinosaurios. Esto representaba un problema para Heilmann, que, como seguidor de la ley de Dollo, consideraba que la evolución no es reversible, de manera que las clavículas no pudieron perderse en los dinosaurios para volver a evolucionar en las aves. Por este motivo, el paleontólogo danés tuvo que descartar que los dinosaurios fuesen ancestros de las aves, considerando que las similitudes entre ambos era simplemente el producto de una evolución convergente.

Finalmente, Heilmann planteó que los ancestros de las aves se encontrarían entre los reptiles del orden tecodontos (*Thecodontia*)[30], que incluían a los antepasados de los dinosaurios y a sus descendientes, las aves. Pero en la actualidad, tras haberse descrito varias clavículas de dinosaurios, ha resultado que, al contrario de lo que postuló Heilmann, los investigadores consideran que tanto las clavículas como muchas fúrculas son una característica estándar de los dinosaurios.

✳✳✳

La taxonomía de las primeras aves es muy compleja, más aún teniendo en cuenta que la relación entre los diversos grupos taxonómicos se modifica continuamente a medida que los nuevos hallazgos que se producen inciden en los estudios filogenéticos. Pero hay un

---

29 La fúrcula es un hueso…/…
30 Considerado un término histórico hoy en desuso, los tecodontos eran un orden de arcosaurios (*Archosauria*) iniciales del período Triásico. Actualmente los tecodontos y a todos sus descendientes están incluidos en los arcosaurios.

aspecto en el cual parece existir cierta unanimidad entre los especialistas, y es el hecho de que las aves evolucionaron durante el Jurásico a partir de pequeños dinosaurios terópodos bípedos especializados que pertenecen al clado manirraptores[31]. Como dato curioso, cabe mencionar que el suborden de los terópodos incluye a los únicos grandes dinosaurios carnívoros que existieron durante los períodos Jurásico y Cretácico, los cuales desaparecieron por completo en la extinción masiva acontecida al final del Cretácico, por lo que las aves son los únicos representantes del grupo que han persistido desde el Jurásico medio hasta la actualidad.

La hipótesis del tecodonto propuesta por Heilmann para explicar la relación entre dinosaurios y aves comenzó a sufrir importantes cambios a mediados de la década de los años sesenta del pasado siglo, después de que, en 1964, el paleontólogo norteamericano John Ostrom[32] describiese un nuevo dinosaurio terópodo al que denominó *Deinonychus antirrhopus*[33], cuyos primeros fósiles fueron descubiertos en 1931 en Montana (Estados Unidos) por el famoso paleontólogo Barnum Brown. En 1970, Ostrom, mientras revisaba fósiles en el Museo Teyler de Holanda, descubrió que un ala fosilizada atribuida a un reptil volador (*Pterodactylus*) pertenecía en realidad a un *Archaeopteryx*. Mientras hacía la descripción del espécimen, Ostrom observó que tanto el ala de *Archaeopteryx* como la de *Deinonychus* mostraban una modificación similar en un pequeño hueso de la muñeca denominado *carpo semilunado*, la cual les habría permitido plegar hacia atrás la mano entera,[34] como lo hacen las aves modernas (Figura 5).

---

31 Un *clado* es una agrupación natural de uno o muchos taxones, que incluye el ancestro común de todos ellos junto a todos sus descendientes, estén o no extinguidos, y su clasificación refleja la evolución del grupo.
Manirraptores (*Manirraptora*) deriva del latín y significa: «con manos de ladrón». Suborden terópodos (*Theropoda*) deriva del griego: «pie de bestia». Clado celurosaurios (*Coelurosauria*) deriva del griego: «reptiles de cola hueca».

32 John Ostrom (1928-2005).

33 *Deinonychus antirrhopus* (del griego, «Garra terrible con contrapeso»).
- Ostrom, John Harold (1969) Osteology of *Deinonychus antirrhopus, an unusual theropod from the Lower Cretaceous of Montana*. Bulletin 30. Peabody Museum of Natural History, Yale University.

34 Hacia el antebrazo.

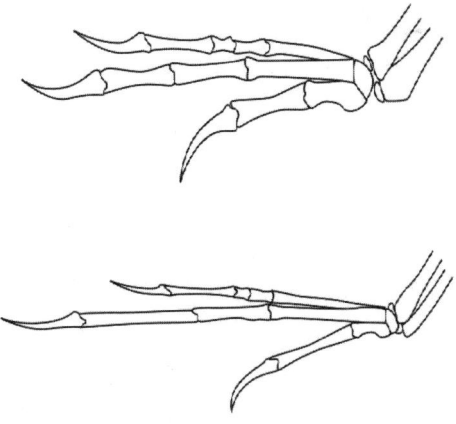

Figura 5. La similitud de las extremidades anteriores de *Deinonychus* (izquierda) y *Archaeopteryx* (derecha) llevó a John Ostrom a revivir el vínculo entre los dinosaurios y las aves. De John Conway, Wikipedia.

A lo largo de la década de 1970, Ostrom continuó investigando el parecido de los dinosaurios terópodos con las primeras aves y demostró que eran más similares a las grandes aves no voladoras que al resto de los reptiles, como planteó Thomas Henry Huxley cien años antes. En aquellos años, la idea de Ostrom de que las aves habían descendido de los dinosaurios terópodos coincidió con el hecho de que otros investigadores comenzaron a introducir una serie de interpretaciones nuevas sobre la fisiología y el comportamiento de los dinosaurios, lo cual dio comienzo a una nueva forma de ver a estos reptiles, conocida como el *renacimiento de los dinosaurios*.

Las propuestas de Ostrom también coincidieron con el inicio de la *sistemática filogenética* o *cladística*[35], un método de análisis riguroso que se aplica en los sistemas modernos de clasificación biológica que utiliza los caracteres compartidos de los organismos para definir

---

35 La cladística (del griego *klados*, «rama») comenzó en la década de 1960 con el trabajo de Willi Hennig y constituye un método exacto para ordenar las especies basado estrictamente en sus relaciones evolutivas, que se calculan determinando el árbol evolutivo que implica el menor número de cambios en sus características anatómicas.

las relaciones evolutivas entre ellos. Las aves y los dinosaurios terópodos comparten muchas características anatómicas, y en 1986 aplicaron por primera vez el método cladístico a la filogenia de los dinosaurios[36], confirmándose la ascendencia terópoda de *Archaeopteryx*
y que las aves derivaron de los dinosaurios terópodos, concretamente
de los dromeosáuridos como *Deinonychus* (Figura 6).

Figura 6. Reconstrucción en vida de *Deinonychus antirrhopus*. Dibujo de Robert
Bakker incluido en *Osteology of Deinonychus antirrhopus* (Ostrom, 1969).

Una gran parte de los paleontólogos consideran a las aves como
dinosaurios terópodos celurosaurios (*Coelurosauria*), dentro de los
cuales los análisis cladísticos han logrado determinar un clado al
que han denominado manirraptores (*Maniraptora*), formado por
terizinosaurios, oviraptorosaurios, troodóntidos, dromeosáuridos y
aves[37]. Para estos y otros grupos se han propuesto filogenias alter-

---

36   Gauthier, J. A. (1986) Saurischian monophyly and the origin of birds. En:
      Padian, K. (Ed.), The Origin of Birds and the Evolution of Flight. Memoirs of
      the California Academy of Sciences 8, 1-55.
37   Los dromeosáuridos y troodóntidos suelen unirse para formar el clado

nativas en las que ciertos dinosaurios serían no aviares con ancestros aviares, aves o manirraptoranos basales e incluso paravianos; estas y otras muchas posibilidades filogenéticas son la causa de que el debate cladístico continúe. Finalmente, la idea de Ostrom quedó confirmada cuando comenzaron a descubrirse en China los fósiles de una gran variedad de dinosaurios emplumados junto a los de las aves representativas de la primera radiación aviar.

∗∗∗

Los dinosaurios no volaban, de manera que, cuando los investigadores plantearon que las aves habían evolucionado de ellos, surgió la necesidad de explicar cómo unos vertebrados que vuelan de forma activa pudieron originarse a partir de otros que son incapaces de hacerlo. Así, el proceso evolutivo por el que las aves adquirieron la capacidad de volar ha quedado estrechamente relacionado con su origen a partir de ciertos dinosaurios. En este sentido, no deja de ser curioso que las especies de aves de mayor tamaño que han existido sean incapaces de volar como sus ancestros dinosaurios.

El paleontólogo húngaro Franz Nopcsa[38] fue uno de los primeros que estudiaron los dinosaurios desde una perspectiva biológica y estaba de acuerdo con las ideas de Huxley sobre la relación de los reptiles con las aves. A principios del siglo pasado, Nopcsa publicó que el origen del vuelo en las aves habría comenzado directamente en el suelo y planteó un modelo al que denominó «running Proavis» (Figura 7)[39]. Esta propuesta fue el punto de partida de la *teoría cursorial,* y se basa en el parecido que presenta la morfología esquelética de *Archaeopteryx* y la de un terópodo, algo a tener muy en cuenta dado que la locomoción de esos dinosaurios fue principalmente bípeda.

Pero, por otro lado, los paleontólogos partidarios de que las aves evolucionaron a partir de los tecodontos no estaban de acuerdo con

---

Deinonychosauria, que es un grupo hermano de las aves (juntos forman el nodo-clado *Eumaniraptora*) dentro del tallo-clado *Paraves.*

38   Barón Franz Nopcsa (1877-1933).

39   Nopcsa, Baron Frank (1907) Ideas on the origin of flight. Proceedings of the Zoological Society of London 1907, pp. 1-446 (Jan.-Apr.).

la teoría cursorial y plantearon que los ancestros de las aves debieron comenzar la práctica del vuelo saltando desde los árboles. Esta nueva propuesta dio lugar a la llamada *teoría arbórea*, que —como sucedió en la otra— buscó apoyo en la morfología de *Archaeopteryx*, concretamente en el hecho de que la forma y tamaño de las garras de sus dedos sugieren que podía escalar los troncos y llevar una vida arbórea, por lo que tanto este como las aves posteriores no habrían podido descender de terópodos bípedos.

Figura 7. Hipotética reconstrucción de «*running Proavis*» realizada por Franz Nopcsa (Nopcsa, 1907).

Pero lo cierto es que en el registro fósil no se ha documentado ningún posible ancestro arbóreo que apoye la teoría arbórea, mientras que la teoría cursorial cuenta con posibles ancestros aviares, como los dinosaurios terópodos dromeosáuridos, cuyos caracteres esqueléticos perduran en *Archaeopteryx*. Así pues, como ya hemos visto, el segundo planteamiento es el que ha prevalecido hasta ahora, aunque para reconocidos especialistas como Alan Feduccia y Larry Martin las aves están más estrechamente relacionadas con los anteriores reptiles tecodontos[40] en vez de con los dinosaurios[41], lo que ha estado generando interesantes debates en las últimas décadas[42]. Actualmente aún quedan por aclarar cuestiones tales como las dudas que plantea la homología entre los dígitos de las extremidades anteriores de aves y dinosaurios, pero la idea de que las aves derivan de los dinosaurios es apoyada actualmente por casi todos los paleontólogos, dadas las evidencias proporcionadas por la anatomía comparada, la filogenética y, en especial, los fósiles de dinosaurios emplumados hallados en China. Todos estos nuevos conocimientos han propiciado que algunos investigadores se hayan planteado que las aves no solo descienden de los dinosaurios, sino que, en cierta forma, continuarían siéndolo, lo que sin duda ha dado lugar a que, para gran parte del público, las aves se convirtieran en dinosaurios.

∗∗∗

Un lector no especialista en vertebrados fósiles no distinguiría un dinosaurio avial de otro no avial si los viera en reconstrucciones de las que se elaboraban hace décadas. Curiosamente, si esas reconstrucciones las hubiesen realizado en los últimos tiempos, el avial poseería plumas y el mismo lector seguramente diría que el dinosaurio emplumado era un antepasado de las aves. Esto nos permite apreciar hasta qué punto han calado en el público dos cuestiones que hemos tratado en este capítulo. De un lado, que se considera al plumaje la característica más representativa de las aves, y de otro, que los investigadores han acreditado ampliamente la relación entre dinosaurios y aves. De hecho, el registro fósil aporta abundantes pruebas de cómo las aves modernas evolucionaron a partir de teró-

---

40   *Longisquama* o *Euparkeria*.
41   Feduccia 1996, 2ª ed. en 1999.
42   Como ejemplo:
     - Norell, M. A., Makovicky, P. & Clark, J. M. (1997) Velociraptor wishbone. Nature 389, 447.
     - Feduccia, A. & Martin, L. D. (1998) Theropod-bird link reconsidered. Nature 391, 754.
     - Norell, M. A. Makovicky, P. & Clark, J. A. (1998) Reply: Theropod-bird link reconsidered. Nature 391, 754.

podos manirraptores no avianos, y en las últimas décadas —además de descubrirse numerosos taxones de dinosaurios con plumas— se ha demostrado que varios grupos de terópodos no aviares poseen la fúrcula y la estructura del carpo como la de las aves. Estas evidencias morfológicas, las relativas al paleocomportamiento (como empollar los huevos) y las que aportan los estudios genéticos, apoyan de forma indiscutible la hipótesis de que las aves se originaron a partir de un grupo de dinosaurios.

Hemos podido comprobar que los dinosaurios aviales y no aviales convivieron con las primeras aves, pero, a pesar de que estas poseen características propias, sus similitudes con los dinosaurios han propiciado en el imaginario colectivo la idea de que «las aves son dinosaurios». ¿Aves o dinosaurios?

Hoy en día está ampliamente aceptado el hecho de que las aves descendieron de los dinosaurios, pero los paleontólogos aún no han logrado comprender en detalle los profundos cambios morfológicos, funcionales y ecológicos que dieron lugar a las aves actuales. En relación con este proceso evolutivo, precisamente mientras redactaba este capítulo, recibí una publicación científica[43] en la que se describía a *Cratonavis zhui*[44], un taxón de avial que vivió en China a inicios del Cretácico y cuyo esqueleto podría ayudar a comprender cómo se produjo el tránsito de los dinosaurios a las aves.

Curiosamente, el esqueleto poscraneal de *Cratonavis* se asemeja al de un ave, mientras que su cráneo es acinético[45] con una morfología casi idéntica al de un dinosaurio no avial. Como la mayoría de las aviales del Cretácico, la parte superior del pico de *Cratonavis* no podía moverse independientemente de la caja craneal, aunque su

---

43   Li, Z., Wang, M., Stidham, T. A. & Zhou, Z. (2023) Decoupling the skull and skeleton in a Cretaceous bird with unique appendicular morphologies. Nature Ecology & Evolution 7 (1): 20-31.

44   *Cratonavis* es un avial Pigostiliano no Ornitotoracino de la familia *Jinguofortisidae* (ver Figura 9).

45   La cinesis craneal es el conjunto de movimientos de los huesos del cráneo entre sí, principalmente para disipar las tensiones que se producen durante la alimentación. El cráneo de un vertebrado es cinético cuando se produce un movimiento relativo entre la mandíbula superior y el neurocráneo, además del movimiento articular entre la mandíbula superior y la inferior. Los cráneos acinéticos carecen de movilidad.

mandíbula inferior constituía una innovación funcional propia de las aves y que ha contribuido a su enorme diversidad.

Para los investigadores que han descrito a *Cratonavis*, su peculiar morfología sería una demostración de que el mosaicismo evolutivo debió jugar un papel fundamental en la diversificación de las primeras aves a partir de los dinosaurios. Pero en algunos medios de información y ámbitos divulgativos la cuestión se simplificó, apareciendo titulares tales como: «Encuentran un extraño híbrido entre dinosaurio y ave», que inducían, una vez más, a interpretaciones erróneas por parte del público general, aunque dejaban clara la relación evolutiva entre aves y dinosaurios.

2
A la sombra de los dinosaurios

CUANDO LAS AVES TENÍAN GARRAS EN LAS ALAS

«En un yacimiento fósil se descubrieron cuarenta esqueletos de Confuciusornis [un avial] en un plano de lecho único de 100 metros cuadrados. Una concentración tan densa de especímenes sugiere su estilo de vida altamente social y gregario a lo largo del margen de un lago de agua dulce».[46]

The rise of birds
Sankar Chatterjee (2015)

Hasta hace poco más de una década, en las recreaciones que se hacían de los dinosaurios era raro ver aves representadas en sus entornos, a pesar de saberse que hubo bastantes especies que convivieron con ellos[47]. A finales del Mesozoico, las aves eran pequeños habitantes de un planeta plagado de gigantes, pero sin duda debieron ser elementos habituales en los ecosistemas y es probable que incluso formaran bandadas, precisamente como menciona el paleontólogo Sankar Chatterjee en el párrafo con el que comienza este capítulo.

---

46   Chatterjee, Sankar (2015) *The rise of birds: 225 million years of evolution.* 2ª Ed. Johns Hopkins University Press.

47   Tales como *Archaeopteryx, Aepyornis* y *Hesperornis.*

No es raro ver a dinosaurios rodeados de aves en muchas recreaciones de paisajes del Cretácico final elaboradas en los últimos años (Figura 8).

El papel de las aves del Mesozoico en el campo divulgativo ha sido relativamente secundario hasta finales del siglo pasado, debido sobre todo a que, por entonces, se disponía de escasos fósiles de aves de aquel periodo. Por otro lado, en esa situación es probable que también influyera el hecho de que los paleontólogos han estado centrados en la búsqueda de un taxón reptiliano posterior al *Archaeopteryx* que poseyese alguna característica aviar tan indiscutible como lo son las plumas.

Figura 8. Bandada de aves junto a un dinosaurio.

El hecho de que en el registro fósil constate que *Archaeopteryx* ya tenía plumas en el Jurásico hizo pensar a los investigadores que esas estructuras, tal y como las conocemos, habían aparecido en una etapa temprana de la evolución aviar, ocasionando con ello que el debate sobre el origen de las plumas no fuese el más prioritario. Pero esa situación cambió a finales del pasado siglo, cuando comenzaron a descubrirse fósiles de dinosaurios dotados de plumas y, aunque eso no los convertía en aves, sí los hacía formar parte de grupos hermanos de los que dieron lugar a las primeras aves. El primer dinosaurio de este tipo fue descrito en 1981 por el paleontólogo ruso Sergi Kurzanov a partir de un fósil del Cretácico superior de Asia central (hace unos 70 Ma)[48] y lo denominó *Avimimus*, una palabra que curiosamente significa *imitador de un ave*. Pero sería en la década posterior cuando se llevarían a cabo los descubrimientos más importantes en China.

UN MUNDO REPLETO DE AVES Y REPTILES EMPLUMADOS

Hasta hace cuatro décadas, el registro fósil de aves troncales[49] del Mesozoico estaba formado casi en su totalidad por el *Archaeopteryx* del Jurásico superior de Alemania y por Ictiornitiformes (*Ichthyornithiformes*) y Hesperornitiformes (*Hesperornithiformes*)[50] del Cretácico superior de Norteamérica, no disponiéndose de evidencias suficientes para documentar cómo evolucionó el esqueleto poscraneal desde la condición primitiva de la primera hasta la apariencia moderna de las otras.

Pero desde la década de 1980 el mencionado registro se ha expandido rápidamente, habiéndose descrito más del doble de especies, gracias a que se ha multiplicado por más de diez el número de especímenes descubiertos en depósitos del Cretácico, especialmente en el noreste de China, en la provincia de Liaoning. En aquella región, las formaciones geológicas Dabeigou, Yixian y Jiufotang han proporcionado abundantísimos restos fósiles de dinosaurios emplumados y de aves que mos-

---

48   Kurzanov, S. M. (1987) *Avimimidae* and the problem of the origin of birds: Joint Soviet-Mongolian Palaeontological Expedition Transactions, v. 31, p. 1-95; En ruso.

49   Miembros de *Avialae* situados fuera del denominado *grupo corona de las aves* o neornitas (*Neornithes*).

50   Ambas fueron agrupadas como Odontornitas (*Odontornithes*). Para referirse a estas aves también se utilizan las subclases Ictiornites (*Ichthyornithes*) y Hesperornites (*Hesperornithes*).

traban características muy diferentes. Estas tres formaciones datan del Cretácico inferior (hace 131-120 Ma) e integran el denominado grupo *Jehol*, cuyos afloramientos de origen lacustre constituyen un *lagerstätte*, donde han localizado varios yacimientos que son famosos por aportar una gran cantidad de fósiles extraordinariamente conservados, entre los cuales hay esqueletos articulados, tejidos blandos, patrones de color, contenido estomacal y delicados restos vegetales.

La historia de los descubrimientos de China comenzó a finales de 1993, cuando un coleccionista de fósiles de Jinzhou (provincia de Liaoning) llamó a los paleontólogos chinos Hou Lianhai y Hu Yoaming[51], afirmando que en un mercadillo local había obtenido un espécimen fósil que, a su entender, era muy notable. Al verlo, a los dos paleontólogos les quedó claro que se trataba de un ave fósil de importancia relevante. En 1995 ya se disponía de tres especímenes, que Hou y sus colegas describieron formalmente como *Confuciusornis sanctus*[52]. Para finales de la década ya era considerada el ave con pico más antigua y la más primitiva después del *Archaeopteryx*, y desde entonces han sido desenterrados varios cientos de especímenes de *Confuciusornis*. Como ejemplo de la riqueza fosilífera de Jehol, está el hecho de que en una ocasión se llegaron a descubrir cuarenta individuos de *Confuciusornis* en una superficie de unos 100 m², probablemente toda una bandada de pájaros que murieron a la vez como consecuencia de erupciones volcánicas, cuyos materiales depositaron sus fósiles en los sedimentos del lago.

Las asociaciones faunísticas de la denominada Biota de Jehol[53] incluyen el conjunto de especies de aves mesozoicas más importantes excavadas en las últimas dos décadas. En la Formación Yixian apa-

---

51   Ambos del Instituto de Paleontología y Paleoantropología de Vertebrados (IVPP), situado en Beijing.
52   El nombre genérico combina el filósofo Confucio con un griego ὄρνις, (ornis, «pájaro»). El nombre específico significa «santo» en latín y es una traducción del chino *shèngxián*, «sabio», nuevamente en referencia a Confucio.
53   - Zhou, Z; Hou, L. (1998) *Confuciusornis* and the early evolution of birds. Vertebrata PalAsiatica. 36 (2): 136-146.
      - Zhou, Z (2006) Evolutionary radiation of the Jehol Biota: chronological and ecological perspectives. Geological Journal 41 (3-4): 377-393.
      - Mee-Mann Chang, Miman Zhang, Pei-ji Chen, Yuan-qing Wang, De-sui Miao (Eds.) (2008) *The Jehol fossils: the emergence of feathered dinosaurs, beaked birds and flowering plants*. Academic Press.

recen los restos fósiles de numerosas aves primitivas parecidas a los dinosaurios no aviares y que pertenecen a la primera gran radiación aviar. Estos fósiles están acompañados por los de una gran variedad de terópodos no aviares dotados de plumas y que se parecen mucho a las aves. En la actualidad, el minucioso estudio morfológico de ambos conjuntos de fósiles está proporcionando a los especialistas numerosas especies que son útiles para establecer las posibles relaciones filogenéticas existentes entre los terópodos no aviares y las aves propiamente dichas, un asunto cada vez más complejo, cuyo tratamiento se aparta del propósito de este libro.

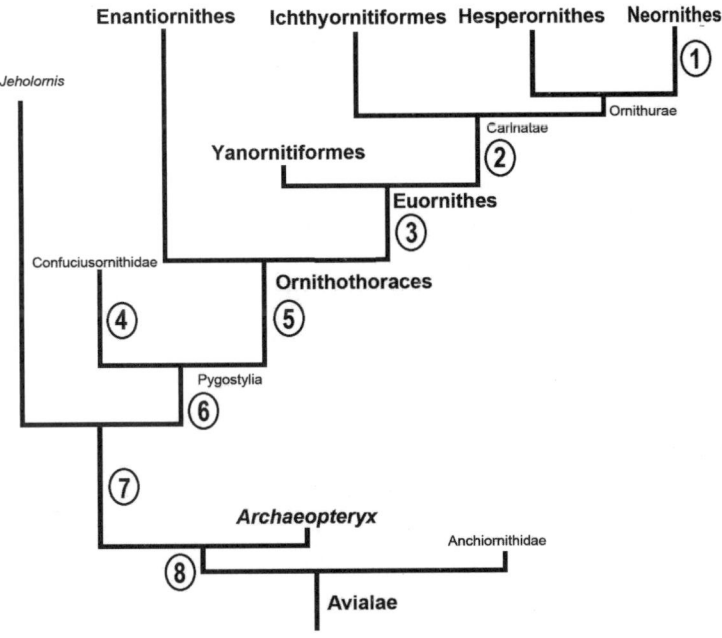

Figura 9. Árbol filogenético muy simplificado de las aves. Elaborado a partir de varios autores. 1. Pico sin dientes y mandíbulas fusionadas; 2. Pérdida de unguales de las manos, esternón con quilla y pelvis fusionada al sacro; 3. Abanico de cola, pigóstilo corto, premaxilares fusionados, predentario y tarso-metatarsos; 4. Pico sin dientes; 5. Carpo-metacarpos, álula, aumento del tamaño del esternón, separación de la escápula y el coracoides. 1ª dígito del pie orientado hacia atrás y probablemente vuelo propulsado activo; 6. Recuento caudal muy reducido, pigóstilo y tibiotarso; 7. Fusión de los tarsianos distales a los extremos proximales de los metatarsianos; 8. Escápula no fusionada con coracoides; húmero más largo que la escápula; cúbito más largo que el fémur; 25 caudales o menos.

La Biota de Jehol demuestra que, en el Cretácico inferior, hace entre unos 130,7 y 120 Ma, muchos linajes importantes de las aves ya estaban bien establecidos y se habían diversificado tras evolucionar en diversos grupos de aves primitivas con diferentes anatomías y ecologías, que incluyeron tanto pequeñas aves arborícolas y semiacuáticas como generalistas de mayor tamaño, aunque no a grandes recolectores aéreos y especialistas acuáticos. Al analizar hasta qué punto la morfología esquelética de las aves de Jehol[54] predice su peculiar diversidad ecológica, los investigadores han mostrado que el conjunto de aves pigostilianas[55] más antiguas de la Biota de Jehol tuvo una diversidad ecológica bastante empobrecida. Es este sentido, las simulaciones realizadas sugieren que tal diversidad sería la esperable en una radiación evolutiva relativamente joven, mientras que la diversidad funcional anormalmente baja de las aves de Jehol evidenciaría las vacantes ecológicas en los ecosistemas del Cretácico inferior que posteriormente serían cubiertas al producirse la radiación de las aves más modernas[56].

Actualmente los paleontólogos disponen ya de una gran cantidad de fósiles[57] correspondientes a los taxones aviares más antiguos del Cretácico, y en las asociaciones aviares del noreste de China está representada casi la mitad de toda la diversidad global de los principales grupos aviares tempranos registrados en el Mesozoico. De hecho, estos grupos proporcionan una visión de las aves basales de finales del Cretácico: las aves de cola larga y huesuda próximas al *Archaeopteryx*[58], las primeras aves con pigóstilo[59] (*Pygostylia*) y las primeras aves Ornitotoracinas (*Ornithothoraces*), tanto Enantiornitas (*Enantiornithes*) como Euornitas (*Euornithes*) (Figura 9).

54   Mitchell, J. S. & Makovicky, P. J. (2014) Low ecological disparity in Early Cretaceous birds. Proc. R. Soc. B 281: 20140608.
55   Las aves pigostilianas (*Pygostylia*) tienen las vértebras caudales distales fusionadas formando el pigóstilo, una sola osificación que sostiene las plumas y la musculatura de la cola de las aves (la rabadilla).
56   Brusatte, S. L., O'Connor, J. K. & Jarvis, E. D. (2015) The Origin and Diversification of Birds. Current Biology 25, R888-R898.
57   Que incluyen muchos esqueletos casi completos y totalmente articulados.
58   *Jeholornithiformes* como *Jeholornis*.
59   *Sapeornithiformes* (*Sapeornis*) y *Confuciusornithiformes* (*Confuciusornis*).

***

El clado enantiornitas está formado por aves parecidas a las modernas neornitas (*Neornithes*), aunque más primitivas, la mayoría con dientes en el pico y dedos con garras en las alas, destacando que su cintura escapular posee una morfología opuesta a la de euornitas[60]. Es probable que los cambios anatómicos relacionados con el vuelo[61] mejoraran la capacidad de vuelo de las enantiornitas, aunque recientes estudios han sugerido que su aparato de vuelo fue diferente al de otras aves basales y neornitas[62]. De hecho, la mayoría de las aves enantiornitas parece que fueron unas voladoras eficientes, aunque debido a la forma de sus quillas[63] existe un debate sobre sí fueron capaces de despegar del suelo.

Se dispone de restos fósiles de numerosos taxones de Enantiornitas hallados en Europa, Asia, Australia, Norteamérica y Sudamérica, convirtiéndose este grupo de aves en el más diverso del Cretácico y seguramente el que fue dominante. La mayoría de estas aves datan del Cretácico inferior, no alcanzaron grandes tamaños y mostraron una morfología un tanto homogénea, claramente adaptada a la vida arborícola. Por el contrario, las enantiornitas del Cretácico tardío tuvieron mayor tamaño que sus parientes más antiguos, sus ecologías fueron probablemente más variadas —taxones voladores, no voladores cursoriales e incluso acuáticos— y sus hábitos alimentarios fueron tanto herbívoros como carnívoros.

---

60 Las enantiornitas son denominadas así porque la conexión entre la escápula y el coracoides que se dispone al contrario que en las aves modernas (*Enantiornithes* significa «aves opuestas»). La superficie del cótilo escapular es convexa en enantiornitas y cóncava en *Euornithes*.

61 Esternón con quilla, coracoides alargados, fúrcula estrecha y mano reducida.

62 Xing, L., O'Connor, J. K., Niu, K., Cockx, P., Mai, H. & McKellar, R. C. (2020) A new Enantiornithine (Aves) preserved in Mid-Cretaceous Burmese amber contributes to growing diversity of Cretaceous plumage patterns. Front. Earth Sci. 8:264

63 La quilla o carina es una extensión perpendicular al plano de las costillas que recorre la línea media del esternón, a cuyos lados se anclan los músculos del vuelo. La quilla de las Enantiornitas es corta y restringida posteriormente.

Figura 10. La quilla o carina se puede apreciar claramente en la restauración del esqueleto de *Ichthyornis victor* (actualmente *I. dispar*). Realizada por Marsh (1886) basándose en el holotipo del Yale Peabody Museum.

El tamaño de las enantiornitas fue muy variado, e incluyó desde aves de un metro de longitud como *Enantiornis* hasta otras no mayores que un pequeño pájaro, como *Yatenavis*. Estos dos taxones habitaron Argentina en el Cretácico superior, y el segundo de ellos fue seguramente una de las enantiornitas más tardías (de hace unos 65 Ma)[64] y es probable que desapareciese junto a los dinosaurios no aviares en la extinción masiva que puso fin al Cretácico.

64   - Herrera, G. Á., Agnolín, F., Rozadilla, S., Lo Coco, G. E., Manabe, M., Tsuihiji, T. & Novas, F. E. (2022) New Enantiornithine bird from the uppermost

***

El otro clado de aves que tuvo amplia difusión a finales del·Cretácico fue el de las euornitas[65]. Un grupo que incluía al ancestro común más reciente de todas las aves más modernas y cuyos primeros representantes combinaban rasgos anatómicos avanzados y primitivos[66]. A finales del Cretácico existieron también numerosos taxones de euornitas con una quilla más profunda en su esternón, cuyo fin es sostener los poderosos músculos necesarios para batir las alas y volar de manera eficiente (Figura 10). Esta y otras características esqueléticas definen a las denominadas aves carenadas (*Carinatae*), un grupo de euornitas del cual derivaron todas las modernas aves neornitas y hesperornitiformes[67], junto a sus parientes ictiornitiformes. Estos dos últimos órdenes,[68] con fósiles exclusivos del Cretácico superior y representados por taxones como *Ichthyornis* y *Hesperornis*, eran habitantes del entorno de los antiguos mares del medio oeste norteamericano. Estas dos aves se encuentran entre las especies prehistóricas más conocidas por el público, principalmente porque durante décadas han aparecido como ejemplos de las primeras aves modernas en la mayoría de las obras divulgativas sobre el tema (Figura 11).

Como no podía ser de otra manera, la primera vez que vi una reconstrucción del aspecto que tuvo *Hesperornis* fue en uno de los primeros libros divulgativos que llegaron a mis manos. En otra ilustración del mismo libro aparecía *Ichthyornis*, un ave voladora del Cretácico parecida a una gaviota, aunque los dientes que tenía en su pico le conferían un cierto aspecto primitivo. Por aquel entonces, todos mis conoci-

---

Cretaceous (Maastrichtian) of southern Patagonia, Argentina. Cretaceous Research 105452.

- Walker, C. A. & Dyke, G. J. (2009) Euenantiornithine birds from the Late Cretaceous of El Brete (Argentina). Irish Journal of Earth Sciences 27, 15-62.

65   *Euornithes* significa en griego "«aves verdaderas».

66   Una mezcla de características tales como pigóstilos totalmente modernos y costillas ventrales o gastralia.

67   neornitas y Hesperornitiformes forman el clado Ornituras (*Ornithurae*, del griego «cola de ave»), establecido por Ernst Haeckel en 1866 para incluir a las que consideraba aves verdaderas con la morfología de las aves actuales.

68   Estos dos órdenes pertenecen respectivamente a las subclases Ictiornites (*Ichthyornithes*) y Hesperornites (*Hesperornithes*).

mientos de paleontología provenían de obras divulgativas y, en aquel libro, *Ichthyornis* era el único ejemplo citado de un ave voladora del Cretácico, lo cual llevó a plantarme que aquel taxón podría ser un antepasado evolutivo de las aves voladoras modernas, pero me equivoqué. Seguramente, cualquier otro profano en la materia habría pensado igual en la misma situación, debido, en gran medida, a que desde hace más de un siglo el contenido de las obras divulgativas de paleontología nos ha conducido a interpretaciones erróneas sobre los seres vivos del pasado y de sus relaciones evolutivas.

Figura 11. *Hesperornis* e *Ichthyornis* representados por Z. Burian (1956).

Lo cierto es que *Ichthyornis* era un ave voladora, pero no era un ave moderna en sentido estricto, aunque su esqueleto fuera similar al de estas.[69] No solo tenían dientes en sus mandíbulas, sino también carecían del hipotarso que caracteriza al tobillo de las aves

69   Benito, J., Chen, A., Wilson, L. E., Bhullar, B. S., Burnham, D. & Field, D. J. (2022) Forty new specimens of *Ichthyornis* provide unprecedented insight into the postcranial morphology of crown ward stem group birds. PeerJ 10: e13919.

actuales[70]. Por otro lado, los ictiornitiformes no pudieron haber sido ancestros de las neornitas porque tanto ellos como los hesperornitiformes se extinguieron al finalizar el Mesozoico sin dejar descendientes[71], aunque actualmente ya se conocen otros muchos taxones aviares voladores que vivieron a finales del Cretácico que se encuentran entre los ancestros de las aves actuales.

Los hesperornitiformes forman un grupo de aves acuáticas depredadoras muy especializadas, y eran potentes nadadores de hábitos buceadores que ocuparon hábitats marinos y de agua dulce, e incluyen numerosos géneros[72]. Muchas de las especies más especializadas, como *Hesperornis*, eran completamente incapaces de volar[73] debido a la falta de extremidades anteriores, una carencia que también fue una adaptación que, junto con las patas situadas lateralmente y los pies lobulados, permitieron que estas aves se propulsasen bajo el agua de forma similar a como lo hacen algunas aves actuales[74]. Evidentemente estas adaptaciones impidieron que *Hesperornis* caminase por tierra firme y les obligó a desplazarse arrastrando el cuerpo, resultando un tanto llamativo que en algunas ilustraciones antiguas esta ave fuese representada en tierra erguida sobre sus patas. Como en otras ocasiones, esta postura imposible se basaba en una propuesta sin base real, según la cual *Hesperornis* habría desempeñado el papel de los pingüinos en el Cretácico.

A pesar de ser uno de los grupos de aves más diversos del Cretácico, todos los restos de hesperornitiformes provienen exclusivamente del

---

70   Estructura que sirve para guiar los tendones en forma de polea de los dedos de los pies.

71   - Wilson, L. E. (2019) A bird's eye view: Hesperornithiforms as environmental indicators in the Late Cretaceous Western Interior Seaway. Transactions of the Kansas Academy of Science 122 (3-4) 193-213.
      - Chapman, B. R. (2021) Ecological Controls on the Campanian Distribution of Hesperornis (Aves: *Hesperornithiformes*) in the Western Interior Seaway. Master's Theses. 3187. Univ. Texas, Austin.

72   *Asiahesperornis, Baptornis, Brodavis, Canadaga, Chupkaornis, Enaliornis, Fumicollis, Hesperornis, Judinornis, Pasquiaornis, Potamornis* y *Parahesperornis*.

73   Es posible que los primeros hesperornitinos del Cretácico inferior aún pudieran volar, pero los posteriores redujeron en gran medida sus alas, y en las formas más especializadas, como *Hesperornis*, las alas quedaron reducidas solo a muñones de los húmeros.

74   Aves acuáticas buceadoras como los colimbos (orden *Gaviiformes*) y los somormujos (orden *Podicipitiformes*).

hemisferio norte. Pero en los depósitos del Cretácico final de la provincia argentina de Santa Cruz, se reportó en 2023 el hallazgo de parte de un tarsometatarso izquierdo que, de acuerdo con su morfología, podría pertenecer a un hesperornitiforme[75]. Dicho hueso también comparte algunas características con los *Brodavidae*, una familia del mismo grupo que solía ocupar hábitats de aguas dulces y que tuvo una amplia distribución en Laurasia durante el Campaniano-Maastrichtiano, con registros en Mongolia y Norteamérica. El fósil hallado en Argentina, como los de otros *Brodavidae*, procede de sedimentos continentales y, de pertenecer a un hesperornitiforme del Cretácico de Gondwana, sería el primer registro inequívoco de estas aves en el hemisferio sur, y podría explicar un evento migratorio del grupo desde Laurasia.

Aunque hay especies de *Hesperornis* que pueden medir casi metro y medio, como *H. rossicus*, del Campaniano temprano de Rusia[76], el hesperornitiforme más grande fue descrito en 1999 y es *Canadaga arctica*, cuyos adultos pudieron alcanzar una longitud máxima de casi dos metros[77]. Estas enormes aves vivieron hace unos 67 Ma en los mares alrededor de lo que hoy es del Noroeste de Canadá, convirtiéndose así en la especie más septentrional que se conoce de este grupo tan diverso (Figura 12).

Como ya señalé, al final del Mesozoico, tanto los ictiornitiformes como los hesperornitiformes desaparecieron sin dejar descendientes y, aunque desde hace varias décadas, algunos investigadores han especulado que su extinción pudo haber sido causada por cambios en la ictio-

---

[75]   Álvarez-Herrera, G. P., Rozadilla, S., Agnolín, F. L., Motta, M. J., Manabe. M., Tsuihiji, T. & Novas. F. E. (2023). Primer registro de Hesperornithiformes para el Cretácico (Maastrichtiano; Formación Chorrillo) de América del Sur. RCAPA General Roca, Río Negro. 22 al 24 de noviembre de 2023. Programa y libro de resúmenes, pp. 12-13.

[76]   Kurochkin, E. N. (2000) Mesozoic birds of Mongolia and the former USSR. En: Benton, M. J., Shishkin, M. A., Unwin, D. M. & Kurochkin, E. N. (Eds.) *The Age of Dinosaurs in Russia and Mongolia*. Cambridge University Press, pp. 533-559.

[77]   - Hou L.-H. (1999) New hesperornithid (Aves) from the Canadian Arctic. Vertebrata PalAsiatica. 37 (7): 228-233.
       - Wilson, L., Chin, K., Cumbaa, S. & Dyke, G. (2011) A high latitude hesperornithiform (Aves) from Devon Island: palaeobiogeography and size distribution of North American hesperornithiforms. Journal of Systematic Palaeontology 9: 9-23.

fauna[78], lo cierto es que si no fue así habrían sido víctimas de la extinción masiva causada por la caída del asteroide al final del Cretácico.

Figura 12. Reconstrucción a escala del hesperornitiformes *Canadaga arctica* del Cretácico canadiense. Obra del autor (2024).

LAS AVES MODERNAS

El clado neornitas (*Neornithes*) está formado por las que se suelen denominar *aves modernas*. Constituyen el grupo aviar que incluye el mayor número de representantes, los cuales se diferencian de las demás aves carenadas en su anatomía mandibular[79], la ausencia de dientes en el pico y otras muchas características esqueléticas que no voy a detallar

---

78   La radiación explosiva de los peces acantopterigios que se produjo a finales del Cretácico.
- Elzanowski, A. (1983) Birds in Cretaceous ecosystems. Acta Palaeontologica Polonica 28, 1- 2, 75-92.
79   El premaxilar está muy reducido y forma casi todo el pico, los dentarios están fusionados entre sí y el hueso predentario ha desaparecido; de hecho, todos los huesos de la mandíbula están fusionados entre sí.

aquí. Como sucede en otros muchos grupos aviales, las extremidades anteriores de las aves neornitas están transformadas en alas emplumadas más o menos desarrolladas que permiten volar a la mayoría de ellas.

Las neornitas incluyen a todas las aves modernas,[80] y son el único grupo de Aviales que sobrevivió a la gran extinción con la que terminó el Cretácico. La mayor parte de la radiación evolutiva de este grupo aviar se produjo tras el inicio del Cenozoico, convirtiéndose en el que incluye a un mayor número de taxones y que actualmente está representado por unas 10.000 especies. Los taxónomos han dividido las aves neornitas en los subgrupos paleognatas (*Palaeognathae*) y neognatas (*Neognathae*) (Figura 13), diferenciados fundamentalmente por la estructura ósea del paladar. En las paleognatas, los huesos del paladar (pterigoideo y palatino) están fusionados y la estructura de sus cráneos es rígida (acinética), mientras que en las neognatas los huesos del paladar no están fusionados y la estructura de sus cráneos es generalmente móvil (cinética).

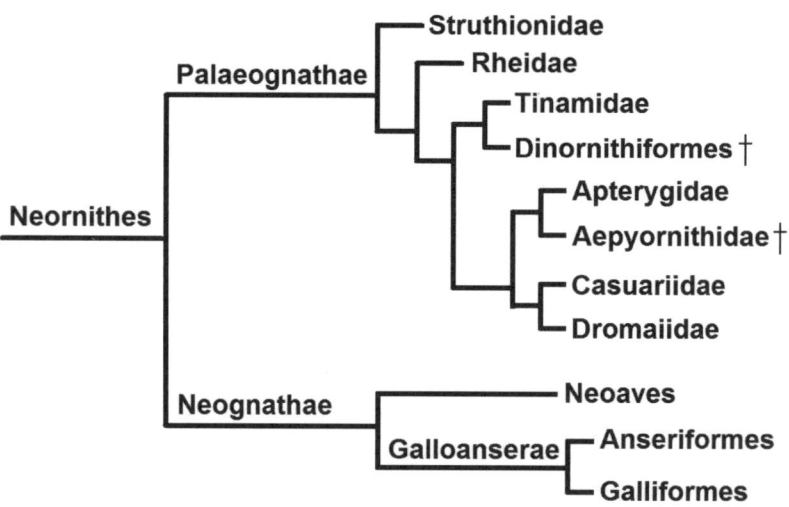

Figura 13. El árbol filogenético de las aves neornitas (*Neornithes*) se divide en paleognatas (*Palaeognathae*) (ratites y Tinamúes) y neognatas (*Neognathae*) (las demás aves). Estas últimas incluyen a *galliformes* (pollos, faisanes y pavos), *anseriformes* (patos, gansos y cisnes) y *Neoaves* (el resto de las aves modernas). Basado en Hackett *et al.* (2008) y Mitchell *et al.* (2014)[81].

---

80   Lo que en filogenia se conoce como *grupo corona de las aves*.
81   - Hackett, S. J. *et al.* (2008) A phylogenomic study of birds reveals their

Las paleognatas incluyen dos linajes de taxones bien diferenciados, el de los ratites (*Ratitae*), de gran tamaño e incapaces de volar[82], y el de los Tinamúes (*Tinamiformes*), más pequeños capaces de volar. Por otro lado, las neognatas están formadas por los grupos neoaves (*Neoaves*) y galloanseres (*Galloanserae*), el primero engloba a la mayoría de las aves que han existido desde el Cenozoico, y el segundo integra los órdenes *galliformes* y *anseriformes*[83].

Los hallazgos fósiles indican que las primeras aves neornitas convivieron con los últimos dinosaurios durante el Cretácico superior, aunque, por lo general, se trata de restos muy fragmentarios y de difícil atribución taxonómica. El mejor registro disponible de una de aquellas neornitas son unos fósiles del Cretácico tardío (hace entre 68 y 66 Ma) hallados en 2005 en la isla Vega (Península Antártica), atribuidos a *Vegavis iaai*, una especie que proporciona a los investigadores un punto para estimar la divergencia temprana de las aves modernas y forma parte del primer grupo de estas que existió en el Mesozoico[84]. *Vegavis* posee un hipotarso bien desarrollado que permite asignarlo a los *anseriformes*, y junto a otros taxones relacionados[85] forman la familia Vegávidos (*Vegaviidae*), integrada por aves buceadoras de pico puntiagudo y vuelo débil que habitaron en las regiones costeras del hemisferio sur desde finales del Cretácico hasta principios del Paleoceno.

El registro fósil de aves modernas del Cretácico final es extremadamente escaso, aunque recientemente a *Vegavis* se ha sumado *Asteriornis maastrichtensis*, una de las pocas aves neornitas datadas en el Mesozoico, concretamente hace entre 66,8 a 66,7 Ma (Cretácico

---

evolutionary history. Science 320, 1763-1768.

- Mitchell, K. J., Llamas, B., Soubrier, J., Rawlence, N. J., Worthy, T. H., Wood, J., Lee, M., S. Y. & Cooper, A. (2014) Ancient DNA reveals elephant birds and kiwi are sister taxa and clarifies ratite bird evolution. Science 344, 898-900.

82 El esternón carece de la quilla en la que se insertan los músculos necesarios para ello.

83 El clado que incluye aves *galliformes* y *anseriformes*, que a menudo se denomina «Galloanserae», pero también se utiliza el término galloanseres y Galloanseranos.

84 Agnolín, F. L., Brissón-Egli, F, Chatterjee, S., García Marsà J. A. & Novas F. E. (2017) Vegaviidae, a new clade of southern diving birds that survived the K/T boundary. Naturwissenschaften 104 (11-12): 87.

85 *Neogaeornis wetzeli* de América del Sur, *Polarornis gregorii* de la Antártida y *Australornis lovei* de Nueva Zelanda.

final), menos de un millón de años antes de que aconteciese el evento de extinción del tránsito Cretáceo-Paleógeno. Los fósiles de *Asteriornis* fueron hallados en Bélgica por un aficionado, he incluyen un cráneo casi completo y varios fragmentos de huesos de las extremidades. Tras permanecer dos décadas en el Museo de Historia Natural de Maastricht fueron descritos recientemente.[86]

Apodado wonderchicken[87] por los investigadores, *Asteriornis* presenta una combinación nunca antes documentada de características similares a galliformes (aves terrestres) y anseriformes (aves acuáticas), Esto sugiere que *Asteriornis* estaba emparentado con el antepasado que comparten ambos grupos, lo que sitúa a este taxón en una posición filogenética próxima al último ancestro común de las galloanseres y proporciona a los paleontólogos una referencia fundamental para comprender las primeras etapas de la radiación de las neornitas. Además, el hecho de que las características distintivas de la anatomía de un Galloanserano actual ya hubiesen aparecido en *Asteriornis* hace 66,7 Ma, proporciona un punto para calibrar con rigor la edad mínima en que divergieron los principales grupos de galloanseres y Neoaves.

Otro detalle a tener en cuenta es que junto a sus restos fósiles de *Asteriornis* aparecen los de un taxón similar a *Ichthyornis*, evidenciando así que en el hemisferio norte coincidieron diversos grupos de las modernas aves carenadas, en contra de las hipótesis relativas a que su origen estuvo en el hemisferio sur. Además, tanto el tamaño relativamente pequeño de estas aves como la posibilidad de que habitaran entornos litorales corroborarían los aspectos ecológicos que se han propuesto como aquellos que les ayudaron a persistir durante la extinción masiva del Cretácico final.

---

86 Field, D. J., Benito, J., Chen, A., Jagt, J. W. M. & Ksepka, D. T. (2020) Late Cretaceous neornithine from Europe illuminates the origins of crown birds. Nature 579, 397-401.

87 «Pollo maravilla».

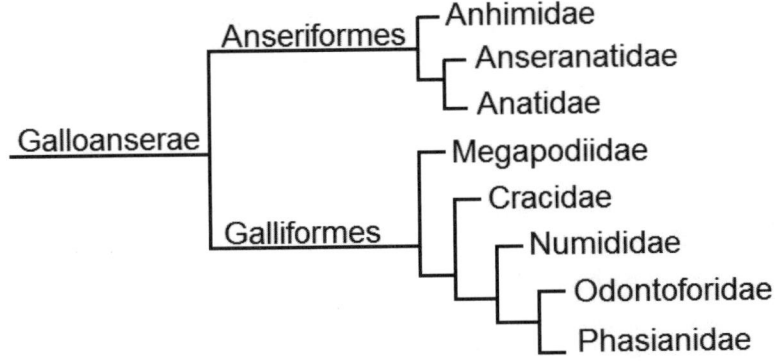

Figura 14. Cladograma basado en Hackett *et al.* (2008).

Los pocos fósiles descubiertos de galloanseres del Cretácico final permiten pensar que por aquel entonces ya estaban ampliamente distribuidos, incluso llegando a ser el grupo predominante de aves modernas. De hecho, a pesar de que pertenece a un linaje extinto, *Vegavis* es considerada una anseriforme esencialmente moderna que convivió con los dinosaurios no avianos. Para la mayoría de los investigadores, los datos de los que se dispone actualmente apuntan a que las galloanseres constituyen un linaje evolutivo del que forman parte los actuales órdenes galliformes y anseriformes, debatiéndose[88] que muy posiblemente también incluyeron a gastornítidos (*Gastornithidae*), dromornítidos (*Dromornithidae*) y brontornítidos (*Brontornithidae*)[89], unos grupos extintos de los que forman parte varios taxones de aves terrestres que destacan por su gran tamaño y de los cuales trataremos más adelante (Figura 14).

De todas formas, la relación evolutiva entre tales grupos y las galloanseres está sometida a debate y, como veremos al tratar sobre

---

88   Para conocer mejor este debate:
- Agnolín, F. L. (2021) Reappraisal on the phylogenetic relationships of the enigmatic flightless bird (*Brontornis burmeisteri*) Moreno and Mercerat, 1891. Diversity 13, 90.

89   Los Pelagornítidos (*Pelagornithidae*) también han sido relacionadas con las Galloanserae, pero a estas grandes aves marinas voladoras se les sitúa por ahora en un orden distinto.

el origen del paladar óseo de paleognatas, recientes descubrimientos como el de *Janavis*[90] apuntarían la posibilidad de que se originase del tronco ancestral de las neornitas y no de galloanseres.

Y LLEGÓ EL FIN DEL MUNDO

El hecho de que *Vegavis* habitase en la Antártida cuando aún vivían los dinosaurios y que *Australornis* lo hiciese en lo que hoy es Nueva Zelanda justo después de su extinción, convierte a los Vegávidos en el primer caso documentado de un grupo de aves que logró sobrevivir al impacto del asteroide que causó el evento de extinción masiva que puso fin al Cretácico y que eliminó del planeta a la mayor parte de los seres vivos que lo habitaban. Entre los motivos que se han dado para explicar por qué las aves modernas no se extinguieron al final del Cretácico, nunca me han convencido aquellos que hacen referencia a su pequeño tamaño o a su metabolismo homeotermo (de sangre caliente). Principalmente, porque todos los dinosaurios aviares y aves con dientes se extinguieron, a pesar de que no destacaban por su tamaño y de que seguramente tenían metabolismos semejantes a los de las aves modernas.

Las consecuencias de la catástrofe global del Cretácico final afectaron de diferentes formas a los distintos grupos de terópodos manirraptores (incluidas las aves), haciendo que se extinguieran todos los grupos de aviales menos las aves neornitas, lo que ocasionó que todas las aves del Cenozoico hayan descendido directamente de ellas. Asimismo, por otro lado, la composición taxonómica del conjunto de neornitas que superó la catástrofe determinó de manera fundamental cuáles serían los taxones aviales de mayor tamaño corporal que han evolucionado durante el Cenozoico, porque no todos aquellos grupos antiguos de neornitas estaban dotados de las características anatómicas y fisiológicas que habrían permitido que sus componentes evolucionasen hacia formas de gran tamaño corporal.

---

90   *Janavis*.

En este contexto, los paleontólogos han intentado establecer qué características de las aves de hace 66 Ma pudieron ser fundamentales para su supervivencia, y el hecho de que los Vegávidos superasen el evento de extinción proporciona un punto de partida para investigar dichas características. Uno de estos estudios ha buscado una explicación en el interior de los huesos fosilizados de los Vegávidos,[91] y al analizar su microestructura han descubierto una matriz fibrolamelar muy vascularizada en la que no se aprecian líneas que indicasen detenciones del crecimiento. Estas estructuras se encuentran también en el tejido óseo de casi todas las aves modernas e implican que la tasa metabólica de los Vegávidos era elevada, el cual les habría permitido crecer con rapidez y alcanzar la edad adulta antes de un año. Es probable que tales adaptaciones facilitaran que *Vegavis* y sus parientes se aclimatasen a los entornos más fríos de las regiones septentrionales donde habitaron, de lo cual se podría deducir que esas mismas adaptaciones también pudieron facilitar que los Vegávidos y otras aves modernas sobrevivieran a las condiciones ambientales hostiles que provocó el impacto del asteroide hace 66 Ma.

Curiosamente, los análisis de la microestructura ósea también han mostrado que las líneas de crecimiento continuo no aparecen en los huesos de las aves dentadas más arcaicas (como Enantiornitas), lo cual implicaría que su crecimiento debió ser lento y probablemente con paradas metabólicas periódicas, como en los reptiles modernos, dos circunstancias que sin duda no favorecieron su supervivencia a la catástrofe.

En las durísimas condiciones ambientales que se produjeron en el límite Cretácico-Paleógeno, la supervivencia preferencial de algunas aviales pudo estar asociada a aspectos tales como las adaptaciones fisiológicas, la distribución geográfica y la diversificación en la captación de los recursos. En este sentido, los investigadores han propuesto[92] que la fisiología o la tasa de crecimiento podrían explicar que en el Cretácico terminal hubiese aves ornituras avanzadas habi-

91   García Marsà, J., Agnolín, F. L. & Novas, F. E. (2019) Bone microstructure of *Vegavis iaai* (Aves, anseriformes) from the Upper Cretaceous of Vega Island, Antarctic Peninsula. Historical Biology 31, 163-167.

92   Bono, R. K., Clarke, J., Tarduno, J. A. & Brinkman, D. (2016) A large Ornithurine bird (*Tingmiatornis arctica*) from the Turonian High Arctic: Climatic and evolutionary Implications. Scientific Reports 6: 38876.

tando en latitudes altas (árticas y antárticas). Además, en aquella época habitó en Norteamérica una avifauna integrada por grupos que no sobrevivieron hasta el Paleógeno[93] y que en su mayoría eran ornituras avanzadas, lo que demuestra la variedad de aves arcaicas que persistió durante el tránsito Cretácico-Paleógeno. Por otro lado, el hecho de que esos grupos no incluyesen a taxones de órdenes modernos indicaría que la avifauna del Cretácico tardío no era ni mucho menos moderna, poniendo así de relieve hasta qué punto la extinción acontecida al final del periodo fue la causa principal de la posterior diversidad aviar del Cenozoico.

En la extinción que al final del Cretácico afectó a los diversos grupos de Manirraptores destaca el hecho de que aquellos que desaparecieron poseían dientes en sus mandíbulas y picos, mientras que los que sobrevivieron —las neornitas— carecían de ellos. Esta notoria diferencia anatómica ha llevado a investigar la posibilidad de que pudiera estar relacionada con la extinción diferencial que se produjo.

La irregularidad del registro fósil de los pequeños Manirraptores del Cretácico ha dificultado un examen detallado de este grupo en el intervalo de tiempo previo al evento de extinción, aunque esto no ha impedido que los investigadores planteasen la hipótesis de que, en el tramo final del Cretácico, se redujo la disparidad morfológica dentro de numerosos grupos de dinosaurios. Recientemente se ha investigado si antes de la extinción masiva la citada disparidad también estuvo disminuyendo en los dinosaurios parecidos a las aves, examinando para ello miles de dientes pertenecientes a varios grupos de Manirraptores dentados (incluidas las aves con dientes) que vivieron durante los últimos 18 Ma del Cretácico[94]. He de señalar que los paleontólogos utilizan la disparidad morfológica dental como indicador de la variación en la ecología alimentaria de los reptiles fósiles y, en el caso de los Manirraptores dentados, los datos al respecto indican que durante el tramo final del Cretácico su disparidad morfológica dental no muestra una disminución significativa previa al evento de extinción. Los datos también indican que la ocupa-

93 Longrich, N. R., Tokaryk, T. & Field, D. J. (2001) Mass extinction of birds at the Cretaceous–Paleogene (K–Pg) boundary. PNAS 108, 15253-15257.
94 Larson, D. W., Brown, C. M. & Evans, D. C. (2016) Dental disparity and ecological stability in bird-like dinosaurs prior to the End-Cretaceous mass extinction. Current Biology 26, 1325-1333.

ción del morfoespacio dental[95] permaneció estática con la excepción del aumento de tamaño al comenzar la parte final del Cretácico[96], lo cual respalda que la extinción de los Manirraptores dentados se produjo de forma repentina después de un largo período de estabilidad ecológica. Los autores de este estudio han propuesto que la dieta pudo actuar como un *filtro de extinción* que explicaría por qué los Manirraptores dentados desaparecieron repentinamente, mientras que sobrevivieron las neornitas con pico carente de dientes, siendo posible que el granivorismo asociado con este tipo de pico pudo haber sido un rasgo ecológico clave para la supervivencia.

Tras analizar la estructura microscópica de los dientes de varios dinosaurios Manirraptores (incluidos aviares), algunos investigadores han propuesto[97] que, durante la transición de los dinosaurios a las aves, el innovador cambio ocurrido en la dieta dio lugar a una gran reducción en la fuerza de la mordida que provocó importantes cambios en la microestructura de los dientes. Para estos autores, las modificaciones detectadas en la microestructura dental sugieren que los cambios en la dieta pudieron actuar como una respuesta adaptativa que permitió aumentar la diversificación de las aves tempranas frente a la competencia que suponían los otros terópodos carnívoros no aviares.

También se ha constatado que la capacidad de morder continuó siendo vital como parte de los hábitos alimentarios de algunos Manirraptores pequeños, aunque la microestructura interna de sus dientes es similar a la de las aves tempranas. Esto sugiere que la mayor reducción en la fuerza de la mordida que presentan en general las aves pudieron heredarla de un ancestro aviar común, probablemente a la vez que sus dietas evolucionaban por separado de las de otros Manirraptores, especialmente el ya citado granivorismo asociado a un pico sin dientes.

---

95 El morfoespacio es una representación gráfica de todas las morfologías que un organismo podría tener o tiene, cada punto de las cuales representa la de un individuo.

96 El Maastrichtiense es una división de la escala temporal geológica correspondiente con la última edad o piso del periodo Cretácico y se extiende desde hace 72,1 hasta 66,0 Ma.

97 Zhiheng Li, Chun-Chieh Wang, Min Wang, Cheng-Cheng Chiang, Yan Wang, Xiaoting Zheng, E-Wen Huang, Kiko Hsiao & Zhonghe Zhou (2020) Ultramicrostructural reductions in teeth: implications for dietary transition from no avian dinosaurs to birds. BMC Evolutionary Biology 20: 46.

***

Además de la dieta, cuando se produjo la extinción masiva del Cretácico, otro de los factores que más influyeron en las aves fueron, sin duda, los hábitos de vida preferentes de cada grupo, que *grosso modo* podríamos agrupar en arbóreos y no arbóreos. Para profundizar en esta cuestión los paleontólogos han reconstruido la ecología de las aves de finales del Cretácico mediante análisis ecomorfológicos[98].

En aquel momento, las aves más diversas y extendidas eran las Enantiornitas, que fueron predominantemente de vida arbórea según los mencionados análisis. Por otro lado, los análisis señalan que las neornitas llevaron una vida principalmente no arbórea en el tránsito Cretácico-Paleoceno, aunque durante el Paleoceno y el Eoceno se produjeron múltiples transiciones ecológicas que convergieron para que en estas aves predominase la vida arbórea.

Se dispone cada vez de más datos que apoyan la hipótesis de que el impacto del asteroide jugó un importante papel en la supervivencia selectiva de las aves en el tránsito Cretácico-Paleoceno. Pero la dificultad radica en determinar las consecuencias concretas del impacto que afectaron a las aves, debido al escaso registro fósil aviar conocido en torno a la fecha del impacto y al hecho de que los acontecimientos que afectaron a las aves se produjeron previsiblemente en intervalos de tiempo ecológico (cortísimo en relación con el tiempo geológico). Uno de aquellos acontecimientos fue la gigantesca deforestación que debió causar el impacto del asteroide, que afecto a todo el planeta y que seguramente se mantuvo bastante tiempo.

El impacto en la Tierra del gran asteroide ocasionó ondas de choque que derribaron prácticamente todos los árboles del planeta y provocó que se incendiasen al instante casi todos sus bosques. Esta catástrofe eliminó directamente los hábitats forestales, reduciendo los niveles de luz y desencadenando un enfriamiento global que retrasó la recuperación de los ecosistemas. Los indicios paleobotánicos y palinológicos globales muestran que la destrucción de los bos-

---

98   Partiendo de datos paleoambientales del entorno y de la morfología anatómica.

ques fue generalizada, y su consecuencia supuso una significativa pérdida temporal de la cubierta vegetal de todo el planeta.

Esta destrucción global de los bosques en el límite Cretácico-Paleoceno debió afectar principalmente a los taxones arbóreos, incluidas las aves. Recientemente, varios investigadores[99] han sugerido que este hecho actuó como un filtro ecológico selectivo en contra de cualquier dinosaurio avial que dependiera de la cubierta arbórea del planeta, y provocó que las neornitas no arbóreas predominasen tras el evento de extinción. Esta avifauna estaba compuesta por los clados paleognatas y neognatas, que desde comienzos del Cenozoico se diversificó rápidamente y dio lugar a la amplia variedad de ecologías aviares que aún encontramos en las avifaunas actuales.

En la última década, los investigadores han generado un árbol temporal de la historia evolutiva de las aves neornitas, combinando más de un centenar de aves fósiles con datos genéticos de casi todas las familias actuales, descubriendo que su ancestro común más reciente habitó en Gondwana occidental a inicios del Cretácico superior (hace unos 95 Ma) y que las tasas netas de diversificación aumentaron durante los períodos de deterioro climático[100]. De hecho, las neornitas no se diversificaron fuertemente hasta la transición Cretácico-Paleógeno, coincidiendo con los períodos de enfriamiento global. En este contexto se produjo una rápida radiación inicial de las paleognatas, galloanseres y, especialmente, Neoaves, que podría explicarse por la tendencia al enfriamiento acontecida durante el Cretácico superior, a la cual se habrían sumado los efectos de la posterior extinción masiva.

---

99   Field, D. J., Bercovici, A., Berv, J. S., Dunn, R., Fastovsky, D. E., Lyson, T. R., Vajda, V. & Gauthier, J. A. (2018) Early Evolution of Modern Birds Structured by Global Forest Collapse at the End-Cretaceous Mass Extinction Current Biology 28, 1825-1831.

100   Claramunt, S. & Cracraft, J. (2015) A new time tree reveals Earth history's imprint on the evolution of modern birds. Sci. Adv. 1, e1501005.

***

Hasta aquí hemos visto cómo está surgiendo entre los investigadores una especie de consenso que plantea la hipótesis de que las aves que sobrevivieron al evento de extinción masiva del Cretácico final fueron beneficiadas selectivamente por mostrar una serie de características concretas, entre las que habrían destacado un tamaño corporal relativamente pequeño que redujese los requisitos metabólicos, una forma de vida no arbórea y un sistema digestivo que permitiese la flexibilidad dietética necesaria para aprovechar recursos escasos, que pudieron incluir semillas e insectos.

Pero resulta que la búsqueda de evidencias que apoyen la propuesta anterior es una labor dificultosa, debido a la escasez de fósiles de neornitas en los depósitos del Cretácico tardío y Paleoceno temprano. En este sentido, *Asteriornis* mejora de forma directa el conocimiento de la paleobiología de las aves neornitas que superaron el tránsito Cretácico-Paleógeno y, curiosamente, sus características morfológicas y ecológicas se aproximan bastante a las que habrían tenido las aves que superaron el tránsito Cretácico-Paleógeno, según propone la hipótesis expuesta anteriormente. A este respecto, el tamaño de *Asteriornis* era la mitad del que tenían de promedio las últimas aves del Cretácico; el hecho de que sus patas traseras fueran estrechas y alargadas, y que sus fósiles procedan de sedimentos marinos cercanos a la costa son características que, en su conjunto, podrían indicar que habitó en áreas litorales, unos entornos ecológicos que destacan por la variedad y abundancia de recursos alimentarios. Precisamente el tipo de hábitat que pudo favorecer la supervivencia después de un evento catastrófico.

3
No son dinosaurios, pero también pueden ser grandes

EL TAMAÑO DE LAS AVES

«El tamaño de algunas de estas impresiones [icnitas], así como la longitud de la zancada que indican, van en contra de la idea de que hayan sido hechas por pájaros. ¡Algunas de ellas, por ejemplo, tienen veinte pulgadas de largo y están separadas por cuatro o cinco pies! El pie del avestruz africano mide solo diez pulgadas de largo, por lo que debemos recurrir a los dinosaurios para obtener una explicación. Sin embargo, es muy posible que algunas de las impresiones más pequeñas fueran hechas por pájaros»[101].

Extinct monsters
H. N. Hutchinson (1897)

El calificativo de *gigante* no se aplica a ninguna de las especies de aves actuales por grande que sea, excepto para referirse a un ejemplar concreto de ave de tamaño mucho mayor que el del resto de los individuos de su especie[102]. Así, por ejemplo, el avestruz es visto simplemente

---

101   Hutchinson, H. N. (1897) *Extinct monsters.* Chapman & Hall. London.
102   Según el diccionario, una acepción de la palabra gigante, -ta es: adjetivo. De un tamaño mucho más grande de lo que se considera lo normal.

como un ave mucho más grande que las demás, y solo sería considerado gigante un ejemplar de avestruz que superase el tamaño típico de los avestruces. Visto así, el gigantismo animal es un rasgo que, en realidad, solo adquiere su significado más sugerente cuando se aplica como resultado de comparar el tamaño de individuos pertenecientes a grupos taxonómicos distintos. Pero lo cierto es que, en ese sentido, solo algunos taxones de aves podrían ser considerados gigantes, aunque la errónea y generalizada creencia de que en épocas remotas abundaban los animales de gran tamaño ha contribuido a que, entre las aves extintas, el gigantismo haya sido considerado de forma un tanto diferente.

Conforme se han descrito nuevos taxones de grandes aves prehistóricas, el parecido entre algunos de ellos debido a las adaptaciones que comparten y la dificultad para relacionarlos con los actuales ha ocasionado que los paleontólogos estén modificando continuamente sus propuestas sobre sus relaciones evolutivas y su clasificación taxonómica. Esto supone un indudable obstáculo para que el tema de las aves prehistóricas pueda ser divulgado con rigor sin que el público pierda interés, y si esto no ha ocurrido es probable que sea porque a menudo la característica que más se ha destacado es el gran tamaño que alcanzaron muchas de aquellas aves.

A lo largo de la historia evolutiva de las aves, el desarrollo de tamaños corporales muy grandes, lejos de ser un fenómeno generalizado, parece quedar circunscrito a unos cuantos taxones pertenecientes a grupos muy concretos. Ante esta circunstancia surge la pregunta de ¿por qué no todas las aves pueden ser gigantes?, y para darle una respuesta analizaremos los aspectos del origen y evolución de las aves que han podido influir en el tamaño alcanzado por estos vertebrados.

Desde que se originaron las aves a finales del Mesozoico el registro geológico proporciona fósiles de muchos taxones de gran tamaño, especialmente no voladoras. Es cierto que en la actualidad sobreviven algunas especies de aves de gran tamaño, pero casi todas las que han existido lo hicieron a lo largo del Cenozoico y las conocemos únicamente por sus restos esqueléticos y por las reconstrucciones que se muestran en libros y en salas de museos.

Es curioso cómo vemos con relativa naturalidad a los avestruces, emúes, casuarios y ñandúes, pero solemos asombrarnos al ver una de las grandes aves no voladoras que habitaron la Tierra en tiempos remotos. En parte, es probable que esto suceda porque las reconstrucciones de las grandes aves prehistóricas guardan cierto parecido con las de algunos dinosaurios, un grupo de reptiles al que, para colmo, presentan habitualmente como ancestros evolutivos de las aves. Llegados aquí puede plantearse una interesante cuestión: ¿existe relación entre el tamaño que pueden alcanzar las aves y el que pudieron alcanzar los dinosaurios?

Para que esta visión dinosauriana de las aves más grandes adquiera su justa medida, es necesario comprender su relación evolutiva con los dinosaurios y aclarar hasta qué punto esta podría explicar por qué en algunos grupos de aves han evolucionado taxones de gran tamaño. Lo primero lo hemos tratado a lo largo de este capítulo, y lo segundo lo trataremos en este apartado.

¿DE TAL PALO, TAL ASTILLA?

Cualquiera que conozca mínimamente a los dinosaurios sabe que una de sus características más sobresalientes es que buena parte de ellos alcanzaron tamaños enormes, aunque todos estaremos de acuerdo en que poseer un tamaño corporal calificable de gigantesco no es una característica exclusiva de muchos reptiles del Mesozoico. Es indiscutible que a lo largo de la historia de la Tierra han existido muchísimos taxones de peces, aves y mamíferos de gran envergadura, y actualmente aún existen bastantes, pero también es cierto que no hay ningún reptil actual cuyo tamaño se pueda comparar con el de muchos de sus parientes del Mesozoico. En este sentido, dado que las aves están emparentadas con los reptiles, la reducción generalizada del tamaño de estos debió afectar también a las aves. De hecho, la mayoría de las aves que han existido son de pequeño tamaño, aunque lo cierto es que durante los 65 Ma transcurridos desde que desaparecieron los grandes reptiles también han existido numerosos taxones de aves de gran tamaño. ¿Por qué ha sucedido así?

Para responder a la pregunta anterior es necesario averiguar de qué forma las características morfológicas y fisiológicas de los dinosaurios ancestros de las aves han influido en el tamaño corporal que estas han adquirido durante su evolución. Además, habría que establecer cómo las características propias de cada grupo de aves han posibilitado que en algunos de ellos aumentase el tamaño corporal de sus integrantes.

Un aspecto a tener en cuenta sobre el gigantismo en las aves es que la mayoría de ellas no pueden hacerse muy grandes, y el motivo está relacionado principalmente con el límite de tamaño que impone la capacidad de volar, como demuestra el hecho de que las aves más grandes que se conocen —sean extintas o actuales— no son capaces de volar. Esta circunstancia no ha impedido que en el pasado habitasen nuestro planeta diversos taxones de aves voladoras con una envergadura superior a la de las mayores aves voladoras actuales, aunque mucho más pequeñas que cualquiera de las grandes aves no voladoras que han existido.

***

Los análisis filogenéticos indican que los primeros dinosaurios ancestros de las aves[103] pasaron por una etapa en la que se produjo un importante aumento del tamaño corporal que dio lugar a individuos adultos no menores de cinco metros de longitud. Estos tamaños tan grandes aparecen en una serie de grupos de dinosaurios que se sucedieron en la línea evolutiva que condujo a las aves y que incluyeron a depredadores tan famosos como *Allosaurus* y *Spinosaurus*.

Tras la etapa de gigantismo que se produjo en los ancestros de las aves, se encadenaron una serie de reducciones de tamaño que los especialistas consideran las más drásticas que han acontecido en toda la evolución de los vertebrados terrestres. Así, el tamaño de los terópodos celurosaurios adultos fue disminuyendo y en los Manirraptores se mostró una tendencia hacia la reducción en el tamaño de la cola, a la vez que la modificación del esqueleto de las

---

103 Los tetanuros (*Tetanurae*, gr. «colas rígidas») son un clado de dinosaurios que incluye a todos grupos de terópodos más cercanamente relacionados con las aves modernas y abarca a la mayoría de la diversidad de dinosaurios depredadores no avianos, tales como los tiranosáuridos, megalosáuridos, ornitomímidos, alosáuridos, maniraptoriformes y las aves. La evolución de los tetanuros se caracteriza por la diversificación paralela de múltiples linajes, que repetidamente alcanzan un gran tamaño corporal y una morfología locomotora similar.

patas desplazaba el centro de masa del cuerpo, que era empujado hacia la postura inclinada típica de las aves modernas. Estos cambios facilitaron la locomoción bípeda terrestre, planteando algunos investigadores que probablemente el acortamiento de la cola y la reducción del tamaño corporal aumentaron la capacidad para realizar giros bruscos que cambiasen la trayectoria para poder evadir a los depredadores, lo que pudo evolucionar en un aumento en la capacidad de huida de los Manirraptores. De hecho, como ya vimos, la evidencia fósil deja claro que las aves tuvieron ancestros bípedos, de brazos reducidos y gran tamaño corporal antes de que fueran capaces de volar o se hicieran arborícolas.

Por otra parte, la adquisición de un estilo de vida arborícola no implicó que las aves perdiesen una locomoción terrestre eficiente, como demuestra el hecho de que muchas aves actuales con un modo de vida básicamente terrestre recurren al vuelo sobre todo como una forma de huida. Es evidente que para volar se requieren alas, pero como estas no intervienen directamente en el forrajeo terrestre, es posible que, a lo largo de la evolución de las aves neornitas, muchas de ellas perdiesen su capacidad de volar en situaciones tales como el aislamiento geográfico sin potenciales depredadores.

Las reversiones hacia el modo de vida terrestre también han ocurrido en momentos más tempranos de la historia evolutiva de las aves, como es el caso de *Patagopteryx* del Cretácico Superior (hace unos 85 Ma), en el noroeste de la Patagonia Argentina, un taxón incluido en las Ornituromorfas (*Ornithuromorpha*) junto a otros parientes y a las Ornituras (*Ornithurae*)[104]. Esto sugiere que, desde el principio, la evolución de los ancestros de las neornitas transcurrió sin que se perdiese un estilo de vida en el que predominó el forrajeo terrestre. Esta circunstancia fue importante para que pudiera surgir el vuelo en los pequeños terópodos Manirraptores que forrajeaban en el suelo,

---

104 *Patagopteryx deferrariisi* pertenece a una familia u orden separados dentro de los Ornituromorfos. Tiene el tamaño de un pollo y su esqueleto muestra claras indicaciones de que sus ancestros eran aves voladoras, lo que la convierte en el primer caso inequívoco de un ave secundariamente terrestre.
- Chiappe, Luis M. (1992). Osteología y sistemática de *Patagopteryx deferrariisi* Alvarenga y Bonaparte, (aves), del cretácico de Patagonia: filogenia e historia biogeográfica de las aves cretácicas de América del Sur. Tesis doctoral. Facultad de Ciencias Exactas y Naturales. Universidad de Buenos Aires.

que, con la asistencia de las plumas de los brazos y de la cola, habrían podido desplegar conductas de huida súbita para las que requerían elevados gastos de energía. En este sentido, algunos investigadores han argumentado que en aquellos Manirraptores evolucionó el aleteo cercano al suelo para generar un fuerte impulso hacia delante, previo a la capacidad de generarlo hacia arriba y poder volar.

∗∗∗

El proceso evolutivo por el cual unos enormes dinosaurios terrestres se transformaron en ligeras aves voladoras, siguió un patrón selectivo fortuito y continuo de reducción del tamaño corporal durante unos 50 Ma, resultando llamativo que durante ese periodo las masas corporales pasaron de los más de 200 kilogramos de algunos terópodos a los 800 gramos de *Archaeopteryx*. Para comprender este proceso, los investigadores han analizado los cambios de tamaño y las tasas de innovación de más de mil características esqueléticas pertenecientes a más de cien especies de terópodos de todo el mundo, acontecidas durante el tiempo en que estos evolucionaron hasta dar lugar al *Archaeopteryx* y las aves modernas[105]. Los análisis realizados revelan que el linaje de los terópodos ancestros de las aves experimentó una progresiva reducción del tamaño corporal que se mantuvo a lo largo del tiempo y que afectó al menos a una docena de ramas consecutivas de su árbol evolutivo, dando lugar al desarrollo de adaptaciones esqueléticas que les hicieron cambiar cuatro veces más rápido que los otros terópodos que no se transformaron en aves.

La progresiva reducción del tamaño que se produjo a lo largo de la evolución aviar habría facilitado que las primeras aves pudieran explorar nuevos nichos ecológicos propios de animales pequeños, lo cual habría permitido que practicaran una dieta insectívora, treparan a los árboles, dieran saltos significativos y eventualmente desarrollaran un vuelo propulsado. Además, esto pudo facilitar que las

---

105   Lee, M. S. Y., Cau, A., Naish, D. & Dyke, G. J. (2014) Sustained miniaturization and anatomical innovation in the dinosaurian ancestors of Birds. Science 345, 562-566.

aves desarrollasen planes corporales fuera del alcance de sus parientes más grandes, dando lugar a una radiación bastante extensa.

Mientras los terópodos aviales se iban haciendo más pequeños, sus cráneos se mantenían relativamente grandes y permitían que sus cerebros pudieran ser más grandes en relación con su tamaño corporal, lo que seguramente les dotó de mayor habilidad para practicar la caza. Además, los pequeños terópodos aviales habrían podido desarrollar plumas aislantes con más probabilidad que los grandes, lo que les pudo haber permitido practicar la caza nocturna. Estas mejoras en las capacidades de caza debieron contribuir a que los ancestros de las primeras aves se pudiesen enfrentar con más garantías de éxito a situaciones adversas como la ocasionada por la caída del asteroide al destruir las áreas boscosas del planeta hace 66 Ma. Esta enorme alteración ecológica privó instantáneamente de sus hábitats a la práctica totalidad de los taxones de aviales arborícolas, y, como ya vimos en el capítulo anterior, los que sobrevivieron fueron neornitas de vida terrestre.

A este respecto, todo parece indicar que el pequeño tamaño de las primeras aves pudo contribuir a que sobreviviesen a la extinción masiva que acabó con los demás dinosaurios. Pero, a pesar de esto, el reducido tamaño corporal de las aves neornitas no fue un impedimento para que a lo largo del Cenozoico evolucionasen diversos taxones de gran tamaño corporal dentro de algunos grupos de aves.

De hecho, a lo largo del Cenozoico han existido taxones de aves que alcanzaron el tamaño de algunos dinosaurios, aunque hace 66 Ma (justo después de la extinción global) el registro fósil muestra que los vertebrados terrestres eran bastante pequeños, incluidas las aves. Esto probablemente se debió a la falta de recursos alimentarios que había ocasionado el impacto del asteroide, pero la posterior recuperación de la biosfera permitió que evolucionaran vertebrados de gran tamaño y el gigantismo reapareció poco más de 20 Ma después, incluyendo de nuevo a las aves.

¿PODRÍA SER GIGANTE CUALQUIER AVE?

Es obvio que en la naturaleza pueden observarse taxones de aves de tamaños corporales muy diversos y, entre ellos, algunos son bastante grandes. Pero lo cierto es que no todos los grupos aviares incluyen taxones muy grandes, principalmente porque muchos de ellos carecen de las características morfológicas y fisiológicas que lo permitirían. Así, por ejemplo, la envergadura de las aves voladoras está fuertemente limitada por su capacidad para volar, de manera que el tamaño máximo alcanzado por estas aves durante su evolución nunca ha superado al que les hubiese permitido despegar del suelo. Esto evidencia el motivo de por qué la mayoría de los taxones de aves más grandes no son ni han sido voladores, aunque a lo largo del Cenozoico varias especies de aves voladoras alcanzaron un enorme tamaño. Más adelante tendremos ocasión de tratar sobre ellas.

Algunos investigadores[106] han constatado que, desde comienzos del Jurásico hasta el Cretácico final (unos 70 Ma) y tras originarse el vuelo, conforme las primeras aves se diversificaban, fue cambiando la envergadura corporal de las que poseían pigóstilo. Así, el tamaño de muchas Enantiornitas experimentó un cierto aumento, mientras que el de las Euornitas fue disminuyendo. Teniendo en cuenta que este último grupo incluye a las aves actuales, aquella reducción de su tamaño ayudaría a explicar por qué sobrevivieron a la catástrofe acontecida al final del Cretácico, aunque, como veremos, a lo largo del Cenozoico se produjeran notables aumentos de tamaño en algunos grupos neornitas.

✳✳✳

Sabemos que las aves modernas evolucionaron a partir de un grupo de dinosaurios, pero, a pesar de que muchos de esos reptiles alcanzaron gran tamaño, las aves son muchísimo más pequeñas y, de hecho,

---

106   Hone, D. W. E., Dyke, G. J., Haden, M. & Benton, M. J. (2008) Body size evolution in Mesozoic birds. J. Evol. Biol. 21 618-624.

son relativamente pocas las que superan unos cuantos kilogramos de peso. A raíz de esta circunstancia, surge una pregunta cuya respuesta es compleja: ¿por qué no existen aves del tamaño de los grandes dinosaurios?

En este sentido, conviene aclarar que hubo dinosaurios de todas las formas y tamaños, siendo algunos taxones muchísimo más grandes que otros. A lo largo de la evolución de estos reptiles se aprecia una contraselección para el tamaño pequeño que afectó en diferente medida a cada grupo, lo que a la vez fue aumentando el tamaño corporal en general. En esta carrera hacia el gigantismo encontramos que los dinosaurios herbívoros fueron los que alcanzaron una mayor masa corporal, como por ejemplo *Apatosaurus* y *Triceratops,* aunque también hubo enormes dinosaurios carnívoros, tales como *Allosaurus* y *Tyrannosaurus.* Todos estos taxones de grandes dinosaurios que he puesto como ejemplo son muy conocidos, y a ellos hay que añadir una lista interminable. Pero en este contexto de aumento de tamaño también existieron dinosaurios de tallas corporales más modestas, e incluso más pequeños que un gatito.

Muchos de los terópodos emparentados con las aves eran de gran tamaño y tuvieron plumas, pero el hecho de que no volaran marca una importante diferencia en cuanto a la masa corporal que podían alcanzar. Como vimos en el capítulo anterior, el hecho de que para poder volar exista un límite de tamaño corporal, pudo ser uno de los motivos de la notable diferencia de tamaños que se aprecia entre las aves y muchos dinosaurios. Pero lo cierto es que numerosos vertebrados voladores relativamente grandes han habitado nuestro planeta a lo largo de su historia, y de entre todos ellos destacan por su tamaño los denominados Pterosaurios (*Pterosauria*), precisamente un grupo de reptiles del Mesozoico que también desaparecieron en la extinción masiva del Cretácico final.

Desde el punto de vista taxonómico de los reptiles Pterosaurios, estos no forman parte del grupo de los dinosaurios e incluye a algunos de los seres voladores con mayor envergadura alar que han existido. Los más grandes vivieron durante el periodo previo a la extinción de todo el grupo y pertenecen a la familia Azdárquidos (Azhdarchidae), algunos de los cuales superaron los 11 metros de envergadura y los 200 kg de peso[107]. El tamaño de estos enormes reptiles voladores estuvo muy por encima del de las aves voladoras más grandes de la actualidad, que son, por el peso, la avutarda Kori (*Ardeotis kori*) con hasta más de 15 kg, y por la envergadura, el albatros viajero o errante (*Diomedea exulans*) con hasta 3,7 metros. Estas medidas pueden llevarnos a pensar que las aves voladoras no pueden ser tan grandes como aquellos Pterosaurios, pero lo cierto es que esto no es así si en la comparativa se tienen en cuenta a todas las aves que han existido en nuestro planeta.

Sin duda, la anatomía de los Pterosaurios es muy diferente a la de las aves modernas (fósiles y actuales), con independencia de sus tamaños, aunque, en principio, las características de las aves no les impedirían volar si alcanzasen tallas similares a las de aquellos reptiles voladores[108]. Lo cierto es que la capacidad de volar también depende en gran medida de la técnica que se emplee para mantenerse en el aire, y una buena muestra de ello es el gigantesco buitre *Argentavis magnificiens* del Mioceno de Argentina (hace entre 6 y 8 Ma), el ave voladora más grande que ha existido con una envergadura estimada de hasta 8 metros y un peso de hasta 100 kg.

Utilizando modelos de simulación por computadora[109], los investigadores han concluido que probablemente *Argentavis* era demasiado grande para poder volar batiendo sus alas de forma continuada y que la fuerza de sus músculos no habría sido suficiente para poder despegar del suelo por sí mismos. Así, han planteado que *Argentavis* seguramente habría volado como los buitres y cóndores actuales, los cuales, para iniciar el vuelo, se lanzan desde los desniveles del terreno y, para volar, aprovechan la energía de las corrientes ascendentes de la atmósfera.

El buitre *Argentavis* no fue el único taxón de ave voladora «gigante» que surcó los cielos durante el Cenozoico: los Pelagornítidos (*Pelagornithidae*) también fueron grandes aves voladoras marinas

---

107 Tales como los géneros *Quetzalcoatlus, Arambourgiania* y *Hatzegopteryx*.
108 Resulta que, aunque la anatomía de los grandes Pterosaurios es muy diferente a la de las aves modernas (fósiles y actuales), las características de estas últimas no les impedirían volar si alcanzasen tallas similares a las de aquellos reptiles.
109 Chatterjee, S., Templin, R. J. & Campbell, Jr., K. E. (2007) The aerodynamics of *Argentavis*, the world's largest flying bird from the Miocene of Argentina PNAS 104, 12398-12403.

que terminaron por extinguirse, como *Argentavis*, aunque seguramente en ambos casos sus enormes tamaños no tuvieron que ver con su desaparición.

***

Sin duda han existido taxones de aves voladoras muy grandes, pero su número ha sido escaso comparado con el de aves terrestres de gran tamaño y, además, muchas de estas últimas han alcanzado tallas incomparablemente mayores. Esto deja abierta la cuestión sobre qué características de las aves voladoras (además del peso) impiden que la mayoría de ellas hayan alcanzado un gran tamaño a lo largo de su evolución.

Cada vez es más evidente que la capacidad de volar no ha sido el único factor que ha limitado el tamaño dentro del linaje aviar, destacando entre ellos las características del plumaje. En este sentido, un estudio publicado hace más de una década[110] aportaba evidencias de que en las aves, conforme aumenta la masa, lo hace el tiempo que necesitan para reemplazar una por una todas las plumas primarias de vuelo. Partiendo de esto, los investigadores han planteado la hipótesis de que el tamaño de las aves voladoras modernas estaría limitado por el tiempo que tardan en mudar el plumaje de vuelo, de tal forma que en un ave gigante esa muda duraría tanto que las plumas se gastarían antes de ser sustituidas.

Esta relación entre el tamaño y la muda del plumaje desempeñaría un papel importante en la evolución de las aves y, de hecho, aquellas que reemplazan sus primarias en una sola ola únicamente podrían alcanzar el tamaño de las aves voladoras más grandes si desarrollasen unas estrategias alternativas de muda. En las aves voladoras de mayor tamaño, una de tales estrategias es prolongar el proceso total de muda de las primarias incluso varios años, mientras que las aves de menor tamaño suelen reemplazar anualmente todas sus plumas de vuelo. Algunas aves sustituyen múltiples plumas en los puntos

---

110 Rohwer, S., Ricklefs, R. E., Rohwer, V. G. & Copple, M. M. (2009) Allometry of the duration of flight feather molt in birds. PLoS Biol 7(6): e1000132.

por los que se inicia la muda, y aquellas que no necesitan volar para alimentarse o escapar de los predadores todas las plumas se sustituyen a la vez[111].

Varios investigadores han reconstruido la historia evolutiva de las estrategias de muda de las plumas de vuelo en casi dos mil especies de neornitas y han sugerido que en las aves ancestrales la muda de primer año de las plumas de vuelo alares estuvo parcial o completamente ausente y no evolucionó hasta finales del Eoceno y el Oligoceno, unos 30 Ma después de que evolucionaran las primeras aves[112]. Los mismos investigadores han determinado que la muda juvenil completa apareció como una novedad adaptativa relativamente tardía, siendo la masa corporal y la distribución geográfica los factores clave en la evolución de las estrategias de muda en las neornitas. De hecho, la muda completa de las plumas de vuelo se produjo principalmente en las latitudes ecuatoriales y en las especies de masa corporal relativamente baja.

***

El tamaño que alcanza un ave también puede estar limitado por aspectos relativos a su reproducción, y entre ellos destacan los relativos a la morfología y tamaño de los huevos que pone cada taxón aviar. En este sentido, parece evidente que el tamaño de los huevos de cada especie es proporcional a su envergadura corporal, aunque haya excepciones como las paleognatas del género *Apteryx* (los kiwis), que ponen huevos desproporcionadamente grandes en relación con su envergadura, o como los numerosos taxones de neognatas de envergadura corporal igual o parecida que, comparativamente, no guardan unas correlaciones claras con el tamaño de los huevos que ponen.

Aparte del debate que surge sobre la correlación entre el tamaño de un ave y el de los huevos que pone, lo cierto es que los más gran-

---

111   Como anseriformes (patos y sus parientes).
112   Kiat, Y., Slavenko, A. & Sapir, N. (2021) Body mass and geographic distribution determined the evolution of the wing flight feather molt strategy in the Neornithes lineage. Scientific Reports 11, 21573.

des pertenecen a los taxones de mayor envergadura. Ante esta aseveración podemos plantearnos varias cuestiones, y quizás la más elemental sea la de cómo un vertebrado ovíparo de gran tamaño puede incubar huevos sin aplastarlos (en relación con esto recuerdo haberme preguntado cómo harían los dinosaurios para incubar los huevos). Hoy sé que se ha investigado mucho para aclarar esta cuestión, pero por entonces me tuve que conformar con la explicación que aportaba el comportamiento de los cocodrilos, unos reptiles parientes de los dinosaurios que en muchas ocasiones alcanzan tamaños descomunales y que tienen la costumbre de enterrar los huevos cerca de las masas de agua, confiando al calor del sol su incubación. Además, estos grandes reptiles no son los únicos que hacen esto, también las tortugas marinas hacen lo mismo que los cocodrilos en la arena de las playas.

Llegado aquí, la pregunta era obvia: ¿actúan las aves de gran tamaño enterrando la puesta igual que los cocodrilos? La respuesta no es sencilla, porque, a pesar de que el avestruz —el ave actual de mayor tamaño— no entierra los huevos, existen unas pocas aves que sí actúan como los cocodrilos. Entre estos taxones destacan los megápodos, unas aves pertenecientes al orden galliformes que para incubar los huevos utilizan el calor del terreno y el producido por la descomposición de restos vegetales. Estas aves no son especialmente grandes[113], por lo que el tamaño corporal no parece ser el motivo de su comportamiento de incubación. En este sentido, lo cierto es que la masa corporal de un ave afecta a la integridad de los huevos al colocarse sobre ellos para incubarlos, especialmente cuando se trata de un ave de gran tamaño.

Sin duda, la resistencia de la cáscara del huevo es un factor clave para impedir que sea aplastado por el ave que lo incube y, de hecho, en las grandes paleognatas —como el avestruz— los huevos, además de ser más grandes, tienen un cascarón bastante grueso. Pero lo cierto es que el cascarón debe ser lo suficientemente grueso para soportar la masa del ave que lo incuba y lo suficientemente delgado para permitir que el pollito lo rompa fácilmente para eclosionar, por lo que la masa del huevo, la fuerza de la cáscara y la capacidad

---

113   Boles, W. E. (2008) Systematics of the fossil Australian giant megapodes *Progura* (Aves: *Megapodiidae*). Oryctos, 7: 191-211.

del embrión para romperla impide que esa misma ave produzca un huevo más grande. A esto se une el hecho de que la cáscara debe ser lo suficientemente porosa para permitir el intercambio de gases respiratorios durante el desarrollo del embrión.

El hecho de que el grosor de la cáscara del huevo esté limitado, significa que si el ave superase cierto tamaño correría el riesgo de aplastarlo al incubarlo, por lo que esta característica del huevo podría restringir el tamaño máximo de un ave. Para aclarar el papel desempeñado por esta limitación, varios investigadores han analizado la relación entre la masa corporal y el grosor de la cáscara del huevo a lo largo de la evolución de las aves[114]. Para ello estimaron las masas corporales en seis linajes de grandes aves no voladoras que vivieron desde el Cretácico superior hasta la actualidad, descubriendo que la mayoría de ellas apenas alcanzaba los 250 kg y ninguna superaba los 500 kg, Estas masas corporales distan mucho de las que alcanzaron numerosos dinosaurios no aviares, por lo que aquellos que hubiesen superado los 250 kg no pudieron ponerse directamente sobre sus huevos para incubarlos y, para hacerlo, habrían dependido del calor que les pudiese suministrar el entorno ambiental.

Los investigadores también han demostrado que tanto la relación fuerza-grosor del cascarón como la masa del taxón que incuba el huevo son aspectos que han influido de manera importante en la evolución de las aves. También señalan que en los taxones más grandes la mencionada fuerza se correlaciona mejor con la masa corporal de la hembra, pero si el macho es más pequeño y es el que incuba, la hembra produce huevos cuya fuerza del cascarón coincide con la masa del macho en lugar de con la suya. Esto haría más segura la incubación en las aves de mayor tamaño, como dromornítidos, moas y aves elefante, que ponen huevos cuyas cáscaras carecen de la fuerza suficiente para soportar con seguridad la masa de la hembra. Lo curioso es que, en el caso de las moas, se ha evidenciado el denominado *dimorfismo sexual inverso*, que se caracteriza porque el tamaño de los machos es mucho más reducido que el de las hembras.

114　- Deeming, D. C. & Birchard, G. F. (2008) Why were extinct gigantic birds so small? Avian Biology Research 1 (4), 187-194.
　　- Birchard, G. F. & Deeming, D. C. (2008) Scaling avian egg shell thickness: implications for maximum body mass in birds. J. Zoology 279 (1) 95-101.

De todas formas, en la mayoría de las paleognatas actuales, la incubación la realizan en exclusiva los machos, y en el caso del avestruz, estos y las hembras comparten por igual las tareas de incubación, siendo ese seguramente el motivo por el que la cáscara del huevo de avestruz es más gruesa: para poder ser más fuerte. Es probable que el dimorfismo sexual inverso prevaleciera en grandes aves extintas con masas superiores a la del actual avestruz, en las cuales los machos tenían que encargarse en exclusiva de la incubación, porque las hembras no podían colocarse sobre los huevos, ya que su tamaño aumentaba a la vez que lo hacía el de los huevos que producía.

Acabamos de ver que numerosos estudios apoyan la idea de que el tamaño del huevo y la resistencia de su cáscara han limitado el tamaño de las aves no voladoras adultas, hasta el extremo de que, en las especies más grandes, la reproducción solo era posible si los machos eran más pequeños y se encargaban de la incubación. Pero también veremos cómo la evolución ha aprovechado al máximo la mencionada limitación de tamaño para facilitar la aparición de numerosos grupos y taxones de enormes aves no voladoras a lo largo del Cenozoico.

EL GIGANTE GARGANTÚA, SU FORMA DE CAMINAR Y OTRAS GRANDES AVES QUE CONVIVIERON CON LOS DINOSAURIOS

Otra cuestión que considero de interés para el lector es la de si hubo aves de gran tamaño que convivieron con los dinosaurios antes de que se extinguieran. Sabiendo que el aumento del tamaño es un aspecto que limita la capacidad de vuelo, lo más probable es que a finales del Mesozoico las primeras aves de gran tamaño no podían volar.

Como hemos visto, las pruebas indican que las aves evolucionaron a partir de un grupo de pequeños dinosaurios terópodos emplumados que vivieron durante el Cretácico tardío y se ha especulado con la posibilidad de que cuando aquellos pequeños reptiles se desplazaban a gran velocidad, sus plumas les habrían ayudado a elevarse del suelo. Pero, con independencia de cómo se pudieron producir los primeros vuelos en las aves, lo cierto es que hace 66 Ma, cuando aconteció la extinción masiva, muchos terópodos aviares ya habían dado origen a varios grupos de auténticas aves voladoras que se caracterizaban por su pequeño tamaño.

No todos los primeros grupos de aves sobrevivieron a la catástrofe que extinguió a los dinosaurios, pero los taxones que lo hicieron se tuvieron que enfrentarse al frío y la falta de luz solar que provocó el impacto del asteroide. Seguramente, la supervivencia de aquellas aves se debió a que su plumaje las aislaba mejor del frío, a la vez que su pequeño tamaño reducía sus necesidades metabólicas y les permitía una mayor movilidad, lo que aumentó sus oportunidades de obtener alimentos.

***

Al comienzo del segundo capítulo, me referí a las aves del Mesozoico final como «pequeños habitantes de un planeta plagado de gigantes» y posteriormente hemos visto que el logro más destacado de estas primeras aves fue la capacidad de volar y, con ello, la posibilidad de anidar en los árboles, lo que evidentemente supuso una ventaja frente a los dinosaurios depredadores incapaces de abandonar la vida terrestre. Pero el registro fósil evidencia que a finales del Cretácico algunas de aquellas pequeñas aves voladoras evolucionaron progresivamente para regresar a modos de vida terrestre, y conforme esto ocurría varias de ellas experimentaron un ligero aumento de tamaño.

Según los paleontólogos, de todos aquellos taxones de aves, es en los fósiles de la especie *Patagopteryx deferrariisi* —como ya dije— donde mejor se aprecia la transición hacia la vida terrestre. El tamaño de esta ave Ornituromorfa era parecido al de un pollo actual y, aunque superaba ampliamente la envergadura de cualquier taxón volador de los que existían por entonces, no era muy grande comparado con los que pueden alcanzar numerosas aves terrestres extintas y actuales.

Para muchos paleontólogos, la extinción de los dinosaurios y el pequeño tamaño de los primeros mamíferos redujeron las amenazas para las aves que anidaban en el suelo y les permitió dispersarse por los hábitats terrestres. En este sentido, muchos paleontólogos consideran que las aves terrestres de gran tamaño —las calificadas como gigantes— únicamente habrían podido evolucionar cuando la desaparición de los dinosaurios liberó los espacios ecológicos que ocupaban. Sin embargo, poco a poco se ha evidenciado que la cuestión fue algo más compleja, porque resulta que en las últimas décadas se han descubierto varios restos fósiles de la que probablemente sea el ave más grande que se conoce del Mesozoico, *Gargantuavis philoinos*, una Euornita no voladora del Cretácico final europeo que convivió con los dinosaurios y cuyo peso se ha calculado en unos 140 kg (Figura 15).

Los paleontólogos franceses Eric Buffetaut y Jean Le Loeuff describieron el género *Gargantuavis*[115] en 1995 a partir de varios fósiles hallados en sitios del sur de Francia datados a finales del Cretácico (hace poco más de 70 Ma)[116]. Las características anatómicas de estos fósiles y las de otros hallados en Rumanía y el norte de España[117] indican que *Gargantuavis* es un taxón más avanzado que las Enantiornitas y que las Ictiornitiformes, lo cual sugiere que se trata de un ave muy cercana o incluida en las Ornituras[118]. Buffetaut y Le Loeuff incluyen a *Gargantuavis* dentro de las Ornitotoracinas, aunque como Ornituromorfa no esté cerca de *Patagopteryx*[119].

---

115 Los paleontólogos denominaron *Gargantuavis* en recuerdo al gigante Gargantúa, cuyas aventuras fueron escritas en forma satírica por el francés François Rabelais [(1494-1553)] en el siglo XVI.

116 - Buffetaut, E., Le Loeuff, J., Mechin, P. & Mechin-Salessy, A. (1995) A large French Cretaceous bird. Nature 377, 110.
- Buffetaut, E. & Le Loeuff, J. (1998) A new giant ground bird from the Upper Cretaceous of southern France. Journal of the Geological Society, London 155, 1-4.
- Buffetaut, E. & Le Loeuff, J. (2011) *Gargantuavis philoinos*: giant bird or giant pterosaur? Annales de Paléontologie 96, 135-141.

117 - Buffetaut, E & Angst, D. (2013) New evidence of a giant bird from the Late Cretaceous of France. Geological Magazine 150, 173-176.
- Wang, X., Csiki, Z., Ösi, A. & Dyke, G. J. (2011) The first definitive record of a fossil bird from the Upper Cretaceous (Maastrichtian) of the Haţeg Basin, Romania. Journal of Vertebrate Paleontology 31, 227-230.
- Isasmendi, E., Torices, A., Canudo, J. I., Currie, P. J. & Pereda-Suberbiola, X. (2022) Upper Cretaceous European theropod palaeobiodiversity, palaeobiogeography and the intra-Maastrichtian faunal turnover: new contributions from the Iberian fossil site of Laño. Papers in Palaeontology, Vol. 8, Part 1, e1419.

118 Entre neornitas y Hesperornitiformes, y como grupo hermano de *Ichthyornis*.

119 Las características de algunos de los fósiles de *Gargantuavis* han sido objeto

Figura 15. Reconstrucción del aspecto que pudo tener
Gargantuavis philoinos. Obra del autor (2024).

En relación con lo anterior, resulta que la pelvis de *Gargantuavis* hallada en la Cuenca Hațeg (Rumania) se parece mucho a la de Europa occidental, pero es más pequeña y algunas diferencias morfológicas que presenta sugieren que podría no estar estrechamente relacionada con las Ornituras e incluso que no formaría parte de las Ornitotoracinas, aunque esto es una apreciación que aún se está debatiendo[120].

El hecho de que un ave con la envergadura de *Gargantuavis* con-

---

de controversia sobre si es un ave o un pterosaurio, pero la polémica se zanjó debido a sus grandes diferencias anatómicas existentes entre ambos.

120   - Mayr, G., Codrea, V., Solomon, A., Bordeianu, M. & Smith, T. (2020) A well-preserved pelvis from the Maastrichtian of Romania suggests that the enigmatic *Gargantuavis* is neither an ornithurine bird nor an insular endemic. Cretaceous Research 106, 104271.

- Buffetaut, E. & Angst, D. (2020) *Gargantuavis* is an insular basal ornithurine: a comment on Mayr *et al.*, 2020, 'A well-preserved pelvis from the Maastrichtian of Romania suggests that the enigmatic *Gargantuavis* is neither an Ornithurine bird nor an insular endemic'. Cretaceous Research, 112, 104438.

viviese con los dinosaurios descartaría el planteamiento de que estos reptiles habrían tenido que extinguirse para que pudiera evolucionar un linaje de aves no voladoras de gran tamaño. Por otro lado, no hay evidencia de que el linaje de las Gargantuávidas, como el de las Enantiornitinas, sobreviviera al evento de extinción del final del Cretácico, de manera que no pudo influir en la evolución de las aves gigantes no voladoras del Cenozoico, tales como los gastornítidos[121].

A final del Cretácico, la actual Europa era un extenso archipiélago rodeado por mares epicontinentales de poca profundidad donde se desarrollaron varias cuencas y una masa terrestre más grande al sur formando el dominio Ibero-Armórico. Durante el Cretácico superior los Gargantuávidos probablemente evolucionaron como un endemismo tanto en la masa terrestre iberorarmórica como en el área de Transilvania, en la que por entonces era la isla Haţeg.

Durante el periodo temporal en que existió la isla Haţeg no hubo rutas terrestres para que un ave no voladora pudiera dispersarse de allí al archipiélago Iberoarmórico, por lo que se ha planteado que la presencia de *Gargantuavis* en aquella isla desafiara la hipótesis de que evolucionara bajo condiciones insulares. Si esta ave derivó de un ancestro volador, debió perder su capacidad de vuelo antes de que se formara el archipiélago europeo, y probablemente tuvo un antepasado no volador que llegó a las islas Iberoarmóricas y a la de Haţeg. Este ancestro pudo ser un ave arcaica que no fuera Ornitotoracina, aunque no se puede descartar la posibilidad de que fuese un terópodo no aviar con una inusual morfología vertebral[122].

✳✳✳

Los paleontólogos aún no han podido establecer con certeza el lugar que ocupó *Gargantuavis* en los ecosistemas de la isla iberorarmórica y no parece que su nicho ecológico fuera similar al de dinosaurios

---

121 Buffetaut, E. (2002) Giant ground birds at the Cretaceous-Tertiary boundary: extinction or survival? Geological Society of America, Special Paper, 356, 303-306.

122 *Ibíd.* Mayr *et al.* (2020).

cursoriales, como los ornitomimosaurios[123], teniendo en cuenta que los fósiles conocidos de *Gargantuavis* sugieren que era un ave graviportal similar a un moa de mediano tamaño[124]. De hecho, con la altura de un hombre, unos dos metros de longitud corporal, cuello largo, cabeza pequeña y caderas anchas, *Gargantuavis* debió tener un aspecto parecido al de un moa moderno, y seguramente fue un herbívoro ramoneador con un desplazamiento relativamente lento.

Al animal terrestre que puede practicar una carrera sostenida se le denomina *cursorial*, una capacidad que se correlaciona con las proporciones relativas de los elementos de las patas traseras, y específicamente con la relación entre la longitud y el diámetro del tarsometatarso. La forma en cómo se desplaza un animal está relacionada con su modo de vida e indudablemente es uno de los aspectos que determinan su nicho ecológico, y todas las grandes aves paleognatas no voladoras actuales son consideradas cursoriales a pesar de que son diferentes sus hábitats, tamaños corporales y proporciones de las patas traseras. Así, atendiendo a estas proporciones, encontramos que la paleognata más grande, el avestruz (*Struthio*), es una cursorial que corre más rápido gracias a sus patas traseras largas y delgadas, pero también encontramos que la más corpulenta, el casuario (*Casuarius*), con el tarsometatarso más corto y ancho, se convierte en la cursorial más lenta del grupo.

Por otro lado, están las aves graviportales, que caminan lentamente y son incapaces de mantener carreras. Curiosamente, este tipo de locomoción está presente en varios grupos de grandes aves terrestres del Cenozoico, tanto neognatas (gastornítidos y dromornítidos) como paleognatas (moas y aves elefante), algunas de ellas extinguidas en épocas históricas. Los paleontólogos suponen que estas aves eran capaces de correr a un ritmo lento y durante períodos breves, un estilo de locomoción calculado partiendo de unos fósiles (los tarsometatarsos) que suelen ser escasos o estar fragmentados.

En el caso de *Gargantuavis* el tipo de locomoción se ha inferido a partir de la morfología del hueso sinsacro[125], por lo que esta inter-

---

123 Terópodos Celurosaurios que vivieron a lo largo del Cretácico y se parecen a los avestruces.
124 Los moas son aves paleognatas no voladoras que habitaban en Nueva Zelanda, pertenecientes al orden Dinornitiformes (*Dinornithiformes*).
125 - *Ibíd.* Buffetaut *et al.*, 1995.

pretación no se puede comparar directamente con las obtenidas para otras aves a partir de sus tarsometatarsos. En el caso de las grandes aves terrestres extintas es común que falten o estén incompletos los huesos fósiles de las patas traseras, por lo que algunos investigadores han utilizado recientemente un método que no requiere disponer de tales elementos esqueléticos para estimar los hábitos locomotores[126]. Esta interpretación se basa en el hecho de que, al compararlas con las aves cursoriales actuales, las grandes aves terrestres extintas —consideradas graviportales por las proporciones de sus extremidades— muestran más grosor en la corteza de los huesos de sus patas traseras y presentan más trabéculas óseas en las diáfisis. Además, han descubierto marcas de crecimiento en la corteza de los huesos de varias paleognatas actuales, lo que respalda la hipótesis de que en estas aves pueden darse patrones de crecimiento flexibles cuando no están sometidas a las presiones selectivas que impone un crecimiento rápido dentro de un solo año, como el que sí se produce en la mayoría de las aves modernas.

***

A finales del Cretácico, fósiles como los de *Gargantuavis* —aunque escasos— indican que existieron algunos taxones de aves terrestres que alcanzaron cierta envergadura corporal. Por el contrario, entre los grupos aviares que superaron la catástrofe del Cretácico final, el registro fósil del Paleógeno inicial aún no ha proporcionado indicios de que entonces existiesen aves que destacaran por su tamaño.

Las características morfológicas de los huesos de *Gargantuavis* contribuyen a explicar por qué a lo largo del Cenozoico los mayores aumentos de tamaño han afectado a las aves terrestres, especial-

---

- Buffetaut, E. & Angst, D. (2016) The giant flightless bird *Gargantuavis philoinos* from the Late Cretaceous of southwestern Europe: A review. En: Khosla, A. & Lucas, S. G. (Eds.) *Cretaceous Period: Biotic Diversity and Biogeography*; NMMNH&S Bulletin: Albuquerque, NM, USA; Vol. 71, pp. 45-50.

126 Canoville, A., Chinsamy, A. & Angst, D. (2022) New comparative data on the long bone microstructure of large extant and extinct flightless birds. Diversity, 14, 298.

mente a las paleognatas. Algunos rasgos esqueléticos y modos de vida atribuidos a estas grandes aves del Cretácico final guardarían cierto parecido con los de las aves que alcanzaron gran tamaño durante el Cenozoico, aunque los paleontólogos no han podido demostrar algún parentesco directo entre ellas. Los patrones corporales descritos en las aves terrestres más grandes forman parte del plan corporal o *Bauplan*[127] de todas las aves modernas desde su origen en el Cretácico y, a lo largo de la evolución del grupo, ha determinado, entre otras cuestiones, el tamaño corporal.

---

127 *Bauplan* es una palabra en alemán empleada en zoología para referirse al mapa o patrón corporal arquetípico de la estructura externa e interna de un animal, y establece básicamente la configuración general de su estructura y organización, la disposición interna de sus tejidos, órganos y sistemas, así como su simetría y el número de segmentos corporales y de sus extremidades.

4
Las últimas grandes aves no voladoras

AVES GIGANTES POR TODAS PARTES: LAS PALEOGNATAS

«Sería demasiado considerar a cualquiera de los neognatas existentes como descendientes directos de cualquiera de los paleognatas existentes o extintas que conocemos, pero no parece improbable que su origen pueda rastrearse hasta el linaje que dio origen al tipo de paladar y pelvis Rheo-Dinornitino».[128]

On the morphology and phylogeny of the Palaeognathae and Neognathae
William P. Pycraft (1900)

Como veremos más adelante, a lo largo de la historia evolutiva de las aves han surgido varios taxones voladores de gran envergadura corporal, pero lo cierto es que todos los que han alcanzado mayores tamaños son incapaces de volar. Desde un punto de vista taxonómico, estas grandes aves terrestres pertenecen a las familias Fororrácidos (*Phorusrhacidae*), gastornítidos (*Gastornithidae*), dromornítidos

---

128 Pycraft, William Plane (1900) On the morphology and phylogeny of the Palaeognathae (*Ratitae* and *Crypturi*) and Neognathae (*Carinatae*). Transactions of the Zoological Society of London 15, 149-290.

(*Dromornithidae*), Aepiornítidos (*Aepyornithidae*), Dinornítidos (*Dinornithidae*), Estrutiónidos (*Struthionidae*), Réidos (*Rheidae*), Casuaríidos (*Casuariidae*) y Dromaíidos (*Dromaiidae*)[129]. La mayoría de las familias de esta lista están completamente extinguidas y solo las cuatro últimas incluyen algunas especies que existen actualmente. Pero lo más llamativo es que los taxones que integran todas las familias de la lista —excepto las tres primeras— son paleognatas (*Palaeognathae*) y, a continuación, conoceremos sus relaciones evolutivas y características, así como por qué muchas de ellas han llegado a ser tan grandes y por qué la mayoría de ellas no vuelan.

LAS PALEOGNATAS: DIFERENTES Y DE ORIGEN COMPLEJO

Los taxónomos han dividido a las aves modernas (*Neornithes*) en dos grandes grupos, neognatas (*Neognathae*) y paleognatas (*Palaeognathae*). Es significativo que la mayoría de las especies de paleognatas no sean capaces de volar, pero el hecho de que algunas de ellas puedan hacerlo,[130] junto a que existan neognatas incapaces de volar, implica que la diferencia fundamental entre ambos grupos no es la ausencia de caracteres relacionados con el vuelo. Como ya señalamos, los únicos caracteres morfológicos que realmente diferencian a las paleognatas de las neognatas son que los huesos de sus paladares (pterigoideo y palatino) están fusionados y sus cráneos son rígidos (acinéticos).

---

129   dromornítidos (*Dromornithidae*) de Australia, Aepiornítidos (*Aepyornithidae*) de Madagascar, Dinornítidos (*Dinornithidae*) de Nueva Zelanda, Estrutiónidos (*Struthionidae*) de África, Réidos (*Rheidae*), Casuaríidos (*Casuariidae*) y Dromaíidos (*Dromaiidae*) ambos de Australia.
130   Los tinamúes son paleognatas del tamaño de un pollo que no han perdido la capacidad de volar, mientras que las demás paleognatas (ratites) presentan un esternón plano sin la quilla necesaria para insertar los músculos para volar que estas aves no necesitan.

***

Las paleognatas constituyen el grupo de aves de gran envergadura que mejor conocen los especialistas, porque es el único con especies existentes en la actualidad. Aunque, desde hace más de dos siglos, las aves que hoy denominamos paleognatas han sido objeto de importantes estudios científicos, fue a principios del pasado siglo cuando William Pycraft publicó una disertación en la que introducía y justificaba el concepto taxonómico de *aves paleognatas*[131]. El zoólogo inglés parte del hecho de que, por entonces, el grupo de aves denominado colectivamente ratites (*Ratitae*) era el mismo al que el también zoólogo alemán Blasius Merrem les dio originalmente dicho nombre a principios del siglo XIX (el kiwi se añadió tras su descubrimiento), debido al hecho de que todos estaban de acuerdo en la ausencia de quilla en el esternón[132], en contraposición con las aves que la poseen, denominadas entonces y ahora carenadas (*Carinatae*)[133].

Efectivamente, partiendo de que todas las aves voladoras tienen una quilla pronunciada, mientras que las ratites carecen de una quilla fuerte y no pueden volar, en 1813 Merrem dividió las aves en Carenadas y ratites, según tuvieran o no quilla en el esternón[134]. Pero esta división filogenética de las aves tenía el inconveniente de que algunas aves voladoras carecían de quillas fuertes, aunque descendían directamente de aves que las poseían y ninguna de ellas son ratites (como un loro no volador de Nueva Zelanda denominado kakapo y el extinto dodo de la isla de Mauricio). A lo cual se añadía el hecho de la posición en que quedaban los tinamúes, que están emparentados con las ratites y tienen quilla, aunque no son buenos voladores.

Pycraft consideraba inoperante el sentido que se le había dado al término «Ratitae» y pensaba que la clave para separar los dos gru-

---

131   Pycraft, William Plane (1900) On the morphology and phylogeny of the *Palaeognathae* (*Ratitae* and *Crypturi*) and *Neognathae* (*Carinatae*). Transactions of the Zoological Society of London 15, 149-290.

132   Véase nota 63.

133   Pycraft los denomina respectivamente «*pecho de balsa*» (*raft-breasted*) y «*pecho de quilla*» (*keel-breasted*).

134   Merrem, Blasius. (1813) Tentamen systematis naturalis avium. Abh, Konigel (Preussische) Akad. Wiss, Berlin (Physikal.), pp. 237-259

pos no está en la quilla, que, aunque sea una supuesta característica distintiva fácil de usar, carecía de valor para las verdaderas relaciones filogenéticas. Para Pycraft, las diferencias en el paladar óseo justificarían suficientemente esa separación y propone adoptar dos términos nuevos: paleognatas (*Palaeognathae*), que incluiría ratites y tinamúes, y neognatas, (*Neognathae*) formado por el resto de las aves sean o no capaces de volar.

Aquel trabajo de Pycraft sentó desde entonces las bases de las interpretaciones que se han realizado sobre la filogenia de este grupo de aves, aunque veremos cómo recientemente muchas de aquellas propuestas están siendo modificadas por los estudios genéticos y la descripción de nuevos taxones fósiles. Sin duda, la separación entre las condiciones craneales paleognatas y neognatas está ampliamente aceptada, pero hay poca información para poder identificar las fuerzas evolutivas que la impulsaron.

Hasta ahora los especialistas no han logrado establecer una relación filogenética clara entre paleognatas y neognatas, a pesar de recurrir a los métodos empleados con otros grupos de vertebrados, tales como el análisis de los procesos que acontecen durante el desarrollo embrionario. Este método no ha permitido averiguar la relación evolutiva de las morfologías paleognata y neognata, porque durante las etapas iniciales del desarrollo embrionario temprano, el cráneo de todas las aves pasa por un estadio paleognato, aunque posteriormente la mayoría adquieren el estado neognato tras modificarse ciertos huesos. Esta circunstancia dificulta la interpretación del proceso, porque plantea dos puntos de partida totalmente opuestos, de manera que si se tratase de un caso de recapitulación embrionaria[135] las aves paleognatas se convertirían en las ancestrales, pero si fuese un caso de retención neoténica de caracteres embrionarios tempranos las aves neognatas serían las antecesoras.

---

135   La teoría de la recapitulación postula que el desarrollo embrionario de cada especie (ontogenia) recapitula o repite completamente la historia evolutiva de dicha especie (filogenia).

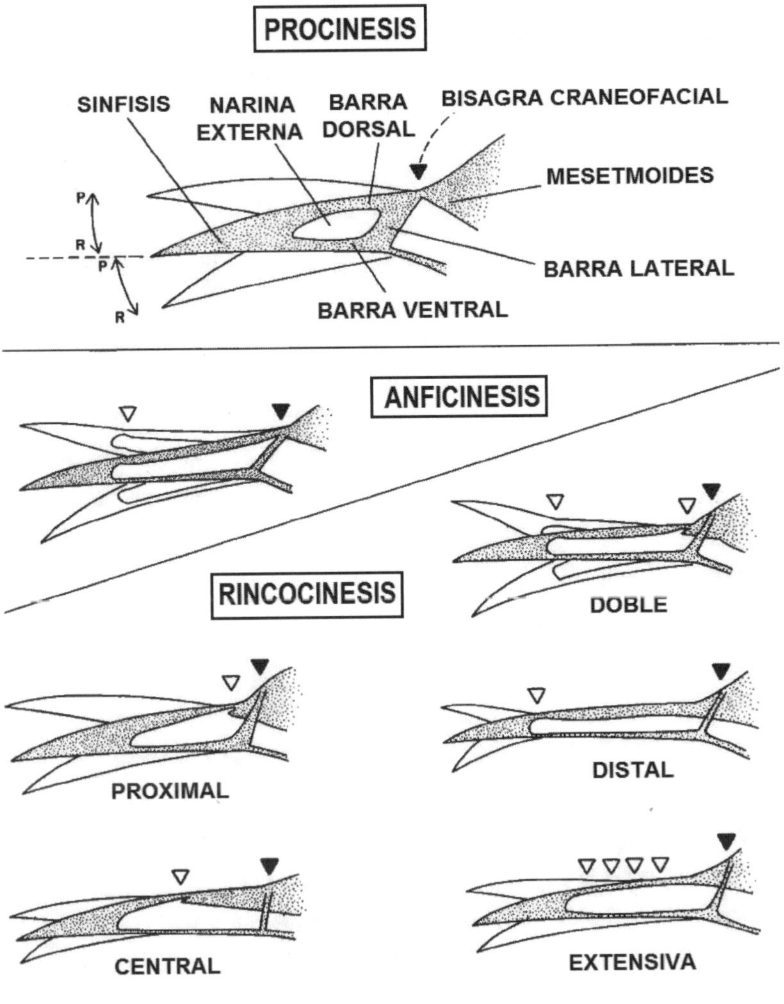

PROCINESIS

SINFISIS NARINA BARRA BISAGRA CRANEOFACIAL
         EXTERNA DORSAL

MESETMOIDES

BARRA LATERAL

BARRA VENTRAL

ANFICINESIS

RINCOCINESIS   DOBLE

PROXIMAL   DISTAL

CENTRAL   EXTENSIVA

Figura 16. Formas de cinesis aviar (las figuras punteadas muestran la mandíbula superior en posición cerrada; P = protracción, R = retracción; el puntero sólido indica la bisagra craneofacial; los punteros abiertos indican ejes de flexión adicionales en la barra dorsal. Modificado de Zusi (1984).

Otro método para establecer las relaciones evolutivas entre las aves paleognatas y neognatas consiste en investigar las implicaciones funcionales de los caracteres en que difieren los cráneos de ambos grupos. En este sentido, el biólogo evolutivo Sander Gussekloo y sus colegas se han centrado en el papel desempeñado por unos elementos óseos del pico denominados *barras laterales*, que están presentes en los terópodos ancestrales y las neognatas modernas, pero de las que carecen las paleognatas[136]. La estructura de la *barra lateral* está relacionada con los movimientos independientes y la flexibilidad de varias partes del cráneo, la denominada *cinesis craneal*, una innovación evolutiva considerada un factor importante para explicar buena parte de la enorme diversidad fenotípica y ecológica que caracteriza a las aves actuales (Figura 16)[137].

Los resultados del estudio de Gussekloo sugieren que, cuando el cráneo paleognato perdió la *barra lateral*, su función[138] se transfirió a otros elementos óseos y que posiblemente la presión selectiva ejercida por dicha pérdida restringió la diversificación de la morfología craneal en las aves paleognatas. De hecho, actualmente, estas aves están representadas solo por unas 60 especies en su mayor parte similares, mientras que las aves neognatas —dotadas de barras laterales en sus cráneos— han experimentado una enorme radiación adaptativa atestiguada por unas 10.000 especies actuales con unas morfologías muy diversas.

***

Según vimos en un capítulo anterior, el registro fósil indica que la diversificación temprana de las aves voladoras neognatas se produjo a inicios del Cretácico inicial. Sin embargo, las paleognatas aparecieron en el Terciario, por lo que son más modernas, pero curiosamente sus mandíbulas supuestamente «más antiguas» resultan ser de los pocos caracteres apomórficos (más derivados) de este grupo, en comparación con los neognatos. Lógicamente, la explicación de esta cuestión está en los orígenes del grupo.

La supervivencia de las formas neornitinas al límite Cretáceo-

136 Gussekloo, S. W. S., Berthaume, M. A., Pulaski, D. R., Westbroek, I., Waarsing, J. H., Heinen, R., Grosse, I. R. & Dumont, E. R. (2017) Functional and evolutionary consequences of cranial fenestration in birds. Evolution 71 (5) 1327-1338.

137 Zusi, R. L. (1993) *Patterns of diversity in avian skull*. Vol. 2. University of Chicago Press, Chicago, pp. 391-437.

138 La función de la barra lateral es actuar como soporte de carga en la estructura del pico.

Paleógeno pudo estar asociada con su ecología y preferencias de hábitat, ya que el impacto del asteroide fue devastador para los bosques del mundo y resultó en una importante rotación de especies. La palinología de las secciones del límite Cretáceo-Paleógeno indican en todo el mundo que la cobertura del suelo después del impacto consistía principalmente en helechos.

En un reciente estudio[139], Klara E. Widrig y Daniel J. Field destacan que las reconstrucciones del estado ancestral de las aves modernas predicen que los ancestros comunes de las neognatas y paleognatas más antiguas no eran arbóreos, por lo que los ancestros de estas últimas pudieron haber sobrevivido al evento de extinción masiva, en parte, por tener estilos de vida terrestres no arbóreas. Los dos investigadores apuntan que las paleognatas tiene un registro fósil razonablemente completo desde el Oligoceno tardío hasta el Mioceno temprano en adelante[140], pero, a pesar de ello, no ha podido aclarar de qué forma y en qué momento surgieron las transiciones hacia un gran tamaño corporal y la falta de vuelo de los ratites. Los dos investigadores consideran que la historia evolutiva temprana de las paleognatas está envuelta en un misterio, ya que aún no se conoce a ningún taxón volador perteneciente al linaje de paleognatas no voladoras existentes actualmente, con la posible excepción de *Proapteryx*. Widrig y Field también plantean que los litornítidos (*Lithornithidae*)[141] brindarían una mejor comprensión de la naturaleza de las primeras paleognatas, porque su tamaño relativamente pequeño, su probable ecología no arbórea y su aparente capacidad de vuelo sostenido pueden convertirlos en modelos útiles para comprender la naturaleza de las aves que, tras sobrevivir a la extinción del Cretácico final, fueron los ancestros voladores de los avestruces

---

139   Widrig, K. & Field, D. J. (2022) The Evolution and Fossil Record of Palaeognathous Birds (*Neornithes*: *Palaeognathae*). Diversity 14, 105.

140   Excepto el registro fósil de las primeras ratites de Madagascar y Nueva Zelanda, que aún es escaso hasta el Pleistoceno.

141   Familia de paleognatas descritas en detalle por Peter W. Houde y Storrs L. Olson en la década de 1980.
        - Houde, P. & Olson, S. (1981) Paleognathous Carinate Birds from the Early Tertiary of North America. Science 214, 1236–1237.
        - Houde, P. (1988) Paleognathous Birds from the Early Tertiary of the Northern Hemisphere; Paynter, J.R.A., Ed.; Nuttall Ornithological Club: Cambridge, MA, USA. Volume 22.

y sus parientes actuales. Widrig y Field han elaborado una serie de hipótesis sobre lo que ocurrió después, partiendo de la distribución biogeográfica de los fósiles disponibles y de la de sus parientes taxonómicos existentes en la actualidad.

Hasta mediados del pasado siglo los investigadores han argumentado que las ratites forman un grupo no monofilético (parafilético) de grandes aves no voladoras, pero tras aceptarse la teoría de la deriva continental se les considera monofiléticas[142]. Según la hipótesis planteada, las ratites del grupo troncal se volvieron no voladoras antes de la ruptura de la masa continental de Gondwana, y cuando esta se fue fragmentando las poblaciones se aislaron geográficamente unas de otras, conduciendo a la divergencia de los linajes actuales, lo que en biogeografía es un caso de vicarianza[143]. La hipótesis de una Ratite monofilética, hermana de tinamúes (*Tinamidae*), fue apoyada por una serie de características anatómicas tales como la ausencia de la quilla en el esternón, circunstancia a la que hace referencia el término «ratite».

Durante décadas, esta hipótesis fue apoyada por la mayoría de los análisis filogenéticos basados en caracteres morfológicos, pero los escenarios biogeográficos dependientes de corredores terrestres ya no son necesarios para explicar la dispersión de aves paleognatas, ya que, durante los últimos años, los análisis filogenómicos de ADN han forzado una revisión del paradigma de la vicarianza de Gondwana en la evolución de las paleognatas. Esto ha demostrado que los tinamúes voladores estarían anidados filogenéticamente dentro de las ratites no voladoras, lo que conduce de nuevo a la hipótesis inicial de que estas no son monofiléticas y, por lo tanto, indica que hubo múltiples pérdidas de la capacidad de volar durante la evolución de las paleognatas[144] (Figura 17).

---

142 En filogenia, un grupo es monofilético si todos los organismos que incluye han evolucionado a partir de una población ancestral común y todos los descendientes de ese ancestro están incluidos en el grupo.

143 La vicarianza es el proceso de surgimiento de barreras geológicas o de otro tipo, que fragmentan las distribuciones de las especies ancestrales, luego de lo cual las especies descendientes pueden evolucionar por separado.

144 - *Ibid.* Hackett *et al.*, 2008.
   - *Ibid.* Mitchell *et al.*, 2014.
   - Harshman, J., Braun, E. L., Braun, M. J., Huddleston, C. J., Bowie, R. C. K., Chojnowski, J. L., Hackett, S. J., Han, K.-L., Kimball, R. T., Marks, B. D., Miglia,

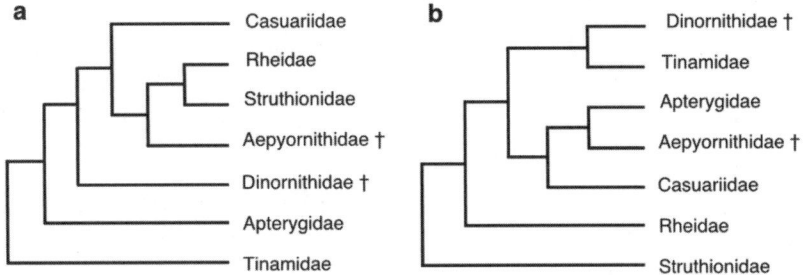

Figura 17. Hipótesis viejas y nuevas de las interrelaciones paleognáticas. Los clados extintos se indican con †. (a) Monofilia de ratites basada en el estudio morfológico de Livezey y Zusi (2007). (b) Filogenia molecular que sugiere parafilia de Ratite recuperada por Mitchell *et al.* (2014), Grealy *et al.* (2017), Yonezawa *et al.* (2017), Urantówka *et al.* (2020) y Almeida *et al.* (2021).[145]. En estos cladogramas los emúes (*Dromaiidae*) aparecen clasificados dentro de un mismo grupo junto con los casuarios (*Casuariidae*), aunque algunos autores le otorgan su propio grupo.

La interpretación más parsimoniosa de este segundo árbol sería que el ancestro común más reciente de los palaeognatos no podía volar y que la readquisición del vuelo surgió a lo largo del linaje de los tinamúes. Pero lo cierto es que esta interpretación, aunque no puede rechazarse definitivamente, parece poco probable teniendo en cuenta que a lo largo de toda la historia evolutiva de los animales existe una fuerte evidencia de solo cuatro adquisiciones independientes de vuelo propulsado y que dentro de las aves modernas se han producido con cierta frecuencia transiciones independientes hacia la pérdida de la capacidad de volar[146]. Además, algunos análisis moleculares recientes indican que durante la historia evolutiva de las paleognatas la incapacitación para el vuelo surgió un mínimo de seis veces y el gigantismo al menos cinco.

K. J., Moore, W. S., Reddy, S., Sheldon, F. H., Steadman, D. W., Steppan, S. J., Witt, C. C. & Yuri, T. (2008) Phylogenomic evidence for multiple losses of flight in ratite birds. Proceedings of the National Academy of Sciences USA 36, 13462-13467.

- Prum, R. O., Berv, J. S., Dornburg, A., Field, D. J., Townsend, J. P., Lemmon, E. M. & Lemmon, A. R. (2015) A comprehensive phylogeny of birds (Aves) using targeted next-generation DNA sequencing. Nature 526, 569-573

145   *Ibíd.* Widrig & Field, 2022.

146   Por ejemplo, la falta de vuelo ha surgido docenas de veces en *Rallidae* entre los taxones que habitan en islas.

De hecho, otros estudios también respaldan que en taxones de ratites diferentes, la evolución hacia la vida terrestre pudo producirse de forma independiente en momentos distintos y partiendo de mecanismos alternativos. En este sentido, por ejemplo, se ha demostrado que existen importantes diferencias entre los patrones de crecimiento de las alas en embriones de avestruces y emús. A pesar de este y otros hallazgos, aún no se comprenden del todo los mecanismos que impulsaron independientemente la pérdida de la capacidad de volar y el gran tamaño en las ratites, ni tampoco el motivo de que convergieran repetidamente en morfologías muy similares. Es probable que este desconocimiento se deba, en parte, a que las evidencias de que hubo convergencias morfológicas en ratites y de que estas forman un grupo parafilético han sido interpretadas durante mucho tiempo como sinapomorfias para el grupo[147].

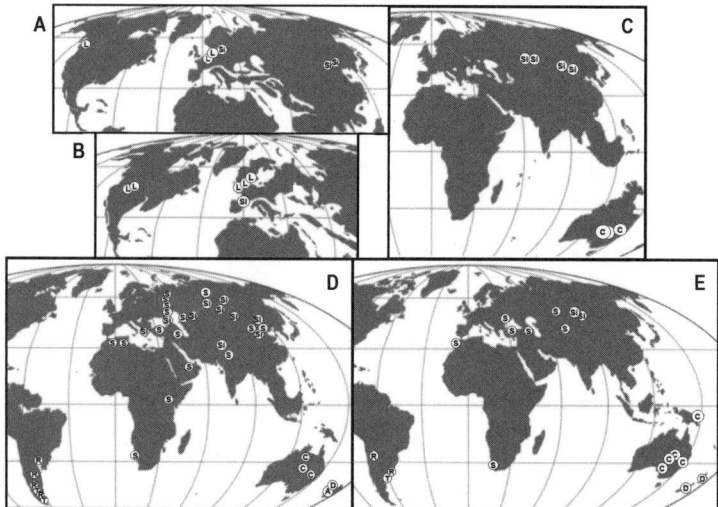

Figura 18. Distribución paleogeográfica de fósiles de paleognatos. (A) Paleoceno inicial. (B) Eoceno temprano. (C) Eoceno tardío - Oligoceno. (D) Mioceno. (E) Plioceno. L: Litornítidos. Si: Estrucioniformes iniciales. S: Estrucioniformes. C: Casuariformes. R: Reiformes. D: Dinornitiformes. A: Apterigiformes. Modificado de Widrig & Field, 2022.

147   Una sinapomorfía (del griego, «forma en la distancia») es una novedad evolutiva que permite diferenciar a un taxón de otros taxones. Los grupos de organismos que incluyen a un ancestro y a todos sus descendientes (monofiléticos) se pueden reconocer mediante los caracteres que se originaron en su ancestro común y que desde entonces comparte todo el grupo. Tales caracteres son las *sinapomorfias*.

El árbol filogenómico que establece que el grupo ratites es parafilético indica que las paleognatas se originaron mucho después de que comenzase la fractura de la antigua masa continental de Gondwana. Esta circunstancia anula la posibilidad de la vicariancia que se había planteado hasta la actualidad y determina que la distribución biogeográfica de las paleognatas actuales sea el resultado de que las paleognatas ancestrales voladoras se dispersasen a diferentes masas de tierra antes de los orígenes independientes de la falta de vuelo (Figura 18).

Ante esta interpretación, los especialistas se preguntan cómo fue la naturaleza del último antepasado común de las paleognatas que fuera capaz de volar. Pero aquí surge un problema, porque, para poder establecer analogías con una paleognata voladora actual, los únicos disponibles son los tinamúes, unas aves que habitan principalmente en el suelo y que solo pueden volar distancias relativamente cortas para huir de los depredadores o posarse en los árboles. Lo cierto es que difícilmente se podría imaginar un ave parecida a un tinamú realizando los vuelos transoceánicos que podrían explicar la distribución actual de las paleognatas, de manera que no parecen ser válidos como análogo de la hipotética paleognata ancestral voladora que se dispersó en su día.

***

A pesar de que paleognatas y neognatas probablemente divergieran en el Cretácico, en el registro fósil del Mesozoico tardío no existen formas no voladoras parecidas a las ratites y, aunque llegasen a ser identificadas, la paleogeografía de aquella época no habría permitido la dispersión de aves no voladoras entre los continentes del hemisferio sur y aún menos del norte. Lo cierto es que, durante el Mesozoico tardío o el Cenozoico temprano, una dispersión de aves paleognatas no voladoras entre América del Sur y Australia a través de la Antártida solo fue posible antes de que comenzara la glaciación de este último continente a finales del Eoceno. De hecho, existe un resto fósil de una supuesta ratite del Eoceno tardío de la Antártida, aunque es demasiado fragmentario para asegurar su identificación[148].

Para comprender la evolución inicial de las paleognatas es fundamental conocer el registro fósil, y este indica una larga historia evolutiva desde el Paleoceno, con taxones no voladores similares a las ratites en los dos hemisferios del planeta[149]. El problema es que los fósiles de los primeras paleognatas son muy escasos y sus relaciones filogenéticas son poco conocidas, aunque las filogenias a escala temporal reciente sugieren que las paleognatas estuvieron entre los pocos linajes neornitinos que superaron la extinción masiva del Cretácico final. En este sentido, el estudio de los fósiles de las primeras paleognatas es fundamental para comprender cómo surgió entre ellos la evolución convergente hacia la falta de vuelo y el gigantismo, además de proporcionar información sobre los orígenes biogeográficos de las paleognatas actuales y sus respuestas a los cambios ambientales del Cenozoico.

Figura 19. *Remiornis heberti,* un remiornítido (*Remiornithidae*) del Paleoceno de Francia y *Palaeotis weigelti*, un paleotídido (*Palaeotididae*) del Eoceno de Alemania.

---

148 Tambussi, C. P., & Acosta Hospitaleche, C. (2007) Antarctic birds (Neornithes) during the Cretaceous-Eocene times. Revista de la Asociación Geológica Argentina 62, 604–617.

149 Como, por ejemplo, *Remiornis* en el hemisferio norte y *Diogenornis* en el sur.

Los datos disponibles parecen indicar que las paleognatas más antiguas conocidas del Terciario temprano, incluidos los litornítidos, eran capaces de dispersarse a larga distancia y, aunque veremos que guardan ciertas semejanzas con las paleognatas actuales de menor tamaño, no se parecen a las grandes aves que actualmente forman parte del grupo, encontrándose sus restos muy fuera del rango de las ratites modernas (Figura 19 - Figura 20). Además, la rápida diversificación a través de la dispersión en vuelo también proporciona una explicación para las complejas relaciones entre los linajes basales de las ratites existentes[150].

Los litornítidos son pequeñas aves presumiblemente voladoras procedentes de los depósitos geológicos del Paleoceno y el Eoceno de Europa y Norteamérica. El hecho de que sean las primeras paleognatas conocidas en el registro fósil, hace que su distribución geográfica contraste con la distribución en Gondwana de paleognatas actuales, por lo cual estas aves pueden proporcionar modelos útiles para reconstruir cómo aconteció la dispersión de las paleognatas ancestrales hasta alcanzar la diversidad que posee el grupo actualmente.

1 m

Figura 20. Reconstrucciones de litornítidos. Izquierda: *Lithornis vulturinus* (Eoceno inicial de Inglaterra y Dinamarca). Derecha: *Paracathartes howardae* (Eoceno inicial de Norteamérica). Obra del autor (2024).

---

150   *Ibid.* Mitchell *et al.* (2014).

A primera vista, los litornítidos se parecen mucho a los tinamúes, aunque hay varias diferencias notables entre ellos. Según señala Houde, los neurocráneos de ambos son similares en casi todos los detalles, pero lo más destacable es que el aparato mandibular de los litornítidos guarda más parecido con el del kiwi. De hecho, tanto los compartimentos óseos de la cavidad nasal como las especializaciones del aparato mandibular reflejan un comportamiento de búsqueda de alimento más parecido al kiwi que al tinamú[151]. La base del pico de los litornítidos está reforzada por un extenso tabique interno que restringe la cinesis craneal a las porciones más rostrales del pico que no están reforzada por estructuras óseas tridimensionales, dando lugar a lo que se denomina *rincocinesis distal*[152]. El bajo grado de especialización alimentaria que se atribuye a los tinamúes estaría probablemente relacionado con su cráneo rincocinético, un rasgo que, según algunos especialistas, se puede interpretar como primitivo y que actuaría impidiendo la especialización trófica.

La longitud del delicado pico de los litornítidos es intermedia entre los de los tinamúes y kiwis, presentando en su punta numerosos pequeños orificios para las ramas rostrales del nervio mandibular, más grandes y complejas que los de los tinamúes o incluso los kiwis. Esto podría indicar que en la punta del pico de los litornítidos existían unos mecanorreceptores conocidos como *corpúsculos de Herbst*, los cuales forman un órgano táctil que capta vibraciones mecánicas y permite utilizar el pico para detectar alimentos enterrados en el suelo, de una manera más similar al kiwi que al tinamú.

Houde especuló que los litornítidos eran mucho más capaces de volar largas distancias que los tinamúes actuales, porque los huesos de sus alas emplean ventajas mecánicas que habrían mejorado sus poderes de vuelo sostenido. Por el contrario, los tinamúes están anatómica y fisiológicamente especializados en ráfagas cortas de vuelo similares a las que las galliformes utilizan como mecanismo de

---

151 Tanto el tinamú como los kiwis buscan invertebrados y bayas y semillas en la basura del suelo.
152 La rincocinesis es un tipo de cinesis (véase Nota 45) que hace referencia a la capacidad que poseen algunas aves de flexionar un punto a lo largo del pico superior. Si es hacia arriba, separa el pico superior y el inferior o la rinoteca. Si es hacia abajo, las puntas de los picos permanecen juntas mientras en su punto medio se abre un espacio entre ellas.

escape[153]. Décadas después, la propuesta de Houde recibió el apoyo de una reconstrucción de un ala de un Litornítido del Eoceno denominado *Calciavis grandei*, que se realizó a partir un espécimen que conservaba rastros de plumas carbonizadas. La comparación de los parámetros de vuelo estimados para *Calciavis* con los de otros tipos de aves muestra que probablemente era capaz de volar a largas distancias, lo que pudo posibilitar un comportamiento migratorio que estaría en consonancia con hipótesis previas de que los antepasados de los linajes de paleognatas existentes también podrían haber sido capaces de realizar un vuelo sostenido[154].

Otra importante cuestión sin resolver sobre los litornítidos está relacionada con la posibilidad de que este grupo de aves ya existiese en el Cretácico y hubiese superado la extinción masiva acontecida al final de ese periodo. Una vez más, la respuesta podría estar en un fósil nuevo, y ese es el caso de un hueso que podría pertenecer a un litornítido hallado en los depósitos geológicos de la Formación Hornerstown de Norteamérica y que están datados alrededor del límite Cretácico-Paleógeno (Maastrichtiense final o Daniense inicial). De ser realmente así, proporcionaría una evidencia convincente de que los litornítidos sobrevivieron a la extinción masiva que se produjo alrededor de aquella fecha. Por otro lado, la ya citada Klara Widrig advierte que varios ornituinos del Mesozoico también tienen un hueso equivalente de aspecto semejante al observado en el fósil de Litornítido hallado en Hornerstown, por lo que la identidad de este seguiría siendo incierta y, para aclarar la persistencia de paleognatas a través del límite Cretácico-Paleógeno, es necesario disponer de más material.

✳✳✳

Finalizaremos este apartado con el interesante debate que actualmente se desarrolla en torno al tema de si en las aves neornitas evo-

---

153   *Ibíd.* Houde, 1988. (Página 109, Figura 37).
154   Torres, Christopher Robert (2020) Nocturnal giants and brainy birds: ecological evolution across early avian divergences. Dissertation Doctor of Philosophy The University of Texas at Austin.

lucionó primero la condición paleognata o la neognata. En general, cualquier hipótesis científica, por arraigada que esté, siempre es provisional hasta que sea confirmada o refutada por pruebas sólidas, y en la paleontología sucede a menudo que dicha solidez se tambalea ante el hallazgo de un nuevo descubrimiento. Antes de continuar y sin que sirva de precedente, pido disculpas al lector no especialista por el grado de complejidad de algunas de las cuestiones que siguen a continuación, pero se trata de un aspecto fundamental del tema que nos ocupa. Al final expondré un resumen aclaratorio.

En el año 1867, cuando Thomas Huxley dividió todas las aves vivas en paleognatas y neognatas, lo hizo suponiendo que la configuración de la «mandíbula antigua» paleognata era la condición original de las aves modernas y que la «mandíbula moderna» neognata surgió posteriormente. Como sabemos, en las aves neognatas los huesos del paladar no están fusionados y los cráneos son generalmente cinéticos, mientras que en las paleognatas el paladar está fusionado en un solo elemento y los cráneos son comparativamente rígidos. Durante más de un siglo, la condición paleognata se consideró ancestral para las neornitas y se ha supuesto que el mecanismo que permite un pico móvil evolucionó tras la extinción de los dinosaurios, dos planteamientos que han perdurado principalmente porque el registro fósil no ha aportado restos de paladares bien conservados de aves del periodo en que se originaron las neornitas. Esta situación ha dificultado establecer claramente la condición ancestral del paladar neornitino, aunque el reciente descubrimiento de un nuevo fósil aviar sugiere que es necesario reevaluar nuestra comprensión de cómo se produjo el cráneo de las aves modernas[155].

El fósil en cuestión fue hallado en una cantera de piedra caliza cerca de la frontera belga-holandesa en la década de 1990, y en 2002 fue estudiado por primera vez en el Natuurhistorisch Museum Maastricht (Países Bajos), atribuyéndose a una nueva especie a la que se denominó *Janavis finalidens,* un ave orniturina dentada[156]

---

155   Benito, J., Kuo, P. C., Widrig, K. E. *et al.* (2022) Cretaceous ornithurine supports a neognathous crown bird ancestor. Nature 612, 100-105.

156   *Janavis finalidens*, gen. et sp. nov., es generalmente similar a la bien conocida orniturina *Ichthyornis* del Mesozoico en su morfología general, aunque es mucho más grande y exhibe un grado sustancialmente mayor de neumaticidad poscraneal.

del Cretácico tardío (hace 66,7 Ma). Como estos restos fósiles están encerrados en la matriz de una roca, los científicos de entonces solo pudieron basar sus descripciones en lo que podían ver desde el exterior: unos fragmentos de hueso del cráneo y del hombro que sobresalían de la roca. Esta dificultad y el aspecto poco llamativo del fósil de *Janavis* ocasionó que volviesen a guardarlo en los almacenes del Museo, hasta que casi 20 años más tarde fue prestado al grupo del investigador Daniel Field, de la Universidad de Cambridge (Reino Unido). Para poder ver todo el fósil a través de la roca estos investigadores lo examinaron utilizando la tomografía computarizada y, a pesar de que inicialmente no apreciaron material craneal, en 2020 se dieron cuenta de que en realidad había un hueso similar en un cráneo de pavo que guardaban en el laboratorio, constatándose finalmente que los dos huesos eran casi idénticos. Esto llevó a los investigadores a concluir que la condición de «mandíbula moderna» sin fusionar que comparten los pavos había evolucionado antes que la condición de «mandíbula antigua» que poseen los avestruces y sus parientes. Por una razón desconocida, el paladar fusionado de estos últimos debió de evolucionar en algún momento después de que las aves modernas estuvieran ya establecidas.

La naturaleza cinética o acinética del paladar neornitino ancestral ha sido objeto de una atención sustancial, y varios estudios han postulado una condición paleognata débilmente cinética para las aves ancestrales, lo cual implicaría que la adquisición de un paladar más móvil por las neognatas representa una sinapomorfía[157] porque habría aparecido en ellas por primera vez. Basándose en observaciones del desarrollo se ha sugerido previamente la posibilidad de que el paladar paleognato se derivara de un precursor «similar al neognato», pero investigaciones de desarrollo más recientes han rechazado esta hipótesis.

Los investigadores de Cambridge demostraron que la forma del hueso del paladar fosil de *Janavis* era extremadamente similar al de las neognatas Galloanseranas (*Galloanserae*) actuales (pollos y patos), y al que menos se parece es al de los avestruces y sus parientes. De hecho, esta similitud y otras evidencias recientes rechazan la hipó-

---

157   Véase nota 147.

tesis de que la condición plesiomórfica[158] del paladar neornitino fue paleognata, aunque respaldan la hipótesis de que la condición paleognata actual es derivada y convergente con las morfologías superficialmente similares que presentan los terópodos avianos y no avianos. Aunque se sabe que la evolución no se produce en línea recta, durante más de un siglo los investigadores han pensado que la condición del pico móvil evolucionó después de la extinción de los dinosaurios y era posterior al origen de las aves modernas. Pero tras el descubrimiento del fósil de *Janavis*, su estudio ha mostrado que en realidad fue al revés, y el pico móvil evolucionó antes de que existieran las aves modernas. Una vez más ha sucedido, y un nuevo hallazgo ha refutado una hipótesis tan arraigada como la planteada para explicar el origen del cráneo de las aves modernas, lo que hará necesario reevaluar nuestra comprensión del proceso.

Todo parece indicar que *Janavis* fue una de las primeras especies de aves paleognatas, pero lo cierto es que no sobrevivió a la extinción masiva del final del Cretácico. Según los investigadores, esto pudo deberse al gran tamaño del ave, aunque paradójicamente su peso de en torno a 1,5 kg resultaría ridículo si lo comparásemos con el que alcanzan muchas de las paleognatas actuales. Sin duda, hay algo que está claro y es que, desde entonces, han sucedido muchas cosas que afectaron a la envergadura de este grupo de aves.

---

158 Una plesiomorfia (del griego, «forma parecida») es el estado ancestral o primitivo de un carácter. El concepto se opone al de apomorfía, que es el estado derivado de dicho carácter.

Por ejemplo, el quiridio es la condición ancestral de las extremidades de los primitivos tetrápodos y es por tanto una plesiomorfia. A partir de dicha condición primitiva, surgieron diversos estados apomórficos, como las extremidades con un solo dedo de los caballos, las aletas de los cetáceos o la atrofia de las patas en las serpientes. Las plesiomorfias no deben utilizarse para definir grupos monofiléticos (clados).

Una apomorfia (del griego, «forma separada») es un rasgo o carácter biológico evolutivamente novedoso, una novedad evolutiva derivada de otro rasgo perteneciente a un taxón ancestral filogenéticamente próximo. El concepto de apomorfía se opone al de plesiomorfia, que se refiere a los rasgos históricamente más antiguos, de los cuales derivan las apomorfías.

UN GORRIÓN GRANDE COMO UN
CAMELLO: EL AVESTRUZ

Aunque asumimos que un determinado animal destaca por ser grande, verlo al natural no deja de ser impactante, especialmente cuando ni siquiera hay una reja de por medio. Eso es lo que me ocurrió cuando, por primera vez, pude acercarme a un avestruz vivo en una granja donde los criaban y, a pesar de haber visto algún antiguo ejemplar disecado, reconozco que me sorprendió su envergadura. También me resultaron inquietantes los movimientos, porque me recordaban al de los velocirráptores de la conocida película *Parque Jurásico*, lo cual sería lógico teniendo en cuenta que, para animar digitalmente los movimientos de aquellos dinosaurios, tuvieron la genial idea de utilizar como modelo la forma de moverse de diversas aves actuales. Por suerte para nosotros, a diferencia de los velocirráptores, los avestruces no son carnívoros.

Recientes hallazgos apuntan la posibilidad de que los avestruces convivieran con nuestros antepasados en el Pleistoceno,[159] y desde hace milenios han dejado su huella en muchas culturas hasta la actualidad. Probablemente, por su largo cuello y por vivir en áreas semidesérticas, los antiguos griegos se referían al avestruz utilizando la expresión «gorrión grande como un camello», y muchos siglos después, en 1758, el naturalista sueco Carlos Linneo denominó al avestruz *Struthio camelus* en su obra *Systema Naturae*, dos palabras[160] que, curiosamente, se traducen como *gorrión* y *camello*. El nombre científico que puso Linneo al avestruz perdura en la actualidad, pero tanto él como algunos de los primeros taxónomos incluyeron al emú, el ñandú y el casuario en el género *Struthio*, aunque posteriormente fueron clasificados en géneros separados.

La progresiva expansión humana a lo largo de la historia ha afectado a la supervivencia de los avestruces como especie, debido al

---

159   Buffetaut, E. & Angst, D. A (2021) Giant Ostrich from the Lower Pleistocene Nihewan Formation of North China, with a Review of the Fossil Ostriches of China. Diversity 13, 47.

160   Dos palabras en latín derivadas del griego struthio (στρουθιο) y kámēlos (κάμηλος).

impacto ocasionado en sus hábitats y su caza indiscriminada, tanto para servir de alimento como por su piel y sus plumas. Hoy en día, la carne del avestruz no es precisamente habitual en nuestra dieta, pero eso va cambiando conforme aumenta su comercialización, gracias a granjas como aquella en la que pude acercarme a uno de ellos. Por cierto, la del avestruz es la única carne de un ave gigante que he tenido ocasión de comer y su sabor no me recuerda al de las demás aves que había comido antes, aunque sí le noto cierto parecido al de la carne de un mamífero. He oído bastantes veces esa curiosa opinión, y la compararía con la de quienes dicen que la carne de reptil recuerda a la de un ave, unas apreciaciones que probablemente estén relacionadas con el hecho de que son carnes de animales que nos resultan exóticos en nuestra dieta.

Dejando a un lado el interés depredador que tradicionalmente hemos mostrado hacia los avestruces, si tuviera que definir en una frase nuestra relación con ellos diría que *estas grandes aves nunca han dejado indiferente a nadie*. Pero, a pesar de su importancia y del interés que suscita, este tema no forma parte del discurso de este libro, exceptuando algunos aspectos históricos de la investigación del orden de aves paleognatas al que pertenecen los avestruces, los estrucioniformes (*Struthioniformes*).

$$***$$

Los estrucioniformes (*Struthioniformes*) constituyen un orden de aves paleognatas didáctilas cuyos miembros conocidos no pueden volar. Tradicionalmente este orden ha reunido a todas las ratites, hasta que los análisis genéticos han determinado que los Estrucioniformes no forman un grupo monofilético, ya que es parafilético con respecto a los tinamúes. Este es el motivo por el cual los avestruces se clasifican generalmente como los únicos Estrucioniformes vivos, aunque aún hay especialistas que incluyen en ese orden a todas las ratites y a los tinamúes.

Se conocen varias familias extintas de Estrucioniformes cuyos fósiles se distribuyen por todo el hemisferio norte, desde el Eoceno Inicial hasta principios del Plioceno: paleotídidos (*Paleotididae*), en Europa; geranoídidos (*Geranoididae*), en Norteamérica; eogruidos (*Eogruidae*) y ergilornitidos (*Ergilornithidae*), en Asia. La única familia de Estrucioniformes que incluye taxones actuales es la de los estruciónidos (*Struthionidae*), representada en África por dos especies de avestruces del género *Struthio*.

Durante el Cenozoico, la distribución también abarcó partes de Europa y Asia. *Paleotis* es un taxón europeo candidato a representante del grupo madre Estrucioniforme, en cuyo caso los avestruces se habrían originado fuera de África. Los primeros fósiles africanos parecidos a ratites provienen del Eoceno tardío del Fayum (Egipto) y pertenecen al *Eremopezus eocaenus* (*Eremopezidae*) (Figura 21), un ave terrestre del tamaño de un ñandú conocida solo por los huesos de las patas y que, a pesar de presentar afinidades paleognatas, la morfología general de los huesos es bastante diferente a la de los avestruces actuales y no aporta evidencias concluyentes que la vinculen con ningún linaje conocido de ratites[161]. *Eremopezus* simplemente podría representar un grupo africano endémico que alcanzó de forma independiente gran tamaño y capacidad de volar.

Figura 21. Reconstrucciones de *Ergilornis* (*Eogruidae*) y *Eremopezus* (*Eremopezidae*). Obra del autor (2024).

161   Rasmussen, D.T., Simons, E.L., Hertel, F., & Judd, A. (2001) Hindlimb of a giant terrestrial bird from the Upper Eocene, Fayum, Egypt. Palaeontology 44, 325-337.

En depósitos geológicos del Paleógeno se conocen diversos restos fósiles de paleognatas no voladoras que podrían pertenecer a la familia de estrutiónidos, aunque su estatus es cuestionable y podrían representar a otros linajes del grupo (Figura 22). En este sentido, también se ha producido un interesante debate en torno a algunas familias atribuidas a los estrucioniformes, como es el caso de los ya mencionados geranoídidos y eogruidos. Estas aves se han incluido tradicionalmente en el orden Gruiformes[162], pero en 1985 el zoólogo norteamericano Storrs L. Olson situó a los Eogruidos dentro del linaje de los avestruces debido a sus similitudes,[163] y recientemente el paleontólogo alemán Gerald Mayr[164] argumentó lo mismo con respecto a los geranoídidos basándose en sus afinidades con los Paleotídidos. Por otra parte, se ha planteado que estas semejanzas podrían ser el resultado de una evolución convergente, e incluso se ha sugerido —sin pruebas— que la competencia ejercida por los avestruces pudo causar la extinción de los eogruidos donde ambos coexistieron. Lo cierto es que, finalmente, en 2021, un estudio basado en la descripción de nuevos fósiles de eogruidos y ergilornitidos del Eoceno de Mongolia corroboró las afinidades de ambas familias con los estrucioniformes y mostró que estas aves se distinguen claramente de los gruiformes, lo cual sugiere que el origen último del grupo al que pertenecen los avestruces se produjo en Asia[165].

Sin duda, las aves gigantes no voladoras más conocidas son los verdaderos avestruces de la familia estruciónidos (*Struthionidae*), representada actualmente solo por dos especies del género *Struthio* confinadas al África subsahariana. Estas especies son una pequeña parte de la diversidad que tuvieron los estrutiónidos en el pasado, cuyo registro fósil es comparativamente más extenso que el de otros muchos grupos aviares e incluye a las aves más grandes

162   En concreto a *Gruoidea*.
163   Olson, Storrs L. (1985) The Fossil Record of Birds. En: Farner, D. S., King, J. R. y Parkes, K. C. (Eds.) *Avian Biology*, vol. 8, 79-238. Academic Press.
164   Mayr, Gerald (2019) Hindlimb morphology of *Palaeotis* suggests palaeognathous affinities of the *Geranoididae* and other "crane-like" birds from the Eocene of the Northern Hemisphere. Acta Palaeontologica Polonica. 64, 669-678.
165   Mayr, G. & Zelenkov, N. (2021) Extinct crane-like birds (*Eogruidae* and *Ergilornithidae*) from the Cenozoic of Central Asia are indeed ostrich precursors. Ornithology 138, 1-15.

conocidas en el hemisferio norte, los gigantescos avestruces del género *Pachystruthio* del Pleistoceno.

Palaeotididae

    Paleotis (Eoceno temprano-medio, Europa)

    Galligeranoides (Eoceno al Oligoceno temprano, Norteamérica-Europa)

Geranoididae (Eoceno temprano-medio, Norteamérica)

Eogruidae (Eoceno al Plioceno, Asia)

    Eogrus (Eoceno medio-tardío, Asia)

    Sonogrus (Eoceno tardío, Asia)

Ergilornithidae (Eoceno tardío al Plioceno temprano, Asia)

    Proergilornis (Eoceno tardío, Mongolia)

Struthionidae (Mioceno temprano-reciente, África-Eurasia)

Figura 22. Taxonomía de los estrucioniformes.

Se conocen huesos fósiles de avestruces en localidades que se extienden desde Sudáfrica hasta China, datadas entre el Mioceno y el Pleistoceno, aunque su escaso número y la dificultad que muchas veces supone su diagnóstico no permiten evaluar de forma detallada la paleodiversidad de los estrutiónidos. Por el contrario, los fragmentos de cáscaras de huevo fosilizadas de estas aves son bastante comunes porque suelen conservarse bien debido a su grosor y, de hecho, estas grandes aves están representadas principalmente por tales restos fósiles en muchas localidades del Neógeno y el Cuaternario de Eurasia y África. Además, las cáscaras de huevo de estas aves presentan una gran variabilidad morfológica, mostrando diferentes formas, tamaño y patrones de poros, lo cual proporciona la posibilidad de rastrear la historia evolutiva de diversas especies, incluidas sus expansiones geográficas y extinciones a través del tiempo.

Los patrones mostrados por la estructura del cascarón de los huevos se han utilizado en las ratites para comparar taxones desde el siglo XIX. Así, en una revisión de las aves de Nueva Zelanda publicada en 1875[166], el ornitólogo británico George Dawson Rowley, hablando sobre los huevos de moa (*Dinornis*), cita un artículo en el que F. W. Hutton señala que la cáscara del huevo de Kiwi (*Apteryx*) no muestra la estructura prismática de la del moa (*Dinornis*), por lo que este último pertenece al tipo *Struthio* por la estructura de la cáscara de su huevo, mientras que el Kiwi pertenece al tipo de las aves Carenadas. La apreciación de Hutton estaba equivocada, pero, junto a otras, estaba asentando un procedimiento de análisis filogenético que demostraría su utilidad casi un siglo después.

***

Los primeros estudios de cáscaras de huevo de avestruz halladas en localidades del Mioceno distribuidas entre el noreste de África y Turquía también proporcionaron curiosamente el descubrimiento de unos patrones de poros similares a los que aparecen en las cáscaras de huevos de la extinta *ave elefante* de Madagascar (*Aepyornis*). Estos hallazgos planteaban la posible presencia de aves elefante en África continental en el pasado, una hipótesis que algunos autores todavía discuten a pesar de que nunca se han hallado huesos de aves elefante fuera de Madagascar[167]. Además, las aves elefante presentan un rango amplio de variabilidad en los patrones de poros y se ha demostrado que fluctuaron en diferentes linajes de avestruces durante el Mioceno y el Plioceno.

La taxonomía y microestructura de las cáscaras de huevos de avestruz se dio a conocer como tal en trabajos pioneros, como el del ornitólogo alemán Max Schönwetter, quien, en 1927, demostró la utilidad taxonómica del patrón de poros en las cáscaras de huevos de las ratites como medio para diferenciarlos hasta el nivel de subespecies[168]. Posteriormente, en 1972, el también ornitólogo Edgar

166 Rowley, G. Dawson (1875) Ornithological miscellany. Vol. I, Part I. p. 19.
167 Mayr, G. (2017) Avian evolution. The fossil record of birds and its paleobiological significance. John Wiley & Sons, Inc, Chichester, West Sussex.
168 Schönwetter, M. (1927) Die Eier von *Struthio camelus spatzi Stresemann*. Orn. Mber. 35, 13-17.
     Ver también:

Gustav Franz Sauer[169] realizó extensos estudios de cáscaras de huevos de las ratites y confirmó los hallazgos de Schönwetter sobre el uso del patrón de poros en la clasificación de las ratites, sus implicaciones filogenéticas y paleogeográficas, además de poder reflejar modificaciones paleoambientales.

De hecho, la estructura y morfología de los poros asociados a la superficie de la cáscara del huevo, junto al grosor y robustez de esta, distinguen bien la de un ave Ratite de la de cualquier gran ave neognata e impide que se pueda confundir la cáscara del huevo de los estrutiónidos con las de otras grandes aves terrestres que también habitaron Eurasia en el Neógeno, como por ejemplo los Eogruidos.

Muchas de las peculiaridades estructurales de la cáscaras de huevo de las ratites constituyen unos caracteres evolutivos lábiles que permiten establecer divisiones parataxonómicas por debajo del nivel de especie[170]. En el registro paleontológico de los avestruces, a estos taxones se les denomina *oogéneros* y *ooespecies*, a menudo representados por numerosos fragmentos de cáscara que caracterizan intervalos temporales específicos de regiones particulares. Las relaciones entre ooespecies y especies biológicas de estruciónidos no siempre son sencillas, y varias ooespecies pueden referirse a distintas razas geográficas e incluso a poblaciones dentro de una especie biológica de avestruz.

***

Los investigadores Konstantin E. Mikhailov y Nikita Zelenkov han propuesto una reconstrucción de la historia evolutiva de los avestruces que se basa en gran parte en la microestructura de las cáscaras de

---

- Tyler, C. & y Simkies, K. (1960) A study of the eggshells of Ratite birds. Proc. Zool. Soc. London. 133, 201-243.

169   Sauer, E. G. F. (1972) Ratite eggshells and phylogenetic questions. Bonn. Zool. Beitr. 23, 3-48.

170   Un parataxón es un taxón artificial usado para clasificar los fósiles de restos o señales de actividad de seres del pasado que, por estar incompletos o disociados del organismo que los produjo, no pueden ser adscritos a una especie determinada. Los sistemas parataxonómicos siguen las mismas pautas jerárquicas que los taxonómicos y se utilizan para clasificar hojas, troncos, raíces, huevos, icnitas, coprolitos, etc.

huevo[171]. En su trabajo revisan la taxonomía de los avestruces fósiles y la estratigrafía de las localidades donde aparecen, analizando para ello las características y la distribución geográfica de una mezcla de especies paleontológicas (fósiles de huesos) y ooespecies (fósiles de cáscaras de huevo). Los resultados de esta revisión se combinan con los datos paleoclimáticos y paleoambientales para plantear nuevas hipótesis relativas a la paleodistribución y evolución de los Estrutiónidos del Viejo Mundo desde el Mioceno hasta el Cuaternario.

La historia evolutiva de los avestruces propuesta por Mikhailov y Zelenkov es bastante compleja, pero, a mi entender, la información que aporta es fundamental para comprender el tema que nos ocupa. Por este motivo la expondré en los próximos párrafos, sin entrar en los detalles que requeriría un conocimiento especializado por parte del lector.

Sin duda, el registro fósil disponible de los avestruces indica un patrón geográfico complejo a lo largo de su historia evolutiva, desde el Mioceno al Pleistoceno de África y Eurasia, con diversas transformaciones y eventos de dispersión que los investigadores han intentado explicar planteando diversas hipótesis. Así, hace varias décadas se propuso que en el Neógeno en Asia, Europa del este y la región mediterránea habitaron varias especies de grandes y pequeños avestruces del género *Struthio* con patrones de poros[172] que iban desde el de Tipo A (aepiornitoide) hasta el de Tipo S (estrutioide), pasando por el de Tipo A-S (intermedio)[173]. Todas estas formas se extinguieron hacia el Pleistoceno, exceptuando *Struthio asiaticus,* una forma asiática de tamaño medio que posteriormente llegaría a África entre el Plioceno superior y el Pleistoceno, dando allí origen al avestruz actual *Struthio camelus.*

Los nuevos hallazgos de fósiles de huesos y cáscaras de huevo de avestruces han impulsado nuevas hipótesis para explicar su origen y evolución. La hipótesis más reciente propone que el actual *Struthio camelus* no está estrechamente relacionado con el *Struthio asiaticus,*

---

171   Mikhailov, K.E. & Zelenkov, N. (2020) The late Cenozoic history of the ostriches (Aves: *Struthionidae*), as revealed by fossil eggshell and bone remains. Earth-Science Reviews 208, 103270.

172   Morfotipo de Patrón de Poros (PPM).

173   Los patrones tipo aepiornitoide y estrutioide se refieren a cáscaras de estructura similar a las cáscaras de *Aepyornis* y *Struthio*, respectivamente.

sino que desciende directamente de un linaje indígena de avestruz que se desarrolló en el sur de África a partir del Mioceno medio. La historia de estos avestruces africanos a lo largo del Mioceno fue casi completamente independiente de la euroasiática. Comienza en el Mioceno temprano de Namibia[174] (hace unos 21 Ma), con un linaje de avestruces relativamente pequeños (*Struthio coppensi*) que se asocia con cáscaras de huevo delgadas de patrón de poros aepiornitoide Tipo A-S designadas como oogénero *Tsondabornis*, conociéndose una cáscara de huevo similar en la Península Arábiga a finales del Mioceno. Esta especie es mucho más pequeña que el *S. camelus* actual y la morfología de los huesos conocidos se parece mucho a la de los del avestruz actual, lo que indica que la divergencia de los avestruces con respecto a su taxón hermano se produjo mucho antes del Mioceno temprano.

Los siguientes registros africanos más antiguos de avestruces son del Mioceno medio (14 Ma) de Kenia y provienen de una especie más grande aún sin denominar[175], lo cual sugiere que el tamaño de los avestruces aumentó entre el Mioceno temprano y medio. Durante el Mioceno tardío (hace unos 12 Ma), estos avestruces comenzaron a dispersarse hasta el suroeste de Eurasia, dando lugar a varios linajes con patrones de poros aepiornitoides que habitaron en la región de Anatolia durante el Mioceno tardío (hace ~11-10 Ma). Uno de esos linajes del Mioceno tardío está representado por la ooespecie *Str. sarmaticus*, que corresponde al avestruz de cuerpo ligero *Struthio orlovi*, que se extendió a la región noroeste del mar Negro (Moldavia y Rumania). Otro linaje está representado por la ooespecie *Str. dzabkhanensis* probablemente asociada con *Struthio asiaticus*[176], un

---

174   - Mourer-Chauviré, C., Senut, B., Pickford, M. & Mein, P. (1996) Le plus ancien représentant du genre *Struthio* (Aves, Struthionidae), *Struthio coppensi* n. sp., du Miocène inférieur de Namibie. C.R. Acad. Sci. Paris 322, série IIa, 325-332.
       - Mourer-Chauviré, C. (2008) Birds (Aves) from the Early Miocene of the Northern Sperrgebiet, Namibia. Memoir of the Geological Survey of Namibia 20, 147-167.

175   Leonard, L., Dyke, G.J., & Walker, C.A. (2006) New specimens of a fossil ostrich from the Miocene of Kenya. Journal of African Earth Sciences 45, 391–394.

176   El avestruz asiático (*Struthio asiaticus*) vivió desde Asia Central hasta China, entre el Plioceno superior y el Holoceno inferior (hace 3 Ma-9.000 años). El avestruz asiático debió ser muy similar al actual avestruz africano. En china se han encontrado obras de cerámica de este animal, lo que indica que aún vivía cuando los primeros pobladores humanos llegaron a China.

avestruz de mayor tamaño que durante el Mioceno tardío (~7-5 Ma) dio lugar a una segunda ola que se extendió a través del cinturón árido que surgió por entonces en las latitudes medias de Eurasia, ocasionando una amplia dispersión latitudinal del avestruz euroasiático desde China y Mongolia en el este, hasta Canarias y Marruecos en el oeste[177]. En este sentido, es curioso que todas las ooespecies de avestruz del Mioceno euroasiático con patrón de poros aepiornitoide (con la posible excepción de *Str. sarmaticus*) se caracterizan por la porosidad bastante alta de sus cáscaras, lo cual implica la adaptación a condiciones de reproducción relativamente húmedas[178].

Los primeros avestruces asiáticos aún no eran muy grandes y ponían huevos con una cáscara de delgada a medianamente gruesa con un patrón de poros aepiornitoide Tipo A, siendo la ooespecie *Str. oshinensis* la que marcó la primera ola de una amplia dispersión latitudinal de avestruces al norte de su área de distribución inicial en África.

A lo largo de la etapa Plio-Pleistocena, los avestruces euroasiáticos parecen haber estado relacionados con varios linajes que, en algún momento del Mioceno tardío, adquirieron un patrón de poros de Tipo A-S y progresivamente fueron mostrando un aumento de los patrones de poros estrutioides Tipo S, lo que puede interpretarse como una adaptación al aumento gradual de la aridez climática.

Este patrón de poros intermedio, con una mezcla variable de estructuras de poros estrucioide y aepiornitoide, refleja la flexibilidad de su desarrollo y parece ser el mecanismo que explica el origen evolutivo posterior de la cáscara de huevo dependiendo de diferentes condiciones climáticas de anidación. En este contexto, el predominio completo del patrón de poros estrutioide Tipo S representa sin duda el tipo funcional en las condiciones más áridas.

La tendencia hacia el aumento de los patrones de poros aepiornitoides dio lugar a la cáscara de huevo gruesa tipo A de la ooespecie

---

177   - Sánchez Marco, A. (2010) New data and an overview of the past avifaunas from the Canary Islands. Ardeola 57, 13-40.
    - Lecuyer, C., Sánchez Marco, A., Lomoschitz, A., Betancort, J.-F., Fourel, F., Amiot, R., Clauzel, T., Flandrois, J.-P. & Meco, J. (2020) $\delta^{18}O$ and $\delta^{13}C$ of diagenetic land snail shells from the Pliocene (Zanclean) of Lanzarote, Canary Archipelago: Do they still record some climatic parameters? Journal of African Earth Sciences 162, 103702.
178   Mikhailov & Zelenkov, 2020.

Str. transcaucasicus, que se asocia a los avestruces *Pachystruthio*. Las enormes formas especializadas de este linaje alcanzaron una amplia distribución en Asia central y occidental durante el Plioceno tardío y el Pleistoceno temprano, dispersándose incluso hacia el norte del mar Negro y Europa central hace aproximadamente 1,8 Ma.

Por otro lado, la tendencia hacia unos patrones intermedios de poros Tipo A-S había dado como resultado la evolución de formas no especializadas con cáscaras de huevo Tipo S, cuyos miembros más antiguos son ya conocidos en el Mioceno medio tardío de la región del norte del mar Negro, que representan dos ooespecies con cáscaras de huevo de grosores muy diferentes. La forma más grande, *Str. chersonensis*, habitó en latitudes medias de Europa del este y quizás de Asia central desde el Mioceno tardío hasta el Pleistoceno temprano, momento en que se dispersó más hacia el norte y probablemente también hacia el este de África. La forma más pequeña no especializada con una delgada cáscara de huevo con patrón de poros estrutioide (Tipo S) puede considerarse como perteneciente al ancestro directo de los avestruces actuales. Una cáscara de huevo de este tipo aparece por primera vez en el registro fósil a mediados del Mioceno tardío al norte del mar Negro, donde puede estar asociada con un avestruz relativamente pequeño y dedos cortos denominado *Struthio brachydactylus*. Lo más interesante es que la forma de dedos cortos y la cáscara de huevo delgada tipo S aparecen juntas en los depósitos sedimentarios del Plioceno temprano del África subsahariana, lo que representa probablemente el primer evento de dispersión fuera de Eurasia en la historia de este linaje.

En las condiciones climáticas más áridas de África, el sistema de poros de la cáscara del huevo de este linaje había evolucionado hasta convertirse en una versión especializada del Tipo S, representada por la ooespecie *Str. daberasensis*, que puede considerarse un pariente cercano o incluso un antepasado del *Struthio molybdophanes* actual, cuya antigüedad está confirmada por datos moleculares. Este linaje probablemente tuvo en algún momento una amplia distribución africana, y entre mediados y finales del Pleistoceno se dispersó hacia Arabia y la India.

Las poblaciones del ancestro directo de los avestruces actuales, inicialmente no especializadas y con cáscara de huevo Tipo S delgada, persistieron en latitudes medias de Eurasia durante el Plioceno y el Pleistoceno, sobreviviendo en Asia central hasta principios del Holoceno y produciendo formas locales de cuerpo más grande marcadas por la ooespecie *Str. andersoni.* Las cáscaras de huevo del Pleistoceno tardío halladas en estos territorios son casi indistinguibles de las de los modernos *Struthio camelus,* por lo que se pueden atribuir al linaje ancestral de esta especie actual. Algunas poblaciones de estos avestruces se dispersaron hacia Asia occidental y el norte de África en algún momento entre el Pleistoceno medio y tardío, dando allí lugar a las subespecies *Struthio camelus camelus* y *Struthio camelus syriacus.* Posteriormente generaron de forma secundaria la versión especializada del patrón de poros estrutioide Tipo S que apareció en las subespecies del sur, *Struthio camelus massaicus* y *Struthio camelus australis.* Curiosamente, aunque estas hipótesis se basan en datos paleontológicos, están de acuerdo con los datos moleculares.

Los modelos evolutivos de los avestruces planteados por Mikhailov y Zelenkov constituyen un marco general que aún requiere más datos paleontológicos, aunque existe el problema de que las características de varios linajes se conocen casi exclusivamente a partir de sus cáscaras de huevo y, además, muchas de las localidades con fósiles de avestruz están mal ubicadas estratigráficamente.

∗∗∗

No cabe duda de que los actuales avestruces del género *Struthio* son las aves más grandes y pesadas que existen actualmente, pudiendo alcanzar una altura de tres metros y pesar unos 180 kg. Pero también es cierto que, a lo largo de la historia evolutiva de los estruciónidos, hubo taxones que alcanzaron envergaduras mucho mayores que la de los avestruces actuales, convirtiéndose en algunas de las aves más grandes que han existido.

En Europa nunca se había reportado la presencia de un ave fósil tan grande, hasta que en 2019 se describió el fémur de un estrutiónido del Pleistoceno inferior con una masa corporal estimada en unos 450 kg y una longitud de 3,6 metros. Este fósil, hallado en Crimea, al norte del mar Negro, pertenece, por tanto, al ave extinta más grande del hemisferio norte en general[179]. Asignado a la especie *Pachystruthio dmanisensis*, el tamaño de este enorme avestruz es comparable al de grandes aves insulares, como el moa (*Dinornis*) o el *ave elefante* (*Aepyornis*), aunque a diferencia de ellas debió de ser un buen corredor, seguramente porque habitaba junto a un conjunto de mamíferos que incluía grandes carnívoros. La fauna que acompañó al avestruz gigante de Crimea es compartida por la que aparece en la localidad de Dmanisi (Georgia), datada hace ~1,8-1,7 Ma y de la que también forma parte *Pachystruthio dmanisensis*, descrito por primera vez en 1990[180]. La presencia de este estrutiónido en ambos lugares implica que probablemente fue un componente típico de las faunas de Europa del este, precisamente cuando los primeros homínidos y otros muchos mamíferos llegaron a la región norte del mar Negro a través del sur del Cáucaso y Anatolia[181].

No está del todo clara la relación del género *Pachystruthio* con los avestruces actuales del género *Struthio*, aunque antes estuvo incluido en este. En varios artículos recientes sobre la cuenca de Nihewan (provincia de Hebei, al norte de China) se menciona al género *Struthio*, pero a menudo no se ha detallado la naturaleza del material, con la excepción de unos cuantos restos fósiles hallados en el yacimiento arqueológico de Feiliang[182]. En 1925 el padre Emile Licent encontró un gran fémur de avestruz incompleto en la Formación Nihewan (Pleistoceno inferior, hace ~ 1,8 Ma), actualmente conservado en el Muséum National d'Histoire Naturelle de París, aunque la presencia de aquel fósil de avestruz en el Pleistoceno inferior de la cuenca de Nihewan recibió poca atención hasta que recientemente se utilizó

---

179   Nikita V. Zelenkov, Alexander V. Lavrov, Dmitry B. Startsev, Innessa A. Vislobokova & Alexey V. Lopatin (2019) A giant early Pleistocene bird from Eastern Europe: unexpected component of terrestrial faunas at the time of early *Homo* arrival, Journal of Vertebrate Paleontology, 39: 2, e1605521.

180   Burchak-Abramovich, N. & Vekua, A. (1990) The fossil ostrich *Struthio dmanisensis* sp. n., from the Lower Pleistocene of Georgia. Acta zoologica cracoviensia 33 (7): 121-132.

181   Los hallazgos más antiguos de esta fauna son del Plioceno y se conocen en Georgia y Turquía.

182   Pei, S.; Gao, X.; Wang, H.; Kuman, K.; Bae, C.J.; Chen, F.; Guan, Y.; Zhang, Y.; Zhang, X.; Peng, F.; et al. Early Pleistocene archaeological occurrences at the Feiliang site, and the archaeology of human origins in the Nihewan Basin, North China. PLoS ONE 2017, 12, e0187251.

para describir a un estrutiónido con una masa de 300 kg, el doble que la de un avestruz actual[183].

El fémur de avestruz hallado en Nihewan ha sido asignado a *Pachystruthio* indet., teniendo en cuenta que es tan robusto como el de las especies conocidas de dicho género[184] y, además, es mucho mayor que el de *Struthio anderssoni*, un avestruz más reciente del Pleistoceno tardío de China, cuya masa corporal estimada en más de 250 kg puede explicarse por el aumento de la aridez que aconteció en el interior de Asia durante las fases climáticas frías de los períodos glaciales.

La ecología del avestruz gigante de Nihewan pudo no parecerse a la de los avestruces modernos, que están claramente adaptados a ambientes abiertos. Además, se ha planteado que, debido a su gran masa corporal, los avestruces de Dmanisi y de Nihewan pudieron no haber sido tan buenos corredores como los avestruces modernos. De hecho, el robusto fémur de *Pachystruthio* difiere del más delgado que poseen otros grandes avestruces como *Struthio oldawayi* del Pleistoceno africano, lo cual indicaría que los avestruces gigantes eurasiáticos estaban menos adaptados a la carrera rápida.

El hallazgo del avestruz gigante de Nihewan atestigua la amplia distribución geográfica de los estrutiónidos de gran tamaño en el Pleistoceno temprano de Eurasia. En este sentido, parece convincente la hipótesis de Mikhailov y Zelenkov[185] según la cual entre el Plioceno tardío y el Pleistoceno temprano se produjo una dispersión de avestruces gigantes pertenecientes al género *Pachystruthio*, desde Europa oriental hasta Asia central. Pero, además, la presencia de un avestruz gigante atribuible a *Pachystruthio* en los lechos del Pleistoceno inferior de la cuenca de Nihewan indica que la mencionada dispersión llegó mucho más al este de lo que se pensaba anteriormente.

Las apariciones más orientales de *Pachystruthio* mencionadas por Mikhailov y Zelenkov corresponden con hallazgos de restos de cáscara de huevo hallados al este de Kazajstán, datados entre el Plioceno tardío y el Pleistoceno temprano. Esta región está situada a unos

---

183 *Ibid.* Buffetaut & Angst, 2021.
184 *Pachystruthio* es un género de Estruciónido que vivió en Eurasia (Hungría, Crimea, Rumania, Georgia y China) desde el Plioceno tardío hasta el Pleistoceno medio e incluye a tres especies: *P. pannonicus* (especie tipo), *P. dmanisensis* y *P. transcaucasicus*.
185 *Ibid.* Mikhailov & Zelenkov (2020).

3000 km al oeste de la cuenca de Nihewan, de manera que la presencia allí de *Pachystruthio* indica que en el Pleistoceno temprano este avestruz gigante habitó una gran parte del centro y el noreste de Eurasia. Curiosamente este planteamiento estaría de acuerdo con la idea, propuesta hace un siglo[186], de que el avestruz se dispersó a lo largo de las estepas euroasiáticas hasta el norte de China.

Cuando tuve noticias de la envergadura que tuvieron los avestruces del género *Pachystruthio*, me pregunté por qué esas gigantescas aves solo habitaron en la región eurasiática y por qué alcanzaron tales tamaños. Como no podía ser de otra forma, para aclarar estas cuestiones, los investigadores han planteado diversas explicaciones, siempre partiendo del hecho de que no se conoce ningún otro estruciónido que haya alcanzado el tamaño estimado para algunos miembros de *Pachystruthio*, aunque es cierto que algunos representantes del género *Struthio* fueron mucho más grandes que los avestruces actuales.

Uno de los mencionados planteamientos toma como punto de partida el denominado *Principio de Jarman-Bell*, según el cual poseer una mayor masa corporal representa una ventaja energética a la hora de consumir alimentos más duros y de bajo valor nutritivo, debido a la disminución de las demandas metabólicas específicas de los animales más grandes[187]. Así, Zelenkov y otros especialistas[188] han sugerido que el tamaño tan grande de *Pachystruthio* pudo haber sido una adaptación a la disponibilidad de alimentos de bajo valor nutricional vinculada a la mayor aridez del entorno en que habitaba el ave. Esta explicación es plausible, pero lo cierto es que el entorno ambiental en que vivía *Pachystruthio* en China no era especialmente árido.

También, desde la perspectiva ambiental, otros investigadores han propuesto que la creciente aridez acontecida en Australia desde el Neógeno al Pleistoceno estaría relacionada con la cada vez mayor masa corporal alcanzada por los dromornítidos (*Dromornithidae*)

---

186 Andersson, J. G. (1929) DerWeg über die Steppen. Bull. Mus. Far East. Antiquit. 1, 143-165.

187 Müller, D. W., Codron, D., Meloro, C., Munn, A., Schwarm, A., Hummel, J. & Clauss, M. (2013) Assessing the Jarman-Bell Principle: scaling of intake, digestibility, retention time and gut fill with body mass in mammalian herbivores. Comparative Biochemistry and Physiology A 164, 129-140.

188 *Ibid.* Zelenkov et al. (2019).

a lo largo de su evolución[189]. Lo cual también podría aplicarse a las grandes aves no voladoras eurasiáticas, tales como *Pachystruthio* y *Eogruidae* (*Ergilornithidae*) del Eoceno-Plioceno[190], que también se hicieron más grandes a medida que aumentaba la aridez en el Neógeno de Europa del este y Asia central.

Esta relación entre la aridificación del entorno y el aumento de tamaño en los estrutiónidos no está del todo clara, teniendo en cuenta que *Struthio anderssoni*, aunque parece que vivió en un clima más árido, era más pequeño que *Pachystruthio*. Además, sin ir más lejos, el actual avestruz *Struthio camelus* es muchísimo más pequeño que *Pachystruthio*, a pesar de habitar en los ambientes áridos alrededor del Sáhara y los desiertos de Oriente Medio.

Para explicar el tamaño alcanzado por *Pachystruthio* también se ha recurrido a la *Regla de Bergmann*, según la cual, dentro de un grupo zoológico, las formas que viven en latitudes más altas en climas más fríos tienden a ser más grandes que las de climas más cálidos en latitudes más bajas. Sin embargo, difícilmente puede usarse para explicar el gran tamaño de los avestruces que vivían en latitudes altas de Eurasia, como *Pachystruthio*, ya que también se conocen avestruces muy grandes, como *Struthio oldawayi*, que vivió durante el Pleistoceno en África tropical, sin duda una latitud baja.

El avestruz gigante de la cuenca de Nihewan fue contemporáneo de los primeros homínidos que habitaron esa región a principios del Pleistoceno, como sucedió en los casos de Dmanisi y Crimea. En esas regiones los avestruces gigantes cohabitaron con los primeros humanos y sus restos fósiles se encuentran a veces en sitios antrópicos, tales como Goudi y Feiliang en la cuenca de Nihewan,[191] o la

---

189   Murray, P. F. & Vickers-Rich, P. (2004) Magnificent Mihirungs: The colossal flightless Birds of the australian dreamtime. Indiana University Press: Bloomington/Indianapolis, IN, USA.

190   - Kurochkin, E. N. (1981) New representatives and evolution of two archaic gruiform families in Eurasia. Transaction of the Joint Soviet-Mongolian Paleontological Expedition 15, 59-86.
       - Zelenkov, N. V., Boev, Z. & Lazaridis, G. (2016) A large ergilornithine (Aves, Gruiformes) from the Late Miocene of the Balkan Peninsula. Paläontologische Zeitschrift 90, 145-151.

191   Shen, C., Gao, X. & Wei, Q. (2010) The earliest hominin occupations in the Nihewan Basin of Northern China: Recent progress in field investigations. En: Norton, C. J. & Braun, D. R., (Eds.) *Asian Paleoanthropology: From Africa to China and Beyond*. Springer: Dordrecht, The Netherlands, pp. 169-180.

cueva Taurida en la península de Crimea[192]. En este sentido, existen evidencias objetivas de que los humanos del Paleolítico cazaron avestruces[193], aunque no se sabe si los primeros homínidos de la cuenca de Nihewan llegaron a cazar al avestruz gigante. De hecho, pesando el doble que un avestruz actual, *Pachystruthio* debió ser una presa difícil, por lo que seguramente se conformaron con la recolección de huevos.

✳✳✳

Actualmente, de forma nativa y en estado salvaje, solo existen dos especies de avestruz que habitan en África (Figura 23) y que se distribuyen tanto al norte como al sur de la zona forestal ecuatorial, donde ocupan una variedad de hábitats abiertos, áridos y semiáridos, como las sabanas y el Sahel.

La especie el avestruz más extendida actualmente es el común (*Struthio camelus*), originario de grandes zonas del África subsahariana y la Península Arábiga, ha llegado a estar presente en toda Asia hasta el este de Mongolia durante el Pleistoceno tardío y posiblemente hasta el Holoceno. La otra especie es el avestruz somalí (*Struthio molybdophanes*), originario del Cuerno de África, donde evolucionó a partir de avestruces comunes que quedaron aislados por la barrera geográfica que forma el Valle del Rift en África oriental. El avestruz común y el somalí son dos especies claramente separadas, ya que las diferencias ecológicas y de comportamiento que existen entre ellos impiden que se crucen cuando sus poblaciones coinciden en el mismo territorio.

Curiosamente, la mayoría de los taxones de avestruz que se conocen desde el Pleistoceno temprano al medio y que se han descrito como extintos, no han sido incluidos por los investigadores en las extinciones que se produjeron en el Pleistoceno tardío, probablemente porque

192   *Ibid.* Zelenkov et al. (2019).
193   Bonilauri, S., Boëda, E., Griggo, C., Al-Sakhel, H. & Muhesen, S. (2007) Un éclat de silex moustérien coincé dans un bassin d'autruche (Struthio camelus) à Umm el Tlel (Syrie centrale). Paléorient 33, 39-46.

para entonces ya se habían extinguido[194]. Por el contrario, las poblaciones de avestruces que habitaban en India, Mongolia y China no se extinguieron hasta finales de la última glaciación o incluso después.

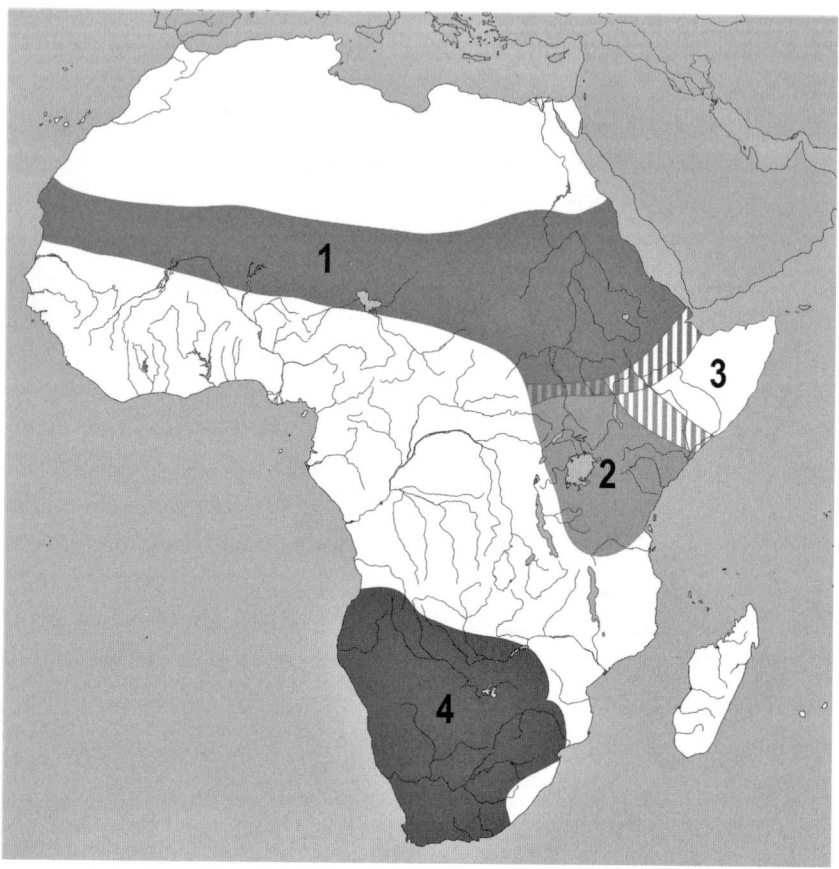

Figura 23. Distribución geográfica de las especies de avestruz:
1. *Struthio camelus camelus* 2. *Struthio camelus massaicus* 3.
Struthio molybdophanes 4. *Struthio camelus australis.*

Durante milenios se han recolectado los huevos de avestruz y han sido utilizados para obtener carne, pieles y plumas, convirtiéndose su sobrecaza es un problema para la supervivencia de estas gran-

---

194   Tyrberg, T. (2008) The Late Pleistocene continental avian extinction – an evaluation fossil evidence. Oryctos 7, 249-269.

des aves, aunque las del actual avestruz *Struthio camelus* no están amenazadas de extinción en su conjunto. De sus cinco subespecies, la que habitaba en Asia Menor y Arabia fue cazada hasta desaparecer a mediados del siglo pasado, mientras que la única que sobrevive en África, al norte del ecuador, se encuentra en un serio peligro de extinción y actualmente se está intentando garantizar su supervivencia. En torno al 90% de las poblaciones silvestres de avestruces de África viven al sur del ecuador y pertenecen a subespecies que no están incluidas en la lista de especies con mayor riesgo de extinción. La otra especie de avestruz reconocida como tal es la somalí (*Struthio molybdophanes*), que figura como «vulnerable» en las mencionadas listas, debido a que su población se está reduciendo progresivamente.

Los convenios para preservar especies en peligro de extinción prohíben el comercio internacional de avestruces, salvo cuando la importación se realice con fines no comerciales y bajo la concesión de permisos de importación o exportación. Pero lo cierto es que, en nuestros días, una enorme cantidad de avestruces viven estabulados en granjas situadas en numerosos lugares del planeta, de manera que —aunque solo fuese por esta circunstancia—, de momento, no parece que estas gigantescas aves vayan a extinguirse.

LAS GRANDES PALEOGNATAS SUDAMERICANAS: LOS ÑANDÚES

América del Sur alberga dos especies endémicas de paleognatas pertenecientes a la familia réidos (*Rheidae*): el ñandú mayor (*Rhea americana*) y el ñandú menor o de Magallanes (*Rhea* [= *Pterocnemia*] *pennata*), dos grandes ratites corredoras que habitan pastizales y prefieren áreas abiertas. Los estudios genéticos sugieren que el ñandú menor guarda estrecha relación con el ñandú mayor, con el que puede hibridarse[195]. También existe un cierto debate sobre los límites de las especies entre las diversas poblaciones y, para algunos,

---

195 Delsuc, F., Superina, M., Ferraris, G., Tilak, M. K. & Douzery, E. (2007) Molecular evidence for hybridisation between the two living species of South

las subespecies del Altiplano *R. p. garleppi* y *R. p. tarapacensis* forman una especie separada de la subespecie patagónica *R. p. plumata*. *Diogenornis fragilis* es un género de ratites cuyo espécimen tipo fue descrito a partir de varios fósiles hallados en la Formación Itaboraí de Brasil[196]. La edad de la fauna de Itaboraí ha sido objeto de debate y se ha sugerido una edad entre el Paleoceno medio-tardío y el Eoceno temprano[197]. Por razones biogeográficas, a menudo se presume que *Diogenornis* pertenece al tallo reiforme y, de acuerdo con los fósiles, el paleornitólogo alemán Gerald Mayr consideró que es un miembro troncal de la familia Réidos (*Rheidae*) similar a los ñandúes actuales[198], pero con aproximadamente dos tercios del tamaño del ñandú mayor (*Rhea americana*), unos 90 centímetros de altura.

Sin embargo, el investigador brasileño Herculano M. F. Alvarenga informó de afinidades filogenéticas de *Diogenornis* con las ratites australianas del grupo de los casuarios y los emúes[199], lo cual expandiría el rango de este clado al Paleoceno de América del Sur, mucho antes de que apareciese *Emuarius*, que, como veremos más adelante, es considerado ancestro común de casuarios y emúes[200].

Hasta hace unas décadas, se pensaba que en América del Sur los ratites estaban representados solamente por los Réidos, pero la diversidad de ratites ya era alta en Sudamérica durante el Paleógeno y los hallazgos muestran que *Diogenornis* coexistió con los primeros ñandúes. Así, los depósitos geológicos del Paleoceno medio al

American ratites: Potential conservation implications. Conserv. Genet. 8, 503-507.

196 Alvarenga, H. M. F. (1983) Uma ave ratitae do Paleoceno Brasileiro: bacia calcária de Itaboraí, Estado do Rio de Janeiro, Brasil. Boletim do Museu Nacional, Nova Série, Geologia 41, 1-8.

197 Woodburne, M. O., Goin, F. J., Raigemborn, M. S., Heizler, M., Gelfo, J. N. & Oliveira, E. V. (2014) Revised timing of the South American Early Paleogene land mammal ages. J. South. Am. Earth Sci. 54, 109-119.

198 - Mayr, G. (2009) *Paleogene Fossil Birds*. Springer: Berlin/Heidelberg, Germany, p. 262.
- Mayr, G. (2017) *Avian Evolution – The Fossil Record of Birds and Its Paleobiological Significance*. Wiley Blackwell: Chichester, UK, p. 289.

199 Alvarenga, H. (2010) *Diogenornis fragilis* Alvarenga, 1985, restudied: A South American ratite closely related to Casuariidae. In Proceedings of the 25th International Ornithological Congress, Campos do Jordão, Brazil, 22-28.

200 Worthy, T. H., Hand, S. J., & Archer, M. (2014) Phylogenetic relationships of the Australian Oligo-Miocene ratite *Emuarius gidju Casuariidae*. Integrative Zoology 9, 148-166.

Mioceno temprano de la Patagonia han proporcionado fósiles que aparentan ser de ratites, pero que no están claramente relacionados con los paleognatos modernos.

En este sentido, la posibilidad de que el supuesto Réido más antiguo, *Diogenornis*, pertenezca a otro clado de ratites, requería una revisión de los fósiles disponibles. Esta fue llevada a cabo por el paleontólogo argentino Federico L. Agnolín[201], que descubrió varios especímenes de ratite sudamericanos del Paleógeno y del Mioceno que claramente no eran réidos, pero si parecían pertenecer a otros clados del grupo.

Lo cierto es que las relaciones filogenéticas dentro de ratites siguen siendo algo inciertas, y es poco probable que *Diogenornis* represente un casuariforme[202]. De todas formas, los cambios evolutivos paralelos acontecidos en los diversos linajes de ratite para adquirir los mismos caracteres[203], posiblemente impidan conocer con certeza las afinidades entre *Diogenornis* y los otros fósiles no determinados parecidos a ratite. Solo nuevos fósiles permitirán establecer esas relaciones filogenéticas y hábitos ecológicos[204].

Los debates en torno a *Diogenornis* continúan y, en 2023, el reexamen de dos fósiles atribuidos a *Diogenornis* hallados en la provincia argentina de Chubut, datados en entre el Eoceno y el Mioceno inferior, ha sembrado dudas sobre su correcta atribución taxonómica. De ser cierto, impediría confirmar la presencia del taxón fuera de Brasil, donde quedaría restringido al Eoceno temprano de Itaboraí[205].

En América del Sur, los registros de aves del Eoceno son raros en general y los fósiles de réidos más antiguos datan del Mioceno[206], representados por los taxones *Opisthodactylus kirchneri*, distribui-

201 Agnolín, F. L. (2017) Unexpected diversity of ratites (Aves, *Palaeognathae*) in the early Cenozoic of South America: Palaeobiogeographical implications. Alcheringa: An. Australas. J. Palaeontol. 41, 101-111.

202 Lee, K., Feinstein, J. & Cracraft, J. (1997) Chapter 7—The Phylogeny of Ratite Birds: Resolving Conflicts between Molecular and Morphological Data Sets. En: Mindell, D. P. (Ed.) Avian Molecular Evolution and Systematics. Academic Press: San Diego, CA, USA, pp. 173-209.

203 Homoplasias anatómicas.

204 *Ibid.* Widrig & Field, 2022.

205 Acosta Hospitaleche, C. & Picasso, M. B. J. (2023) About the alleged record of the Rheidae *Diogenornis* in the Cenozoic of Argentina: new interpretations. Historical Biology 35 (9) 1515-1521.

206 Tambussi, C. P. & Degrange, F. J. (2013) South. American and Antarctic

dos desde la Patagonia hasta el noroeste de Argentina, del Mioceno temprano hasta el Mioceno tardío, junto a *Pterocnemia mesopotamica* del Mioceno medio hasta finales del periodo. El análisis cladístico estableció el clado *Opisthodactylus-Pterocnemia* como hermano del clado *Rhea americana*, que habría habitado las regiones más meridionales, centrales y occidentales del sur de Sudamérica durante todo el Neógeno temprano-medio, mientras que el de *Rhea* habría tenido una distribución ancestral nororiental o brasileña en las tierras bajas del continente[207].

En el Plioceno temprano los taxones pampeanos están representados por *Heterorhea dabbenei* y *Hinasuri nehuensis* de la Formación Monte Hermoso, de la provincia Argentina de Buenos Aires. Este último taxón fue documentado a partir de un único fémur izquierdo robusto, casi completo y bien conservado, con unas dimensiones proporcionalmente mayores a las de *Rhea americana*, que ha permitido estimar que la masa corporal de *H. nehuensis* es superior al promedio de *Rhea americana* y que la musculatura asociada al fémur es muy similar. Esto sugiere que el poder de los músculos de *H. nehuensis* era consistente con su mayor tamaño, lo cual pudo ser ventajoso para evitar depredadores y tolerar los ambientes estacionalmente hostiles de la región pampeana durante el Plioceno-Pleistoceno[208].

Las especies de eéidos actuales aparecen en el Pleistoceno de Argentina, con *Rhea anchorenensis* y *Rhea pampeana*, que han sido reasignadas a la especie existente *Rhea americana*[209].

Continental Cenozoic Birds: Paleobiogeographic Affinities and Disparities; Springer: Dordrecht, The Netherlands, p. 113.

207 - Agnolín, F.L. & Noriega, J. I. (2012) Una Nueva Especie de Ñandú (Aves: *Rheidae*) del Mioceno Tardío de la Mesopotamia Argentina. Ameghiniana 49, 236-246.
- Noriega, J. I., Jordan, E. A., Vezzosi, R. I. & Areta, J. I. (2017) A new species of *Opisthodactylus* Ameghino, 1891 (Aves, Rheidae), from the late Miocene of northwestern Argentina, with implications for the paleobiogeography and phylogeny of rheas. J. Vertebr. Paleontol., 37, e1278005.
- *Ibid.* Agnolín & Noriega, 2012.

208 Picasso, M. B. J. & Mosto, M.C. (2016) New insights about *Hinasuri nehuensis* (Aves, Rheidae, Palaeognathae) from the early Pliocene of Argentina. Alcheringa: An. Australas. J. Palaeontol. 40, 244-250.

209 Picasso, M. B. J. & Mosto, C. (2016) The new taxonomic status of *Rhea anchorenensis* (Ameghino and Rusconi, 1932) (Aves, Palaeognathae) from the Pleistocene of Argentina. Ann. De Paleontol., 102, 237-241.
- Picasso, M. B. J. (2016) Diversity of extinct Rheidae (Aves, Palaeognathae):

***

Los patrones biogeográficos similares de Réidos vivos y fósiles parecen reflejar que el cambio ambiental de hábitats cerrados a abiertos tuvo lugar en el extremo sur de Sudamérica durante el Neógeno y el Pleistoceno, junto a los efectos del aislamiento producido por el mar Paranaense. Los taxones de hábitat cerrado se registran en localidades del Mioceno temprano en la Patagonia (*Opisthodactylus horacioperezi* y *O. patagonicus*), mientras que los taxones de hábitat abierto provienen de sitios del Mioceno tardío-Plioceno temprano en el centro (*Pterocnemia*. sp.), las regiones noroeste (*O. kirchneri* y *P.* cf. *mesopotamica*) y noreste (*P. mesopotamica*)[210].

La gran diversidad de ratites patagónicos no réidos terminó con la extinción de varios grupos a finales del Mioceno, probablemente debido a un marcado aumento de la aridez en todo el continente, en contraste con los bosques paratropicales y templados cálidos que se extendían hasta el sur de la Patagonia antes de esta época[211]. Se ha planteado que este cambio ambiental pudo llevar a la extinción de hipotéticas ratites no réidos adaptados a los bosques en América del Sur, favoreciendo al mismo tiempo la dispersión de réidos adaptados a los hábitats abiertos de las zonas áridas[212].

Historical controversies and the new taxonomic status of *Rhea pampeana* Moreno and Mercerat 1891 from the Pleistocene of Argentina. Hist. Biol. 28, 1101-1107.

210 *Ibid.* Noriega *et al.*, 2017.
211 Palazzesi, L. & Barreda, V. (2012) Fossil pollen records reveal a late rise of open-habitat ecosystems in Patagonia. Nat. Commun. 1294, 1-5.
212 *Ibid.* Agnolín, 2017.

5

Vouron patra:
el ave elefante

EL AVE MÁS GRANDE DE TODAS

*«Vouron patra. — Es un pájaro de gran tamaño que
frecuenta a los Ampatres y pone huevos como el avestruz;
es una especie de avestruz. Los de dichos lugares no
pueden acogerlo, busca los lugares más desiertos».*[213]

Histoire de la grande île de Madagascar
Étienne de Flacourt (1658)

Los avestruces son las aves que corren más rápido, apareciendo en la
lista de los vertebrados terrestres más veloces, junto a mamíferos como
los guepardos. Estas grandes aves alcanzan velocidades de más de
70 km/h en carreras cortas y pueden sostener hasta media hora velocidades de hasta 50 km/h, pero no todas las especies de aves paleognatas pueden correr tan rápido como los avestruces; de hecho, los emúes
(*Dromaius*) y los casuarios (*Casuarius*) solo son capaces de alcanzar
50 Km/h en caso de necesidad. Las características esqueléticas de las
paleognatas extintas de mayor tamaño tampoco parecen indicar que
fuesen capaces de correr tan rápido como los avestruces, probable-

---

213   Flacourt, E. de (1658) *Histoire de la grande île de Madagascar.* Paris. New Ed.
      2007, Paris, Karthala ed. 712 pp.

mente porque no lo necesitaban debido a su enorme talla y a la ausencia de depredadores en sus entornos. Entre todas aquellas paleognatas destacan por su tamaño las aves elefante de la isla de Madagascar, de las que trataremos ampliamente en este capítulo.

LA LEYENDA DEL ROC

Cuando vi por primera vez la película *Simbad y la princesa*[214] quedé impactado por los efectos especiales elaborados por Ray Harryhausen, utilizando una técnica denominada *stop-motion* (animación imagen a imagen). Entre las diversas criaturas que aparecen destacaban un pollo y un adulto de *Roc*, una gigantesca y monstruosa ave legendaria que se lleva a Simbad volando hasta su nido. Por cierto, sigo sin comprender por qué Harryhausen se tomó la licencia de ponerle dos cabezas a su creación.

Yo era un niño cuando vi la película de Simbad y, por supuesto, aún desconocía que Madagascar pudo ser el hogar de una enorme ave mitológica llamada Roc, capaz de levantar en vuelo hombres y elefantes. Muchos años después, me sorprendió el hecho de que muchos «entendidos» llevan dos siglos proponiendo que una enorme especie de ave que habitó realmente en la isla de Madagascar pudo estar en el origen del *Ave-Roc*[215], una de las leyendas más interesantes y recurrentes que se conocen. La especie del ave en cuestión es *Aepyornis maximus*, más conocida como el *ave elefante* de Madagascar.

✳✳✳

---

214 *The 7th Voyage of Sinbad* es una película estadounidense de 1958, dirigida por Nathan Juran y producida por Columbia Pictures. Fue el primero de los tres *films* sobre Simbad producidos por Columbia. Le siguió *El viaje fantástico de Simbad* (1973) y *Simbad y el ojo del tigre* (1977), todas basadas en ideas de Harry Harryhausen.
Ray Harryhausen (1920-2013).

215 La palabra *roc* se origina a través del francés del árabe *rukk* y del persa *ruk*. Las romanizaciones comunes son *rukk* para la forma árabe y *rukk*, *rokh* o *rukh* para la forma persa.

Según el historiador de arte británico Rudolf Wittkower, la leyenda del *Ave-Roc* nació en Oriente, donde tuvo su origen el pájaro *Garuda* de la mitología india, que aparece en las dos grandes epopeyas sánscritas hindúes[216]. *Garuda* es generalmente representada como un águila gigante y antropomorfa que transporta sobre su lomo a *Vishnu*, mientras que levanta en vuelo una gran tortuga y un elefante que luchaban entre sí, siendo esto lo que mejor la relaciona con el *Ave-Roc*.

Desde la India, a través del mundo persa, la leyenda del *Ave-Roc* pasa al ámbito árabe, donde sin duda alcanza un enorme desarrollo, y en los relatos en que aparece se incide en su enorme tamaño y fuerza. En este sentido, existen narraciones persas del siglo X atribuidas a testigos que hacen referencia a un ave poderosa de la costa oriental de África, cuya descripción se ajusta a la del *Ave-Roc* y que es capaz de levantar en vuelo animales tales como grandes tortugas o elefantes que suelta desde lo alto para luego devorarlos.

La creencia en el *Ave-Roc* se movía entre el ámbito del mito y la realidad, y aquellos que se atrevieron a surcar esas aguas se exponían a encontrarse con él, narrándose sendos encuentros con el *Ave-Roc* en el mar de China. Pero sin duda alguna, la obra que dio mayor popularidad a la leyenda fue *Las mil y una noches* (siglos III al IX), especialmente el encuentro de *Simbad el Marino* con el *Ave-Roc* cuando en su segundo viaje es abandonado a su suerte en una isla donde divisa un enorme huevo del ave.

Además de aparecer en los relatos de viajes a tierras remotas, las referencias al *Ave-Roc* también aparecen en antiguas obras de carácter científico. Los detalles que aportan todas estas obras conforman la imagen de un ave extraordinariamente grande, que habita en Oriente, entre Asia y el este de África, cuyos huevos y plumas son enormes, capaz de levantar en vuelo grandes pesos como rocas y elefantes que luego devora. Es de suponer que el *Ave-Roc* pudo adoptar diversas formas en la mente de los escritores orientales y en la de todos aquellos que leyeron u oyeron sus historias, aunque no se conoce ninguna representación realizada en la Edad Media en la que se ilustre al *Ave-Roc* o alguno de los encuentros con ella, ni en obje-

---

216   *Mahabharata* (siglos VIII y IV AC) y el *Ramayana* (~ siglo III AC).

tos artísticos islámicos ni en manuscritos iluminados de ninguna de las obras en que aparece (Figura 24).

Figura 24. Grabado del siglo XIX que representa a la mitológica Ave-Roc llevando tres elefantes según lo descrito por el viajero veneciano Marco Polo. De Brooks (1899).

La leyenda del *Ave-Roc* alcanza un enorme protagonismo después de que en la Edad Media pasara a Occidente de la mano de muchos viajeros que, tras regresar de Asia, dejaban constancia de su existencia. Entre ellos se encontraba Jordanus de Severac[217], que en su obra *Mirabilia descripta* (1321-1330) afirmaba que en la Tercera India[218]

---

217 Jordanus Catalani, también conocido como Jordanus de Severac (1280-1330) misionero dominico y explorador en Asia conocido por su *Mirabilia Descripta* que describe las maravillas de Oriente. Fue el primer ibérico que pisó la India. - Yule, Henry (Ed. & trad.) (1863) *Mirabilia Descripta: the wonders of the East*. London: Hakuyt Society.

218 Generalmente, la Tercera India se identificó en la Edad Media con Etiopía.

hay unos pájaros llamados Roc tan grandes que llevan un elefante por los aires con facilidad[219]. En el siglo XIII, estando en la isla de Mogedaxo[220], Marco Polo cuenta que también supo de la existencia del *Ave-Roc* y en sus memorias[221] señala que, según dicen los pocos que han llegado a islas más allá del mediodía —a las que nunca arriban las naves por su propia voluntad a causa de las grandes corrientes—, allí habitan unos terribles pájaros que los lugareños llaman *Roc*. Además, teniendo en cuenta el enorme tamaño que atribuyen a ese pájaro, el veneciano añade que a él le parece que el *Roc* debe ser el mismo que el *Grifo* occidental, aunque la descripción que aporta pone de relieve que verdaderamente se trataba del *Ave-Roc* según lo describieron las fuentes orientales.

Esas mismas fuentes orientales habían exaltado el tamaño de las plumas del *Ave-Roc* y, curiosamente, Marco Polo afirma que unos embajadores le trajeron al Gran Khan una pluma del ala de la gigantesca ave, que medía noventa manos de ancho y que, para abarcarla a la redonda, tuvo que utilizar sus dos manos. Se cree que, probablemente, esta supuesta pluma gigante fuera una fronda de rafia.

Cuando Fernando de Magallanes llegó a Oriente volvió a encontrarse en las aguas del Pacífico con un mítico pájaro gigante. En su narración de la expedición[222], Antonio Pigafetta cuenta que, según decían, al norte de Java había un árbol enorme llamado *campanganhi* donde se posa un ave tan grande y fuerte que puede elevar un búfalo y hasta un elefante, que denominan *Garuda*, curiosamente el mismo nombre del pájaro indio a partir del cual se engendró la leyenda del *Ave-Roc*. El relato de Pigafetta procede directamente de las fuentes orales que escucharon los viajeros europeos en Oriente, lo cual parece sugerir que no se trata de una herencia medieval de la leyenda del *Ave-Roc* y explicaría por qué a partir del siglo XVI este pájaro mitológico deja de representarse como un *Grifo*. Poco a poco, la imagen del *Ave-Roc* va asemejándose a la de un ave real.

En el siglo XVII, cuando la existencia del *Ave-Roc* ya era muy criticada en Occidente, Ulisse Aldrovandi incluye en su libro

---

219 Kappler, Claude (1986) *Monstruos, demonios y maravillas a fines de la Edad Media*, Madrid, p. 149.
220 Identificada con la isla de Madagascar o la región de Mogadiscio.
221 Marco Polo, *Viajes*, (J. Barja De Quiroga, trad.), Madrid, 1998, p. 465.
222 A. Pigafetta, *El primer viaje en torno del globo*, Espasa-Calpe, 1963, pp. 137-138.

Ornithologiae[223] un grabado que la representa con un elefante en sus garras. Esta ilustración aparece debajo de la de un *Grifo*, lo cual deja claro que por entonces se consideraban dos aves distintas. Además, el hecho de que el *Ave-Roc* representada en el grabado se parezca a una paloma parece acercarla al ámbito de la realidad y la aleja de los fabulosos *Grifos* de la antigüedad.

Este cambio progresivo en la iconografía del *Ave-Roc* fue transformando su imagen, abriendo así la posibilidad de captar el interés de la incipiente taxonomía zoológica que se desarrolló en el siglo XVIII y de formar parte de la revolución que experimentaría esta ciencia a lo largo del siglo XIX.

DEL AVE-ROC AL AVE-ELEFANTE

Tanto la gigantesca *Ave Roc* como su apetito por los paquidermos forman parte de una leyenda que durante siglos atemorizó a los marineros e inspiró a muchos escritores. Pero dejando a un lado las mitología y leyendas sobre la existencia de aves gigantes, lo que nadie imaginó hace quinientos años fue que estos seres tomarían cartas de realidad a raíz de las grandes expediciones que se han realizado desde entonces. Como es lógico, aquellos seres vivos eran desconocidos en los países de donde partían los viajeros, y algunos eran tan extraños que parecían formar parte de leyendas. Aquellos exploradores, comerciantes, militares y científicos describían desde sus perspectivas los animales y plantas que encontraban en los lugares que visitaban. Así, gracias a los viajes y expediciones al océano Indico llegaron a Europa noticias de que en la isla de Madagascar vivía un ave terrestre que medía tres metros de altura y no volaba, a la que se conoce como «ave o pájaro elefante» (*Aepyornis*).

***

---

223 *Ornithologiae, hoc est de avibus historiae libri XII* (Bolonia, 1599) de Ulisse Aldrovandi (1522-1605).

La enorme *ave elefante* fue progresivamente erradicada por los grupos humanos que colonizaron Madagascar a lo largo de los siglos, y ya era muy rara cuando los franceses se asentaron en la isla en 1642, estimándose que el último ejemplar probablemente murió en 1649. En 1658, Étienne de Flacourt, primer gobernador francés de Madagascar y director de la Compañía Francesa de las Indias Orientales, escribió que en la isla habitaba un pájaro de gran tamaño que ponía huevos como los avestruces, al que los nativos denominaban «*Vouron Patra*» y del cual se habían informado muchos avistamientos[224].

En el siglo XVI no era extraño que los marineros franceses, portugueses y holandeses regresasen de sus viajes por el océano Índico trayendo unos enormes huevos que causaban un gran asombro. Las características y envergadura de aquellos huevos y de los restos de huesos que se desenterraban en Madagascar hicieron pensar que debían pertenecer a algún tipo de ave de gran tamaño por entonces desconocida, y actualmente no son pocos los autores que consideran posible que el origen del mito del *Ave-Roc* pudo estar en los relatos de los huevos del enorme pájaro elefante[225]. De hecho, en 1420 ya se conocían huevos que se consideraban pertenecientes al *Ave-Roc*, encontrados por unos marineros del Cabo de Buena Esperanza. Además, según la leyenda que acompaña al *mapa del Mundo antiguo* que dibujó Fra Mauro[226] en 1457, el *Ave-Roc* se lleva por los aires a un elefante o cualquier otro gran animal.

En las décadas de 1830 y 1840, era habitual que los europeos que visitaban Madagascar vieran huevos gigantes y fragmentos de sus cáscaras. Entre aquellos viajeros, los ingleses eran los que estaban más dispuestos a creer los relatos sobre la existencia de un ave gigante en la isla, porque sabían de los moa en Nueva Zelanda.

En 1851, la Academia de Ciencias de París recibió varios huesos y unos enormes huevos subfósiles procedentes de Madagascar y, en una sesión celebrada el 27 de enero del mismo año, el zoólogo francés Isidore Geoffroy Saint-Hilaire presentó un trabajo en el que describía por primera vez la existencia de un ave gigante a la que denominó

224   *Ibid.* Flacourt (1658).
225   Tyson, Peter (2000) *The Eighth Continent.* New York. pp. 138-139.
226   Fra Mauro fue un monje y cartógrafo italiano del siglo XV.

Aepyornis maximus. Resultó que, aunque los huesos fueron importantes para determinar la naturaleza aviar del material, fueron principalmente los huevos los que atrajeron la atención de los científicos y del público en general, debido a su enorme tamaño que, en términos de volumen, cada uno equivalía a seis huevos de avestruz[227].

En 2019, Eric Buffetaut publicó un artículo[228] en el que analizaba las repercusiones de las ilustraciones de los huevos de *Aepyornis* publicadas desde mediados del siglo XIX. Refiriéndose a la breve nota de Geoffroy Saint-Hilaire, Buffetaut señala que no se ilustró y que nunca aparecieron las memorias más largas sobre los especímenes originales de *Aepyornis* que en ella se anuncian, pasando mucho tiempo antes de que uno de ellos figurara en un artículo científico.

Durante el medio siglo posterior a que Geoffroy Saint-Hilaire hiciese la descripción original de *Aepyornis maximus*, los científicos que estudiaban las aves gigantes de Madagascar no mostraron interés por publicar en sus artículos ilustraciones de los enormes huevos de aquellas aves, limitándose en algunas ocasiones a proporcionar datos de mediciones y comparaciones con los huevos de otras aves. Probablemente prescindieran de ilustrar huevos completos de *Aepyornis* porque, aparte de su tamaño, no aportaban nada en especial, y de ahí la importancia de que publicasen la información de sus medidas. En este sentido, el principal intento de utilizar huevos de *Aepyornis* con fines sistemáticos fue en un artículo de 1871[229], ilustrado con dibujos de secciones finas y pulidas, en el que se utilizó la microestructura de la cáscara del huevo de *Aepyornis* para clasificarlo entre las ratites, refutando así la hipótesis del naturalista italiano Giuseppe Bianconi[230] que relacionaba a esta enorme ave con los buitres.

El gran tamaño de los huevos de *Aepyornis* ha despertado la curiosidad del gran público hasta nuestros días, y durante la segunda

227   Geoffroy Saint-Hilaire, I. (1851) Note sur des ossements et des oeufs trouvés à Madagascar, dans des alluvions modernes, et provenant d'un oiseau gigantesque. Comptes rendus de l'Académie des Sciences de Paris 32: 101-107.

228   Buffetaut E. (2019) Early illustrations of *Aepyornis* eggs (1851-1887): from popular science to Marco Polo's roc bird. Anthropozoologica 54 (12): 111-121.

229   Nathusius, W. von (1871) Über die Eischalen von *Aepyornis, Dinornis, Apteryx* und einigen Crypturiden. *Zeitschrift für wissenschaftliche Zoologie* 21, 330-355.

230   Bianconi G. G. (1861) Dell'Epyornis maximus menzionato da Marco Polo e da Fra Mauro. *Memorie della Reale Accademia dell'Istituto di Bologna, Classe di Scienze Fisiche* 12, 61-76.

mitad del siglo XIX se utilizaron imágenes de huevos completos para ilustrar varios tipos de publicaciones, incluidas revistas populares, donde acompañaban artículos breves sobre el pájaro gigante. La primera se publicó en 1851 en *Le Magasin pittoresque*[231], solo unos meses después de la descripción original de Geoffroy Saint-Hilaire. Una muestra de la popularidad que fue alcanzando la imagen del huevo del *ave elefante* es la publicación de un dibujo del mismo en la famosa revista de divulgación científica *Scientific American*, en 1887.

Figura 25. «El huevo de Ruc». Medido y extraído del huevo de *Aepyornis* en el Museo Británico. Frontispicio del volumen 2 de Yule (1871).

Curiosamente, la primera ilustración en color de un huevo de *Aepyornis* apareció en su traducción del libro de viajes de Marco Polo, publicado en 1871 por Henry Yule[232], una litografía en color que aparentemente elaboró el propio autor a partir del huevo de

---

231　*Le Magasin pittoresque* fue una revista francesa publicada entre 1833 y 1938, con sede en París, Francia. Fue la primera revista ilustrada del país.

232　Yule, H. (1871) *The book of Ser Marco Polo, the Venetian, concerning the kingdoms and marvels of the East. Vol. II.* John Murray, London.

Aepyornis maximus depositado en el Museo Británico (Figura K). Yule retomó la idea, ampliamente aceptada en el siglo XIX, de que los cuentos sobre el gigantesco *Ave-Roc* estaban de alguna manera relacionados con los enormes huevos de *Aepyornis*, y escribió que aquel dibujo del huevo era la aproximación más cercana que podía hacerse a una ilustración del *Ave-Roc* tomada del natural.

Influenciado claramente por las ideas del ya mencionado Giuseppe Bianconi, Yule decidió que los enormes huevos de Madagascar eran de la legendaria *Ave-Roc*, a pesar de que varios expertos ya habían demostrado de manera concluyente que el *Aepyornis* no había volado y estaba relacionado con el avestruz. A partir de 1861, Bianconi publicó[233] toda una serie de artículos intentando demostrar que el pájaro gigante de Marco Polo era efectivamente el *Aepyornis*, al que consideraba una especie de buitre gigante, aunque Geoffroy Saint-Hilaire había demostrado desde el principio que se trataba de un ave no voladora emparentada con el avestruz, opinión compartida por el renombrado anatomista Richard Owen[234].

El paleontólogo húngaro Kálmán Lambrecht incluyó la ilustración del huevo de *Aepyornis* en su bibliografía completa sobre *Aepyornithidae*[235], pero fue pasada por alto por la mayoría de los autores que escribieron posteriormente sobre el tema. Esto quizás sucedió porque Yule había publicado la ilustración en un libro sobre Marco Polo y no en uno de carácter científico.

Curiosamente, a pesar de que las ilustraciones de los huevos de *Aepyornis* atrajeron la atención popular, tardaron en aparecer en los artículos científicos. Así, las primeras fotografías de tales huevos no se publicaron en uno de tales artículos hasta el año 1900[236], en el cual, además, se decía que hasta entonces la única ilustración

233 *Ibid.* Bianconi (1861).
234 - *Ibid.* Geoffroy Saint-Hilaire (1851).
   - Owen, R. (1852) Note on the eggs and young of the *Apteryx*, and on the casts of the eggs and certain bones of the *Aepyornis* (Isid. Geoffroy), recently transmitted to the Zoological Society of London. *Proceedings of the Zoological Society of London* 19-20, 9-13.
235 Lambrecht, Kálmán (1933) *Handbuch der Palaeornithologie.* Berlin: Gebrüder Borntraeger.
236 Meyer A. B. & Heller K. M. (1900) Aepyornis-Eier. Abhandlungen und Berichte des Konigl. Zoologischen und Anthropologisch-Ethnographischen Museums zu Dresden 9, 1-8.

de un huevo completo de *Aepyornis* era una litografía en color que se había publicado en el año 1878, en un artículo sobre las aves gigantes extintas que habitaron en Madagascar y Nueva Zelanda,[237]. Sigue siendo una cuestión controvertida si los enormes huevos de Madagascar desempeñaron un papel en la génesis del mito del *Ave-Roc*, pero la idea fue sin duda popular a finales del siglo XIX. Una prueba de esto es el influyente diccionario de aves redactado por el ornitólogo británico Alfred Newton en 1896[238], en el cual no aparece ninguna entrada sobre *Aepyornis* y la información sobre las aves gigantes de Madagascar se encuentra en la entrada sobre el «Roc».

En el siglo XIX se llegó a plantear que el origen de la leyenda del *Ave-Roc* pudo estar en algún tipo de águila de gran tamaño, argumentando que había quienes decían haber presenciado a una de estas aves llevándose un cordero por los aires. Desde principios del pasado siglo la mayoría de los autores lo han relacionado con la presencia del *Aepyornis* en la isla de Madagascar[239], a pesar de que varios autores continuaron identificando al *Roc* con una rapaz[240].

Hace ya unos años, en 1994, el biólogo y conservacionista norteamericano Steven M. Goodman publicaba en una prestigiosa revista[241] la primera descripción de una especie de águila de gran tamaño a la que denominó *Stephanoaetus mahery*, partiendo para ello de unas osamentas subfósiles que fueron halladas en 1925 en Ampasambazimba, una localidad de la isla de Madagascar. El artículo de Goodman no ofrecería mayor particularidad si no fuera por el hecho de que apuntaba, de nuevo, a la posibilidad de que aquella enorme ave rapaz pudo dar origen al mito del Ave-Roc.

Parece que todos están de acuerdo en que el extraño del animal

---

237   Rowley G. D. (1878) Remarks on the extinct gigantic birds of Madagascar and New Zealand. Ornithological Miscellany 3, 237-247.
238   Newton A. 1896) *A Dictionary of Birds*. Adam & Charles Black, London, 1088 p.
239   Lavauden, L. (1931) Animaux disparus et légendaires de Madagascar. Revue Scientifique 69, 297-308.
240   - Decary, R. (1937) La légende du Rokh et l'*Aepyornis*. Bulletin de l'Academie Malgache, Nouvelle Sér. 20, 107-113.
       - Allibert, C. (1992) Le monde austronésien et la civilisation du bambou; Une plume qui pèse lourd: l'oiseau Rokh des auteurs arabes. Taloha 11, 167-181.
241   Goodman Steven M. (1994) Description of a new species of subfossil Eagle from Madagascar - *Stephanoaetus* (*Aves, Falconiformes*) from the deposits of Ampasambazimba. Proc. Biol. Soc. Wash. 107 (3) 421-428.

protagonista de la leyenda del Roc parecía un pájaro, incluso puede que se parezca a un águila, pero lo cierto es que tanto los huevos como los fósiles hallados en la isla de Madagascar parecen confirmar que el *Aepyornis* era el *Ave-Roc*.

LAS AVES GIGANTES DE MADAGASCAR: LOS AEPIORNÍTIDOS

La extensa isla de Madagascar está situada en el océano Indico, frente a la costa oriental del continente africano, en una región por la que, desde hace cientos de años, transitan numerosas rutas de navegación. Una buena parte de la fauna malgache evolucionó en aislamiento durante millones de años, por lo cual se vio muy afectada cuando las primeras poblaciones humanas, procedentes de África e Indonesia, arribaron a la isla hace 2000 años. Las actuaciones de aquellos primeros colonos humanos ejercieron una fuerte presión sobre muchas especies autóctonas de Madagascar, especialmente las de mayor envergadura, pero la llegada de los europeos a partir del siglo XVI fue el acontecimiento que determinaría la desaparición de la mayoría de los endemismos de la isla conforme se reducían sus hábitats. Entre aquellos animales destacaron varias especies de aves no voladoras de gran tamaño corporal, entre las cuales se encuentran algunos de los taxones que han alcanzado mayor envergadura a lo largo de la evolución aviar. Se trata de las aves paleognatas de la familia Aepiornítidos (*Aepyornithidae*), que podrían calificarse apropiadamente de gigantes y que se les conoce popularmente como *aves elefante* de Madagascar.

***

A diferencia de los avestruces africanos, que son cursoriales, las aves elefante tienen los huesos de las patas más fuertes y probablemente se moviesen bastante más despacio. Además, a diferencia de los avestruces, las alas de las aves elefante estaban muy reducidas. Aún queda mucho por conocer sobre las preferencias de hábitat y el modo de vida de las aves elefante, pero los datos isotópicos de fragmentos de cáscara de huevo han permitido averiguar que su dieta consistía principalmente en plantas de humedales costeros[242]. En este sentido, un dato curioso que también se ha descubierto es que aparentemente algunas plantas de Madagascar desarrollaron estructuras de defensa contra el ramoneo de las aves elefante[243]. La dieta atribuida a estas enormes aves está avalada por el hallazgo en hábitats costeros de numerosos fragmentos de cáscaras de huevo, los cuales pueden alcanzar acumulaciones muy densas que podrían indicar la existencia de nidos comunitarios[244].

El taxón de *ave elefante* más conocido y uno de los de mayor tamaño es *Aepyornis maximus*, pero lo cierto es que existieron varias especies de este tipo de aves, algunas apenas conocidas por el gran público. De hecho, a principios del pasado siglo, la sistemática de los Aepiornítidos requería importantes revisiones, ya que hasta entonces diversos autores llegaron a identificar un total de quince posibles especies de aves elefante, y no sería hasta hace pocos años que ese número se redujo a solo cuatro.

La última revisión taxonómica de las aves elefante se realizó a finales de la pasada década, cuando los zoólogos británicos James P. Hansford y Samuel T. Turvey publicaron el primer análisis cuantitativo de la variación morfométrica que acontece dentro de las aves elefante[245]. En dicho estudio se utilizaron datos de casi todos los especímenes disponibles en colecciones de museos y se identificaron tres géneros válidos de Aepiornítidos, dos con una especie y otro con dos especies: *Aepyornis hildebrandti, Aepyornis maximus, Mullerornis modestus* y *Vorombe titan* (Figura 26).

---

242 Clarke, S., Miller, G. & Fogel, M. (2006) The amino acid and stable isotope biogeochemistry of elephant bird (*Aepyornis*) eggshells from southern Madagascar. Quat. Sci. Rev. 25, 2343-2356.

243 Bond, W. J. & Silander, J. A. (2007) Springs and wire plants: anachronistic defences against Madagascar's extinct elephant birds. Proc. R. Soc. B 274, 1985-1992.

244 Goodman, S. M. & Jungers, W. L. (2014) *Extinct Madagascar*. Chicago, IL: University of Chicago Press.

245 Hansford J. P. & Turvey, S. T. (2018) Unexpected Diversity within the extinct elephant birds (Aves: Aepyornithidae) and a new identity for the world's largest bird. Royal Society Open Science 5 (9): 181295.

Figura 26. Esqueletos de varias ratites: de izquierda a derecha, *Mullerornis agilis, Aepyornis maximus, Aepyornis hildebrandti* y *Struthio camelus* (avestruz). De Lamberton (1934)[246].

Sobre la base del análisis morfométrico, las tres especies de *ave elefante* de menor tamaño adscritas antes al género *Mullerornis*[247] fueron simonimizadas por Hansford y Turvey en una sola especie a la que denominaron *M. modestus*, un nombre que antes se consideraba un sinónimo menor de *Aepyornis maximus*. Esta última especie era considerada la más grande en las revisiones taxonómicas antiguas, pero el mencionado análisis demuestra que el género *Aepyornis* no está claramente asociado con el material que corresponde a los ejemplares de *ave elefante* de mayor envergadura que se conocen, representando realmente a los de tamaño mediano. Debido a esto, Hansford y Turvey proponen que solo existen dos especies diagnosticables dentro del género *Aepyornis* (*A. hildebrandti* y *A. maximus*), y no las cuatro o más establecidas con anterioridad. Los dos autores

246   Lamberton C. (1934) ratites subfossiles de Madagascar, Les *Mullerornithidae*. En: Lémuriens et ratites. Contribution à la connaissance de la Faune subfossile de Madagascar. Mem. Acad. Malgache Fasc. 17, 125.168.
247   *Mullerornis agilis, M. betsilei* y *M. rudis*.

también proponen que las otras dos grandes especies de *Aepyornis* (*A. titan* y *A. ingens*) sean asignadas a un nuevo género y especie a la que denominan *Vorombe titan*[248]

Las masas corporales difieren bastante entre las diferentes especies de Aepiornítidos y, hasta que fue descrito el género *Vorombe*, la especie *Aepyornis maximus* era el Aepiornítido conocido de mayor tamaño, con una altura de 2,7 metros y un peso estimado de más de 300 kilogramos. Otras especies de *Aepyornis* son más pequeñas, al igual que las del género *Mullerornis*, caracterizado por tener un tarsometatarso más delgado que *Aepyornis*. Recientemente, partiendo de mediciones de la circunferencia mínima del eje del fémur, se ha estimado que la masa de *Vorombe titan* estaría entre 536 y 732 kg. De hecho, el tamaño del fémur (incompleto) de *ave elefante* más grande que se ha medido podría atribuirse a *Vorombe titan* y, de ser así, perteneció a un individuo con una masa estimada de 860 kg. Seguramente, con esta envergadura, este Aepiornítido es el ave más grande jamás registrada, seguida por *Dinornis* (un Dinornitiforme de Nueva Zelanda) y *Dromornis* (un Gastornitiforme de Australia)[249].

Según Hansford y Turvey, la masa corporal de *Vorombe titan* es comparable o mayor que las estimaciones disponibles para los dinosaurios saurópodos más pequeños. También señalan que antes de su estudio *Aepyornis maximus* era generalmente malinterpretada, como si simplemente representase el extremo superior de la variación que aparece dentro del género. De hecho, autores anteriores subestimaron el tamaño real de las aves elefante más grandes, porque los rangos de tamaño amplios y cualitativos en que se basaron asumían la condición *taxón papelera* para el género *Aepyornis*.

La mayoría de las fechas directas disponibles para datar el material de aves elefante se han obtenido a partir de cáscaras de huevo en lugar de restos esqueléticos taxonómicamente diagnósticos, y son necesarias mejores dataciones para comprender los contextos temporales de las muestras disponibles. Las fechas AMS directas disponibles publicadas recientemente están en torno a los 9500 años BP para *Aepyornis maximus* y a los 5500 años BP para *Mullerornis modes-*

---

248   *Ibid.* Hansford & Turvey (2018).
249   *Dinornis* (entre 61 y 275 kg) y *Dromornis* (macho entre 439,3 y 727,8 kg; hembra promedio entre 316,6 y 560 kg).

tus[250], estando también datados en el Holoceno tanto *Aepyornis hildebrandti* como *Vorombe titan*.

El registro fósil incompleto y la mala preservación del material biológico en los restos esqueléticos dificulta la sistemática de las aves elefante, lo que ha conducido hacia nuevas vías de investigación. Una de estas vías es el análisis molecular de cáscaras de huevo con miles de años de antigüedad. Los resultados obtenidos en estos estudios han permitido elaborar la primera filogeografía de las aves elefante, y ofrece información sobre la ecología y evolución de esas grandes aves.

En Madagascar no se conocen fósiles de Aepiornítidos anteriores al Pleistoceno y tampoco hay pruebas de la existencia de estas aves fuera de la isla, porque los fragmentos de cáscara de huevo del Cenozoico africano que se han atribuido a Aepiornítidos es probable que sean de avestruz. Por otro lado, es muy plausible la hipótesis de que exista una estrecha afinidad entre los Aepiornítidos y el ya mencionado *Eremopezus* del Eoceno tardío africano, porque Madagascar y África se separaron demasiado pronto para la dispersión terrestre de un ave no voladora[251].

Como ya señalamos, la evolución de las aves ratites ha sido ampliamente atribuida a la especiación vicariante que fue impulsada por la desintegración del supercontinente Gondwana en el Cretácico, de manera que el aislamiento temprano de África y Madagascar implica que el avestruz y el ave elefante (*Aepyornithidae*) deberían ser los linajes de ratites más antiguos, una propuesta sometida a debate. En este sentido, los análisis filogenéticos elaborados a partir de secuencias de los genomas mitocondriales de aves elefante revelaron que los Aepiornítidos son los parientes más cercanos del kiwi de Nueva Zelanda (*Apterygiformes*) y están distantes del linaje basal de avestruces Ratite[252], un resultado que contradice fuertemente la vicariancia continental y apoya la dispersión en fuga en todos los principales linajes de ratites.

Es evidente que los esqueletos de Aepiornítidos (aves elefante) y

---

250   En concreto: 9428+53 y 9535+70 años BP; 5597+40 años BP cost.
       - Hansford, J., Wright P. C., Pérez V. R., Godfrey, L. R., Thompson, T., Errickson, D. & Turvey, S. T. (2018) Early Holocene human presence in Madagascar evidenced by exploitation of avian megafauna. Sci. Adv. 4, eaat6925.
251   *Ibid.* Rasmussen *et al.* (2001).
252   *Ibid.* Mitchell *et al.* (2014).

Apterigiformes (kiwis) difieren en numerosos aspectos, pero comparten una similar morfología derivada del esternón y, en ambos, la mano del ala está muy reducida, unas características claramente relacionadas con la imposibilidad de volar. Esto indica que la pérdida de la capacidad de volar debió evolucionar de manera convergente en ambos grupos, ya que la dispersión de las «ratites» no voladoras hacia África o Madagascar no puede explicarse por la vicariancia debida a la desintegración del supercontinente Gondwana, porque África ya estaba aislada de otras partes de este supercontinente hace unos 110 Ma y Madagascar ya se había separado de Gondwana hace unos 155-160 Ma, eliminando cualquier posible ruta de dispersión para un ancestro no volador, sea ave elefante o kiwi[253]. De hecho, la convergencia hacia el gigantismo y la perdida de la capacidad de volar fueron facilitadas por la expansión temprana del Terciario hacia la ocupación de un nicho de herbivoría diurna.

Entre los huesos de moa hallados por Mantell, los de menor tamaño resultaron pertenecer a otra ave, para la cual se estableció el género *Aptornis*[254]. Esta ave gigante no voladora, de hasta 19 kg de peso, estuvo representada en Nueva Zelanda por dos especies[255] desde hace 19 Ma. *Aptornis* era un ave depredadora que carecía casi por completo de alas, tenían un enorme cráneo y un fuerte pico con forma de hacha (Figura 27)[256]. Actualmente las características y origen de *Aptornis* son objeto de un debate en el que destacan la cuestión de su incierta situación taxonómica y la de si han estado presentes en Nueva Zelanda desde que se separó de Gondwana, o si sus ancestros volaron a las islas desde otro lugar. Hay que aclarar que *Aptornis* no guarda ningún parentesco con los Dinornítidos y, aunque también lo han relacionado con galloanseres, ha sido incluido en el orden Gruiformes.

---

253   Véase, por ejemplo: Smith, A. G., Smith, D. G., & Funnell, B. M. (1994) *Atlas of Mesozoic and Cenozoic Coastlines*. Cambridge: Cambridge University Press.
254   *Aptornis* [Owen, 1844] es un género extinto de aves gruiformes, el único de la familia *Aptornithidae* [Mantell, 1848], que incluye dos especies estrechamente relacionadas endémicas de Nueva Zelanda: *Aptornis otidiformis* (isla del Norte) y *Aptornis defossor* (isla del Sur).
255   *Aptornis otidiformis* (isla del Norte) y *Aptornis defossor* (isla del Sur).
256   Su nombre en inglés es "adzebill" (pico de azuela).

0.5 m

Figura 27. Reconstrucción del aspecto en vida de *Aptornis*. Obra del autor (2024).

En 2019 se analizaron datos genéticos de las dos especies de *Aptornis*[257] y se descubrió que entre sus parientes vivos más cercanos están los pequeños *Sarothrura*, un género de aves gruiformes de la familia rálidos (*Rallidae*), que pueden pesar solo 25 gramos y son originarias de África, con dos especies presentes en Madagascar[258]. Esta cercana relación sugiere fuertemente que los antepasados de los *Aptornis* volaron a Nueva Zelanda después de que estas islas se aislaran de otras tierras. Curiosamente, este hallazgo también refleja la estrecha relación entre el kiwi de Nueva Zelanda y las aves elefante de Madagascar, apuntando a una conexión biológica entre ambos territorios[259]. Las poblaciones de *Aptornis* siguieron la misma suerte que las de los moa, desapare-

257   Boast, A. P., Chapman, B., Herrera, M. B., Worthy, T. H., Scofield, R. P., Tennyson, A. J. D., Houde, M., Bunce, P., Cooper, A. & Mitchell, K. J. (2019) Mitochondrial genomes from New Zealand's extinct adzebills (Aves: *Aptornithidae*: *Aptornis*) support a sister-taxon relationship with the Afro-Madagascan *Sarothruridae*. Diversity, 11, 24.

258   *Sarothrura insularis* y *Sarothrura watersi*.

259   *Ibid.* Mitchell *et al.*, 2014.

ciendo después de la llegada de los primeros maoríes a Nueva Zelanda, que los cazaron y despejaron sus hábitats forestales.

✳✳✳

En un estudio publicado recientemente[260] se examinaban las moléculas de ADN antiguo conservadas en de casi mil fragmentos de cáscaras de huevo de aves elefante procedentes de cerca de trescientas localidades de Madagascar, cuyas edades son contemporáneas a la mayoría de los restos óseos de estas áreas que se fecharon anteriormente. Los resultados obtenidos en el referido estudio ayudaron a descubrir una subespecie potencialmente nueva que vivió en el extremo norte de la isla, evidenciando, además, que las diferencias genéticas entre las especies de aves elefante estaban vinculadas al grosor de las cáscaras de huevo, a sus ubicaciones geográficas y a sus respectivas dietas[261].

En el mencionado estudio, los niveles de variación genética detectados sugieren que durante el Holoceno solo existían dos géneros de aves elefante en el sur de Madagascar y llegan a respaldar la reclasificación de *Mullerornis* en una familia separada. Otro hallazgo interesante fue que la divergencia dentro del género *Aepyornis* coincidió con la aridificación de Madagascar durante el Pleistoceno inicial (hace 1,5 Ma), lo que es consistente con la fragmentación de las poblaciones en las tierras altas que impulsó la diversificación y la evolución hacia el gigantismo extremo a lo largo de un marco temporal reciente y muy corto.

Hoy sabemos que el número de especies de ave elefante que habitaron Madagascar estuvo muy por debajo de la quincena que han llegado a proponer diversos autores, un número curiosamente similar al de las especies de moas descritas en Nueva Zelanda, originadas en la otra radiación insular de grandes ratites que aconteció allí a lo largo

---

260 Grealy, A. *et al.* (2023) Molecular exploration of fossil eggshell uncovers hidden lineage of giant extinct bird. Nature Communications 14, 914.
261 El estudio también determinó que diferentes especies comían una mezcla de hierba, arbustos y suculentos.

del Cuaternario y que ahora también están extinguidas. Este mayor número de especies de moas que de aves elefante se explicaría por el hecho de que las primeras eran los únicos vertebrados terrestres de gran tamaño que habitaban en los ecosistemas cuaternarios de Nueva Zelanda, mientras que en los de Madagascar también habitaban otros grandes herbívoros terrestres no aviares —como lémures y tortugas gigantes e hipopótamos—, que probablemente limitaron los nichos que podían ocupar las aves elefante, lo cual redujo su área de distribución y probablemente impidió una mayor diversificación del grupo.

DESCUBIERTAS DEMASIADO TARDE

Para comprender la extinción de un ser vivo, es fundamental disponer de datos sobre cuándo y cómo aconteció el proceso. En el caso del *Aepyornis*, el paleontólogo francés Eric Buffetaut publicó hace unos años un artículo[262] en el cual analiza la cuestión de hasta cuándo han existido los Aepiornítidos en Madagascar, tomando como punto de partida las observaciones que escribió el francés Étienne de Flacourt cuando visita la isla entre 1658 y 1661[263]. En este sentido, desde mediados del siglo XIX, los especialistas debaten sobre si el *Aepyornis* ya había desaparecido en aquella época, y mientras algunos autores opinan que Flacourt ni siquiera vio a la gigantesca ave ni a sus huevos, otros creen que a mediados del siglo XVII el *Aepyornis* aún debió de ser muy común en la parte sur de Madagascar. Lo que nadie discute es que *Vouron patra* era el *ave elefante* y que, según Flacourt, estaba vivo cuando él visitó la isla, aunque existe la posibilidad de que lo dijera basándose en relatos de los nativos y no en observaciones personales, dado que dicha especie de ave pudo ser esquiva y habitar en lugares remotos.

Como ya sabemos, el tamaño de los huevos de *Aepyornis maxi-*

---

262 Buffetaut, E. (2018) Elephant Birds Under the King? Etienne de Flacourt and the Vouron patra. Boletim do Centro Português de Geo-História e Pré-História 1 (1) 13-19.

263 *Ibid.* Flacourt (1658).

mus es enorme, pero Flacourt no describe a los huevos del *Vouron patra* como especialmente grandes cuando los compara con los de avestruz. Así, aunque parece estar claro que el ave que dijo ver el francés era claramente una Ratite, pudo no haber sido el *ave elefante* y, de hecho, durante mucho tiempo, se ha sugerido que el *Vouron patra* pudo ser otra especie de *ave elefante* relativamente más pequeña. En 1869 los naturalistas Alphonse Milne-Edwards y Alfred Grandidier publicaron[264] que había motivos para creer que existieron varias especies de *Aepyornis* de diferentes tamaños, y señalaron que los más pequeños debieron persistir más tiempo que los gigantes, Quizás Flacourt se refiere a uno de ellos. En este sentido, la confusa situación sistemática de los Aepiornítidos a la que me referí anteriormente, ocasionó que, a principios del pasado siglo, los especialistas aún no pudiesen decidir si el *Vouron patra* del que informó Flacourt era la enorme *ave elefante Aepyornis maximus* o era otra de tamaño semejante al casuario del género *Mullerornis*.

Llegados aquí, no está claro si Flacourt vio realmente al *Aepyornis* o si solo lo describió basándose en el testimonio de otros, pero de lo que no parece haber duda es que el ave era un Aepiornítido. Así pues, no hay argumentos que impidan sugerir que algunas de aquellas grandes aves sobrevivieron hasta mediados del siglo XVII, al menos en el sur de Madagascar. El *Vouron patra* probablemente desapareció poco después de que lo describiera Flacourt, y este fue asesinado por piratas argelinos en su viaje de regreso a Francia, por lo cual su informe se convirtió en el último registro concreto que se conserva de estas aves y, por ende, de las aves elefante.

La desaparición de los últimos representantes de una especie es el resultado de una cadena de acontecimientos, y el último de ellos no es necesariamente la causa de su extinción definitiva. De hecho, las especies que se extinguen suelen ser aquellas cuyas poblaciones se encuentran, por diversos motivos, en un peor estado de cara a su supervivencia, por lo que suelen sucumbir ante el *coup de grâce* propiciado por el último acontecimiento. En el caso de los *Aepyornis* y

---

264 Milne-Edwards, A. & Grandidier, A. (1869) Nouvelles observations sur les caractères zoologiques et les affinités naturelles de l'*Aepyornis* de Madagascar, *Annales des Sciences naturelles*, t. 12, pp. 167-196, Paris.
Alphonse Milne-Edwards (1835-1900) Alfred Grandidier (1836-1921).

sus parientes, el golpe final estuvo relacionado con las consecuencias de las actuaciones humanas sobre los entornos medioambientales de Madagascar, aunque hay indicios de que antes de llegar los colonizadores a la isla, las condiciones de tales entornos ya estaban sufriendo alteraciones que afectaban negativamente a los aepiornítidos.

Muchos de los organismos que habitan en Madagascar son endémicos, y gran parte de ellos están restringidos a ecosistemas forestales que se han fragmentado a lo largo del tiempo como consecuencia de la intensa deforestación a la que han sido sometidos. Por este motivo, es fundamental comprender los efectos ocasionados por la fragmentación de los bosques sobre las extinciones que se han producido. A finales del pasado siglo analizaron cómo la fragmentación de los bosques malgaches ha afectado a la composición de especies y abundancia relativa de las diversas comunidades aviares que dependen de esos hábitats[265]. Los resultados obtenidos indican la existencia de un patrón que relaciona la extinción de las especies de aves presentes en cada fragmento de bosque y la disminución de su extensión.

Lo cierto es que la principal tendencia ecológica en la desaparición o extinción de especies es una disminución en el número de taxones o su total desaparición como resultado de su especialización ecológica y, en este sentido, los cambios biológicos y físicos generados por la fragmentación en el bosque del centro de Madagascar tienen un mayor impacto en los gremios de aves forrajeras altamente especializados. Esto explica el patrón de la composición actual de especies de aves en ciertos bosques malgaches, pero ¿cómo afectó la fragmentación forestal al considerable número de especies de aves de Madagascar que, como las aves elefante, se han extinguido desde finales del Pleistoceno?

Es probable que en Madagascar la tasa de extinción se acelerase por los impactos combinados de los cambios naturales y los inducidos por el hombre, pero a lo largo del Cuaternario, antes de que llegaran los humanos, la isla ya se vio afectada por importantes cambios ecológicos. Algunos de ellos ocurrieron durante el Holoceno tem-

---

265 Langrand, O. & Wilme, L. (1997) Effects of forest fragmentation on extinction patterns of the endemic avifauna on the Central High Plateau of Madagascar. En: Goodman, S. M. & Patterson, B. D. (Eds.) *Natural change and human impact in Madagascar*. Pp. 280-305.

prano y condujeron a la extinción de muchos vertebrados, incluidas aves de todos los tamaños. Así, en las aves de las zonas secas, la mejor conservación de sus huesos subfósiles ha permitido que se documenten extinciones y contracciones significativas de varias especies de aves acuáticas originales del Holoceno, además de la desaparición de varias especies de aves elefante y otras especies de gran tamaño[266].

Para reconstruir la dinámica y los factores que impulsaron las extinciones de la megafauna del Cuaternario tardío son necesarias dataciones radiométricas directas que se puedan evaluar estadísticamente. En el caso de Madagascar, se dispone de pocas fechas directas para las especies megaherbívoros identificadas (incluidos aepiornítidos), lo que genera incertidumbre sobre cuándo y por qué desaparecieron. En este sentido, un reciente estudio[267] sobre la dinámica de extinción de los megaherbívoros de Madagascar estimaba que las fechas de extinción de tres especies de aves elefante y dos de hipopótamos[268] varían significativamente entre biomas diferentes.

La desaparición del bosque caducifolio seco de Madagascar se produjo más de un milenio antes que otros biomas de la isla y posiblemente refleje la variación local en las densidades de población de megaherbívoros o las presiones humanas. Por el contrario, en otros lugares de Madagascar, las comunidades de megaherbívoros (incluidas aves elefante e hipopótamos) persistieron hasta colapsar repentinamente hace entre unos 1200 y 900 años BP, varios milenios después de llegar los primeros humanos y en un periodo temporal estrechamente relacionado con la transformación intensiva de los bosques en pastizales acontecida hace entre unos 1100 y 1000 años BP. Este acontecimiento estuvo probablemente asociado con un cambio hacia el pastoreo agrícola de los pobladores humanos de Madagascar, lo cual representó un cambio radical en las interacciones de estos con la biodiversidad de la isla, de la que formaban parte las grandes aves elefante.

---

266 Entre las que están *Coua primavea* y *C. berthae*, dos especies de couas terrestres endémicos gigantes (*Cuculidae*) y la enorme águila *Stephanoaetus mahery*.

267 Hansford, J. P., Lister, A. M., Weston, E. M. & Turvey, S. T. (2021) Simultaneous extinction of Madagascar's megaherbivores correlates with late Holocene human-caused landscape transformation. Quaternary Science Reviews 263, 106996.

268 Tres especies de aves elefante (*Aepyornis hildebrandti, Mullerornis modestus, Vorombe titan*), de cáscaras de huevo que representan a *Aepyornis* o *Vorombe*, y de dos especies de hipopótamos (*Hippopotamus lemerlei, H. madagascariensis*).

Por otro lado, la extinción de los megaherbívoros malgaches que se produjo hace unos 1000 años pudo dejar su huella en la distribución actual de las plantas, cuyas semillas son dispersadas por vertebrados. Partiendo de este hecho, un estudio de 2022[269] mostró que el ambiente abiótico[270] y la distribución de los herbívoros que aún existen fueron los dos factores que principalmente determinaron la diversidad y dispersión actual de las palmeras arecaceas (*Arecaceae*) de Madagascar, pero además mostró que, en menor medida, también contribuyeron los megaherbívoros extintos, concretamente varias especies de lémur gigante y aves elefante. Sin embargo, la contribución de estos factores ha diferido entre los secos biotopos occidentales de la isla y los más húmedos del noreste. En este sentido, destaca el papel —todavía pequeño— de los megafrugívoros extintos en el oeste, lo cual sugiere que la distribución actual de las palmeras aún muestra huellas de pasadas interacciones en el noroeste de la isla, donde probablemente dichos megafrugívoros debieron ser más abundantes en el pasado.

El referido estudio de 2022 también indica que la distribución de las especies de palmeras con frutos y semillas relativamente grandes se asocia de forma negativa con la riqueza de frugívoros de las comunidades pasadas y actuales, mostrando así los anacronismos que acontecen en la dispersión de ciertas plantas de Madagascar y cómo, en la distribución actual de estas, pueden subyacer las desapariciones e interacciones de especies animales del pasado, entre las cuales se encuentran las extintas aves elefante y el papel que tuvieron como dispersoras de semillas.

---

269 Méndez, L., Viana, D. S., Alzate, A., Kissling, W. D., Eiserhardt, W. L., Rozzi, R., Rakotoarinivo, M. & Onstein, R. E. (2022) Megafrugivores as fading shadows of the past: extant frugivores and the abiotic environment as the most important determinants of the distribution of palms in Madagascar. Ecography 2022: e05885.
270 Como la cubierta forestal, la pendiente y la temperatura.

6
Más aves gigantes

MOA Y OTRAS GRANDES AVES
DE TIERRAS REMOTAS

*«En África, Australia y América del Sur, las estruendosas
aves competían, y todavía lo hacen, con los mamíferos
depredadores y, por lo tanto, estaban restringidas a un tipo
de hábitat y a una línea de desarrollo corporal, que incluía
la retención de cierta velocidad. En Nueva Zelanda, el
moa no sufrió tal restricción y, por lo tanto, pudo explotar
una gama más amplia de hábitat y, en consecuencia,
desarrollar una mayor variedad de formas físicas».*[271]

The moa, a study of the Dinornithiformes
Gilbert Archey (1941)

El último ejemplar de *ave elefante* desapareció de Madagascar pocos
años después de que los franceses se asentasen en la isla, y solo
habían pasado unas décadas cuando comenzó la desaparición de
otras muchas grandes aves terrestres que habitaban otras islas del
océano Indico, Australia y Nueva Zelanda. Precisamente entre aquellas aves se encuentran las diversas especies de moa[272], uno de los

---

271   Archey, G. (1941) The moa, a study of the *Dinornithiformes*. Bulletin of the
       Auckland Institute and Museum 1.
272   La palabra *moa* proviene del idioma maorí, que la emplea para referirse tanto al
       singular como al plural. Aquí aplicaré dicho uso.

grupos de grandes paleognatas que se extinguieron más recientemente y que más tarde conocerían los científicos.

Ninguna especie de moa alcanzó el tamaño de un *ave elefante*, pero algunas pesaron varios cientos de kilogramos y, como sus parientes malgaches, se alimentaron de vegetales y debieron desplazarse lentamente. De hecho, el análisis del espacio entre las huellas fósiles que dejaron en sedimentos fluviales de la Isla Norte de Nueva Zelanda atestiguan que caminaban a una velocidad no superior a 5 km/h[273].

En este capítulo, nuestro periplo nos llevará a las remotas tierras del continente australiano y del archipiélago de Nueva Zelanda, regiones donde aún habitan numerosas especies de paleognatas de gran envergadura, como emúes, casuarios y kiwis, mientras que ya desaparecieron otras, como los moa.

TE KURA: EL MOA

Los europeos llegaron a las islas de Nueva Zelanda por primera vez en 1769 y el Capitán Cook exploró la Isla del Norte en 1773. El marino británico estaba muy interesado en la historia natural de los lugares que exploraba, por lo que en su visita al archipiélago recopiló de los lugareños información sobre la fauna, pero el moa era prácticamente desconocido para ellos y, al parecer, solo en la parte sur de la isla existían algunas leyendas tradicionales relacionadas de alguna manera con aquellas grandes aves, como la que decía que el moa ingería piedras y, por consiguiente, uno de los métodos para darle caza consistía en utilizar pequeñas piedras incandescentes que mataban a las aves cuando se las tragaban.

Lo cierto es que los moa se antojaban como unos animales extraordinariamente raros y los europeos no estaban seguros de su existencia hasta que comenzaron a descubrirse sus huesos en las primeras décadas del siglo XIX. Hasta 1800 algunos testimonios ase-

---

273 Duncan K. & Holdaway, R. (1989) Footprint pressures and locomotion of Moas and ungulates and their effects on the New Zealand indigenous biota through trampling. New Zealand Journal of Ecology 12(s): 97-101.

guraban que aún vivían en la isla y se decía que su hábitat preferido eran los bosques pantanosos, pero conforme avanzaba el siglo, aquellas declaraciones fueron quedando reducidas a los rumores difundidos entre los colonos europeos, referidos a las historias que contaban los cazadores de focas sobre la existencia de enormes aves de 4 metros de altura. Lo que no está claro es si aquellas historias se basaron en leyendas de los maoríes locales o en la observación de huesos, como fue el caso de un cazador llamado Meurat, que, en 1823, afirmó haber encontrado un hueso con carne adherida y, dada su aparente buena conservación, asumió que aquellos restos eran muy recientes.

Joel Polack, un comerciante que vivió en la costa este de la Isla Norte entre 1834 y 1837, informó que los maoríes le habían mostrado varios grandes huesos fósiles que encontraron cerca del monte Hikurangi en el invierno de 1834 y estaba seguro de que pertenecían a una especie de emú o de avestruz. Polack decía que los nativos contaban que, en tiempos muy antiguos, recibieron la tradición de que habían existido aves muy grandes, pero la escasez de alimentos y la facilidad para atraparlos provocó su exterminio, aunque también aseguraba haber recibido de maoríes informes de que todavía existía una «especie de avestruz» en zonas remotas de la Isla Sur. Curiosamente, entre 1839 y 1841, el naturalista y geólogo alemán Ernst Dieffenbach también hizo referencia a un fósil hallado cerca del monte Hikurangi y supuso que pertenecía a un ave extinta llamado *Moa* (o Movie) por los nativos, los cuales contaban una curiosa tradición según la cual sus antepasados mataron al último moa cerca de un árbol Totara[274] de aquella región.

Por aquel entonces, John W. Harris, un comerciante de lino neozelandés, recibió de un maorí un fragmento de hueso de 15 cm encontrado en la orilla de un río. En febrero de 1837 Harris entregó el hueso a su tío, un cirujano naval retirado de Sídney llamado John Rule, acompañándolo con una nota en la que señalaba que pertenecía a un pájaro gigante llamado «Movie». Aquella fue la primera transcripción que se hizo del nombre que los nativos daban al Moa.

En 1838 Rule llevó el hueso a Inglaterra y en octubre de 1839

---

274 Totara (*Podocarpus totara*) es una especie de árbol conífero endémico de Nueva Zelanda que crece lentamente y puede alcanzar hasta más de 25 metros, que destaca por su longevidad y el gran diámetro de su tronco.

le envió una carta al paleontólogo y anatomista británico Richard Owen[275]. En ella le ofertaba la venta de una porción o fragmento de un hueso recuperado del lodo de un río que desemboca en una de las bahías de Nueva Zelanda, haciéndole también alusión a una tradición nativa según la cual aquel hueso pertenecía a un ave del tipo águila. Owen fue una de las figuras científicas más prominentes del período victoriano y contribuyó a la rápida expansión de la paleontología de los vertebrados, especialmente por identificar y reconstruir criaturas extintas a partir de huesos y dientes fosilizados.

Cuando tuvo el hueso en su poder, Owen se dio cuenta de inmediato que no provenía de un ave voladora y, aunque inicialmente dijo que era de un buey, al comparar su textura superficial con la de huesos de varios animales de tamaño similar llegó a una conclusión muy diferente. De hecho, el 12 de noviembre de 1839, Owen confiaba tanto en la solidez de sus inducciones que anunció a la Sociedad Zoológica de Londres que, a su juicio y en la medida de su habilidad para interpretar un fragmento óseo, estaba dispuesto a arriesgar su reputación declarando que en Nueva Zelanda había existido (y quizás aún existía) un ave estrutioide casi igual o del mismo tamaño que el avestruz. Owen también comentó que el descubrimiento de los restos de un ave grande y robusta en Nueva Zelanda era de particular interés, dado el carácter notable de la fauna existente en esas islas, que todavía incluye a un estrutiónido tan extraño como el kiwi (*Apteryx*) y debido a la estrecha analogía que el evento ofrece con el de la extinción del Dodo de la isla de Mauricio.

El comité de publicaciones de la Zoological Society rechazó al principio la propuesta de Owen argumentando que era demasiado especulativa y solo la publicaron a comienzos del año siguiente, después de que el paleontólogo asumiera que la responsabilidad del documento dependía únicamente de sí mismo[276]. El artículo de Owen pronto fue recogido por *Annals of Natural History*[277], aunque no parece que se publicase en otras publicaciones científicas ni en

---

275 Por entonces era Hunterian Professor of Comparative Anatomy and Physiology at the Royal College of Surgeons de Londres.
276 Owen, R. (1840) Exhibition of a bone of an unknown Struthious bird from New Zealand. Proceedings of the Zoological Society 7, 169-71.
277 Owen, R. (1840) On the bone of an unknown Struthious bird of large size from New Zealand. Annals and Magazine of Natural History 5, 166-68.

periódicos más generales, ni tampoco en la prensa. Fueron necesarios varios años más y muchos más huesos para convencer a los naturalistas de que el moa había existido.

***

El mismo año en que Joel Polack examinaba los primeros fósiles conocidos de aquellas extrañas aves gigantes, los reverendos William Williams y Williams Colenso (misioneros en Nueva Zelanda) visitaban las tribus en la costa suroeste de la Isla Norte en 1838. Allí escucharon por primera vez la palabra *moa*[278], usada por los maoríes para referirse a las aves de corral, pero también para designar a unas enormes aves que se suponían extintas a las que pertenecerían algunos huesos que hallaron los dos misioneros.

Pero, como había transcurrido mucho tiempo desde que desaparecieron aquellas aves y la palabra *moa* había caído en desuso, Colenso decidió quedarse con ellas para denominarlas, suponiendo que debieron parecerse a algo así como gallinas o pavos gigantes. Resulta curioso que, en 1912, un jefe maorí llamado Urupeni Puhara dejara el testimonio de que el gran pájaro que vivía en el país de sus antepasados que se llamaba Te Kura o *pájaro rojo*[279], aunque posteriormente moa se volvió de uso común. No cabía duda de que, la denominasen moa o Te Kura, los maoríes no podían recordar el aspecto de aquellas aves después de haberlas exterminado hacía ya unos cuatro siglos, aunque, de todas formas, el nombre *moa* no parece que fuese ampliamente utilizado por los maoríes cuando llegaron los europeos. Solo quedaban unas pocas historias sobre ellos.

Ya entrada la década de 1840, Colenso publicaría un artículo[280]

---

278 Para referirse a estas aves, los maoríes usan la palabra *moa* sin la «s» final tanto en singular como en plural.

279 Lo cierto es que *Te Kura* significa «el rojo» y no «pájaro rojo», por lo que su nombre debería ser *Te Kura Manu*. De hecho, la palabra para «kura» significa *plumas rojas*, por lo que, como mencionó Urupeni, el significado correcto de *Te Kura* era «las plumas rojas».

280 - Colenso, W. (1843) An Account of some enormous Fossil Bones, of an unknown Species of the Class Aves, lately discovered in New Zealand. Tasmanian Journal of Natural Science Vol. 2, (7) 81-107.

donde describía los huesos de moa como restos de pájaros gigantes y narraba que, mientras estaba con Williams en Waiapu (al suroeste del Cabo Oriental), había oído hablar a los nativos acerca de cierto animal monstruoso, que para algunos era un pájaro y para otros una persona, aunque todos coincidían en que era llamado *moa*. Aquellos nativos también decían que el moa se parecía un poco a un inmenso gallo doméstico con una cara de hombre y narraban una leyenda sobre el único superviviente de su raza, pero eran incapaces de dar una razón plausible de por qué se extinguieron.

Colenso supo que muchos nativos veían de vez en cuando enormes huesos que, según decían, eran más grandes que los de un buey y los cortaban en trozos pequeños para utilizarlos como anzuelos de pescar. Poco después de que Colenso se marchara de Waiapu, un nativo le trajo un hueso de moa a Williams, que se lo compró inmediatamente, y los nativos de la vecindad, al enterarse de lo que pagaban por un hueso, no tardaron en llevarle a Williams una gran cantidad de ellos, algunos de enorme tamaño y en buen estado de conservación. Todos aquellos huesos pertenecían a cerca de treinta ejemplares de lo que aparentemente era una sola especie de ave e incluían principalmente fémures, tibias y tarsos, además de la parte inferior de las vértebras dorsales y una porción de la pelvis. Lo más interesante era que el tamaño de dichos huesos permitía calcular que las extremidades inferiores del ave medirían unos dos metros y, suponiendo que el resto del cuerpo guardase la misma proporción de tamaño, se calculó que la altura del ave en vida habría alcanzado al menos cuatro metros.

En 1842, Williams informó que, según los nativos, un inglés miembro de un grupo ballenero dijo haber visto un ave de tamaño extraordinario en la costa del Estrecho de Cook y posteriormente, en enero de 1843, envió varios cofres con huesos de moa a William Buckland, en la Universidad de Oxford. Este transfirió los huesos a Owen, que los utilizó para reconstruir un ave gigante sin alas que parecía confirmar la inferencia que hizo en 1839, aunque en realidad su altura era mucho mayor que la de un avestruz. Finalmente,

---

- Colenso, W. (1944) An account of some enormous fossil bones of an unknown species of the class aves, lately discovered in New Zealand. Annals and Magazine of Natural History 14, 81-96.

la gran colección de huesos obtenidos por Williams le sirvió a Owen para establecer el género *Dinornis*[281] y confirmó sus opiniones en todos sus detalles esenciales, viéndose también corroboradas por los datos provenientes de otras interesantes colecciones de huesos llevadas a Inglaterra en 1846.

La cosecha más copiosa de huesos de moa fue recolectada en las Islas del Norte y del Sur por Walter Mantell, hijo del famoso geólogo y paleontólogo inglés Gideon Mantell. Walter arribó a Nueva Zelanda en 1840 y recogió más de un millar de huesos y fragmentos de huevos entre 1847 y 1850, los cuales fueron comprados por el Museo Británico y proporcionaron a Owen el material para elaborar sus dos célebres memorias sobre las familias extintas, que incluían a *Dinornis* y *Palapteryx*[282].

Por otro lado, en un principio, Gideon Mantell no estuvo muy convencido de la supuesta habilidad de Owen para atribuir un fragmento óseo a un determinado animal y le acusó de no admitir que originalmente atribuyó el fragmento de hueso a un ave enorme sin compararlo con otras partes esqueléticas, sino que se basó en las tradiciones nativas relativas a las aves gigantes. Pero en 1848, Mantell publicó un artículo[283] en el que explicaba su postura y enterraba sus discrepancias con Owen, evidentemente tras estudiar los numerosos huesos de los que ya se disponía por entonces.

Lo cierto era que, tras las críticas recibidas por su interpretación inicial del ave gigante de Nueva Zelanda, Owen necesitaba manejar cuidadosamente la presentación de su ahora famosa predicción en los medios impresos. En este sentido, destacó el papel desempeñado por un artículo que el periodista William John Broderip publicó en

---

281 *Dinornis* significa «ave terrible».

282 - Owen, R. (1849) On *Dinornis*, an extinct genus of tridactyle Struthious birds, with descriptions of portions of the skeleton of five species which formerly existed in New Zealand. Transactions of the Zoological Society of London 3, pp. 243-276.
- Owen, R. (1849) On *Dinornis* (Part II.), containing descriptions of portions of the skull, the sternum and other parts of the skeleton of the species previously determined, with osteo-logical evidences of three additional species, and si a new genus, *Palapteryx*. Transactions of the Zoological Society of London 3, pp. 307-331.

283 Mantell, G. A. (1848) On the Fossil Remains of Birds collected in various parts of New Zealand. Quart. J. Geol. Soc. London 4, 225-238.

1852[284], que, con la ayuda directa del propio Owen en algunas partes, logró convertirse en el relato estándar de los acontecimientos que rodearon el descubrimiento de *Dinornis*, al menos durante el siguiente cuarto de siglo. De hecho, a finales de la década de 1860 la historia de la famosa conjetura de Owen y su posterior confirmación se habían difundido tan ampliamente que la prensa popular se refería a ella como el «proverbial dinornis».

A pesar de que el moa gigante es la especie que ha capturado el imaginario popular, lo cierto es que otros miembros de la familia eran del tamaño de un pavo y solo pesaban poco más de 1 kg. Actualmente varios esqueletos de moa se exhiben en museos de Nueva Zelanda y de todo el mundo, acompañados de modelos y reconstrucciones basadas en ellos, así como en las plumas que se han preservado de forma natural y en los relatos orales que los maoríes difundieron sobre el ave. Desde el principio se creyó que los moa se parecían a los kiwis en varios aspectos de su comportamiento, como su agrupación en comunidades o el hecho de que los machos incubasen los huevos. Este supuesto parecido con los kiwis se trasladó también al aspecto de los moa, de forma que sus cabezas y cuellos, representados al principio hacia arriba como en los avestruces, estuvieron realmente orientados hacia adelante como en los kiwis, probablemente porque la ausencia de depredadores hizo innecesario estar pendiente del entorno. De hecho, los moa sobrevivieron en Nueva Zelanda durante milenios, con solo un depredador natural lo suficientemente grande como para atacarlos, el águila de Haast, otro gigante extinto.

El cuello de los moa era más corto que los de cualquier otra Ratite (exceptuando el kiwi) y su cabeza se situaba justo por encima del nivel de la espalda, adoptando una postura abovedada como la de los emúes y, al igual que ellos, seguramente pudieron alcanzar alturas elevadas para recolectar comida o reaccionar ante posibles amenazas.

---

284   Broderip, W. John and Richard Owen (1852) Progress of Comparative Anatomy. Quarterly Review 90, 362-413.

NO TODOS ERAN TAN GRANDES: LA DIVERSIDAD DE LOS MOA

Desde que Owen interpretó el fragmento óseo de moa en 1839, las grandes colecciones de huesos que fue recibiendo le llevaron a nombrar entre 12 y 14 especies diferentes en los ocho años siguientes y, de hecho, conforme pasaron los años, se llegarían a aceptar aún más especies de moa. La cuestión era que casi todos los individuos que se habían encontrado no solo variaban en su tamaño, sino también en el número y proporción de los huesos (especialmente de las vértebras), motivo por el cual es muy dudoso que sean válidas todas las especies que estableció Owen y otros muchos autores posteriores.

Orden *Dinornithiformes*

Familia *Dinornithidae*
Dinornis [56-249 kg y 90-200 cm de altura, dimorfismo sexual significativo con las hembras hasta tres veces la masa de los machos]
    D. novaezealandiae (Isla Norte)
    D. robustus (Isla Sur)

Familia *Emeidae*
Anomalopteryx didiformis (Isla Sur) [26-64 kg y 50-90 cm de altura]
Emeus crassus (Isla Sur) [36-79 kg y 73 a 99 cm de altura]
Euryapteryx curtus (Isla Norte) (Antes *E. gravis* y *E. geranoides*) [12-109 kg y 51-103 cm]
Pachyornis [17-163 kg y 54-121 cm de altura]
    P. elephantopus (Isla Sur)
    P. geranoides (Isla Sur)
    P. australis (Isla Sur)

Familia *Megalapterygidae*
Megalapteryx didinus (Isla Sur) [28-80 kg y 65 a 95 cm de altura]

Figura 28. Taxonomía y envergadura aproximada de los Dinornitiformes. Bunce *et al.*, 2009[285].

Desde el siglo XIX el número exacto de especies de moa ha sido objeto de debate, sobrestimándose su diversidad en los primeros

---

285   Bunce, M., Worthy, T. H., Phillips, M. J., Holdaway, R. N., Willerslev, E., Hailef, J., Shapiro, B., Scofield, R. P., Drummond, A., Kamp, P. J. J. & Cooper, A. (2009) The evolutionary history of the extinct ratite moa and New Zealand Neogene paleogeography. PNAS 106, 20646-20651.

años. Durante la primera mitad del siglo XX, investigadores como Gilbert Archey y W. R. B. Oliver[286] admitieron la existencia de 20 y 27 especies respectivamente, pero, a partir de entonces, la diversidad se redujo gradualmente en función de los conceptos modernos de variación biológica introducidos por Joel Cracraft[287]. Más tarde, la mayor comprensión de cómo varía geográficamente el dimorfismo sexual (sexos que difieren en tamaño) y, desde comienzos del presente siglo, las dataciones por radiocarbono han permitido que investigadores como Trevor H. Worthy y otros especialistas revisasen en profundidad la taxonomía de los dinornitiformes[288], reconociéndose hoy en día nueve especies válidas de moa distribuidas en tres familias: *Dinornithidae, Megalapterygidae* y *Emeidae* [289] (Figura 28).

✳✳✳

Los dinornitiformes abarcan un rango bastante amplio de tamaños, con especies cuyos pesos estimados oscilan entre 30 y 250 kg el moa gigante. Con poco menos de tres metros de altura, las especies más grandes del grupo excedían el tamaño de un avestruz y sus tibias superan el metro de longitud, mientras que los moa más pequeños no superaban el tamaño de un pavo (Figura 29). Como en todas las ratites, el cráneo de los dinornitiformes era pequeño en proporción al tamaño del ave, lo que debió resultar particularmente extraño en el caso del enorme moa gigante, cuyo cráneo medía solo poco más de 20 cm de largo.

286   - Archey, G. (1941) The moa, a study of the *Dinornithiformes*. Bulletin of the Auckland Institute and Museum 1.
      - Oliver, W. R. B. (1949) The Moas of New Zealand and Australia. Wellington, New Zealand: Dominion Museum.
287   Cracraft, J. (1976) The species of moas (Aves: *Dinornithidae*). Smithsonian Contributions to Paleobiology 27, 189-205.
288   Worthy, T. H. & Holdaway, R. N. (2002) The Lost World of the Moa: Prehistoric Life of New Zealand Indiana University Press.
289   Worthy, T. H., & Scofield, R. P. (2012) Twenty-first century advances in knowledge of the biology of moa (Aves: Dinornithiformes): A new morphological analysis and moa diagnoses revised. *New Zealand Journal of Zoology* 39, 87-153.

Figura 29. Comparación del tamaño de diversos dinornitiformes. De izquierda a derecha: *Pachyornis septentrionalis, Dinornis maximus, Emeus huttoni* y *Megalapteryx didinus.*

El reducido tamaño de las órbitas oculares de los moa indica que su capacidad visual era relativamente pobre, aunque su región olfativa un tanto agrandada significaría que su olfato estaba bien desarrollado. Aunque estructuralmente coincide en parte con el de los kiwis, el pico de los moa se caracteriza por ser muy corto, y dependiendo de la especie varía desde los más robustos, afilados y puntiagudos hasta los más débiles y redondeados, adecuados en cada caso para cortar ramas o arrancar hojas y frutos.

Los hallazgos de plumas de moa han sido muy esporádicos, y gracias a ellos se sabe que eran ásperas y peludas como las de un kiwi, carentes de las bárbulas que suelen unir los filamentos. Poco se sabe sobre el color del plumaje de estas aves, aunque las plumas que se conocen son oscuras en la base y se aclaran a blanco grisáceo en la punta.

Dejando a un lado el enorme tamaño que alcanzaron algunas especies de moa, una característica llamativa de su anatomía es que son las únicas aves no voladoras del mundo que carecen por completo de cualquier hueso de las alas. El húmero está ausente, estando fusionados la escápula y el coracoides para formar el pequeño hueso escapulocoracoide, carente de la faceta de articulación donde se habría situado el húmero del ala en una etapa evolutiva anterior. Sin embargo, algunos especialistas han señalado que hay razones para creer que ciertos moa pigmeos conservaron algunos de los huesos conectados con el ala.

Las patas de los dinornitiformes también presentan peculiaridades con respecto a las demás ratites. Así, algunos moa tenían cuatro dedos en el pie y otros tres, pero todos se diferencian de los kiwis en tener una cresta ósea sobre el surco de los tendones extensores de la tibia, un puente presente en la mayoría de las aves voladoras y que se ha perdido en todas las Ratitae existentes, de manera que su ausencia convierte a los moa en los miembros menos especializados del grupo. Por otro lado, mientras que los avestruces poseen solo dos dedos en cada pie, los moa tienen tres orientados hacia adelante, como el emú australiano, además de un pequeño dedo trasero (a menudo solo un espolón) del que carecen todas las demás grandes ratites, de las cuales los moa también se distinguen por tener el tarso[290] muy corto.

Los dinornitiformes, como otras grandes aves paleognatas, evolucionaron hacia formas bien adaptadas a la locomoción terrestre y, debido a las masas corporales tan elevadas que se han estimado[291], desarrollaron patas con huesos extremadamente robustos. Sin embargo, los medios para hacer estas estimaciones son poco confiables, por lo que los investigadores aún no tienen claro hasta qué punto las extremidades posteriores eran más robustas en los dinornitiformes que en las grandes ratites modernas.

En relación con este asunto, en 2013[292] se publicó un estudio que aplica nuevos métodos para analizar huesos escaneados por tomo-

---

290 Parte escamosa de la pata a la que se unen los dedos.
291 La hembra del moa gigante (*Dinornis*) tenía probablemente más de 2 metros de altura y más de 250 kilogramos, muchísimo más que los avestruces o los emúes. Dos aves extintas, el pájaro elefante (*Aepyornis maximus*) malgache y el pato gigante de la perdición (*Dromornis stirtoni*) del Mioceno australiano eran igual de altos, aunque más voluminosos y pesados. Algunos individuos del moa de Mantell (*Pachyornis geranoides*) y del moa de patas robustas (*Euryapteryx curtus*) del lejano norte de la Isla Norte eran más pequeños que un pavo grande de menos de medio metro de altura y con un peso inferior a 20 kilogramos.
292 Brassey, C. A., Holdaway, R. N., Packham, A. G., Anné, J., Manning, P. L. & Sellers, W. I. (2013) More than one way of being a Moa: Differences in leg bone robustness map divergent evolutionary trajectories in *Dinornithidae* and *Emeidae* (Dinornithiformes). PLoS ONE 8 (12): e82668.

grafía computarizada correspondientes a las extremidades posteriores de seis paleognatas modernas y de dos especies de moa (de las familias dinornítidos y eméidos). Tras estimar en 196 kg la masa corporal de una hembra de *Dinornis robustus* y en 50 kg la de una hembra de *Pachyornis australis*[293], los autores del estudio analizaron cómo las cargas impuestas por esas masas habrían afectado a diferentes huesos de las patas y obtuvieron resultados sorprendentes. Así, el fémur y el tibiotarso de *Pachyornis* experimentaron los valores más bajos de estrés en todas las condiciones de carga, confirmando su gran robustez a pesar de su menor masa. Por el contrario, los valores de estrés del fémur de *Dinornis* fueron similares a los de las aves paleognatas modernas, mientras que los de su tibiotarso experimentaron el mayor nivel de estrés de cualquier paleognata. Ante estos datos, los autores consideran que las dos familias de dinornitiformes incluidas en el estudio divergieron en sus respuestas biomecánicas a la selección de robustez y movilidad, de manera que la exagerada fuerza de sus extremidades posteriores no fue la única vía evolutiva que tuvo éxito. De hecho, el artículo fue titulado *Más de una forma de ser un Moa* y establece que los factores que aportan seguridad durante la locomoción de las grandes ratites (y de los moa) no so están mediados por la robustez de sus huesos, sino también por la postura y comportamiento de cada ave en cuestión.

Este capítulo comienza con unas palabras del zoólogo neozelandés Gilbert Archey, con las que reflexiona sobre cómo las características del hábitat de las moa habrían afectado a su desarrollo corporal, reduciendo su capacidad para correr a cierta velocidad. De hecho, es necesario estimar el tipo de locomoción de las aves terrestres fósiles para comprender mejor su ecología y, hasta ahora, solo un método ha permitido hacerlo. El problema es que su aplicación es complicada en la mayoría de los casos de aves terrestres fósiles, porque requiere datos de los tres huesos de la misma extremidad trasera de un mismo individuo, los cuales no siempre están disponibles. Con la intención de solventar esta dificultad, los especialistas en aves fósiles, Delphine Angst y Eric Buffetaut, junto a otros colegas, publicaron en

---

293 *Dinornis robustus* pertenece a la familia Dinornítidos y *Pachyornis australis* a la familia Eméidos.

2016 un estudio[294] proponiendo un nuevo método para estimar el tipo de locomoción de una amplia gama de grandes aves terrestres modernas y fósiles, utilizando solo las longitudes máximas y anchuras mínimas de sus tarsometatarsos, el hueso más sensible a las limitaciones mecánicas de la locomoción[295].

El método aplicado por Angst y Buffetaut distingue mejor los casos intermedios entre aves graviportales (que caminan) y cursoriales (que corren), estableciendo en cada caso la relación anchura/longitud en función del ancho y teniendo en cuenta los tipos de locomoción que se conocen en los grupos de aves modernas y submodernas. En el estudio, las aves modernas están representadas por ratites (avestruces, emúes, ñandúes y casuarios), y las aves fósiles por los principales grandes grupos de aves terrestres del Cenozoico (*Aepyornithidae, Dromornithidae, Dinornithiformes, Phorusrhacidae, Brontornithidae* y *Gastornithidae*). En el caso de los dinornitiformes, los autores del estudio utilizaron huesos de moa procedentes de las colecciones de varios museos y estimaron que su tipo de locomoción era graviportal[296].

EL ARCA DE MOA

Sin duda, establecer una afiliación taxonómica se convierte en uno de los aspectos más complejos que surgen cuando se pretende describir una nueva especie extinta, y para solventar tal dificultad los especialistas utilizan ampliamente la combinación de métodos mor-

---

294 Angst, D., Buffetaut, E., Lecuyer, C., & Amiot, R. (2016) A new method for estimating locomotion type in large ground birds. Paleontology 59, 217-223.

295 También se utilizó en el método de Storer:
- Storer, R. (1960) Adaptive radiation in birds. 15-55. En: Marshall, A. J. (Ed.) *Biology and comparative physiology of birds.* Vol. 1. Academic Press.

296 Este estudio muestra que las especies de aves terrestres grandes de las familias *Gastornithidae* y *Brontornithidae* eran todas graviportales, probablemente debido a su gran masa corporal. De manera más inesperada, también muestra que algunos *Phorusrhacidae* (por ejemplo, *Paraphysornis*), generalmente descritos como aves corredoras, eran en realidad graviportales, probablemente debido a su considerable masa corporal.

fológicos y moleculares. Como ya vimos, la primera descripción y atribución taxonómica del moa la llevó a cabo Richard Owen en torno a 1840, estudiando la morfología de unos pocos restos óseos del ave, y la comparó con la de otros huesos de aves, reptiles y mamíferos, llegando a la conclusión de que debía existir una estrecha relación entre el moa y el avestruz.

Desde que Owen se planteó estudiar el moa, han transcurrido dos siglos de debates sobre cuáles son los parientes más cercanos de los moa. Algunos investigadores consideran que los moa están más estrechamente relacionados con los emúes y casuarios, mientras que para muchos otros especialistas los kiwis son los parientes más cercanos de los moa, en parte porque habitan en la misma zona, aunque los kiwis tienen alas y los moa ni siquiera poseen vestigios de ellas.

Desde Owen se ha realizado una considerable cantidad de investigación morfológica sobre los moa, pero, a pesar de ello, lo cierto es que está resultando extremadamente difícil establecer su posición filogenética más allá de haberlos incluido entre los ratites. Esta situación ha cambiado a lo largo de las últimas décadas, a medida que la paleogenética de los moa ha irrumpido en apoyo de los tradicionales estudios basados en la morfología anatómica.

***

Muchos de los restos de moa disponibles proceden de sedimentos depositados en cuevas, donde las condiciones climáticas han favorecido la conservación de material genético (ADN) en huesos, plumas, coprolitos, tejidos momificados y cáscaras de huevo, así como en los propios sedimentos. Los resultados obtenidos en el análisis e interpretación de todo ese material genético, en combinación con los de carácter morfológico, ha permitido aplicar un enfoque multidisciplinario a los estudios de la filogenia, filogeografía y paleobiología de los dinornitiformes.

No cabe duda de que los dinornitiformes son ratites, pero sus características morfológicas evolucionaron durante milenios hasta constituir un linaje independiente bien diferenciado del resto de las ratites. Estas diferencias, junto al manifiesto aislamiento geográfico de los dinornitiformes, imponen dificultades a la hora de establecer comparaciones que ayuden a determinar sus posibles parientes evolutivos. En este contexto, los estudios paleogenéticos de los moa están proporcionando información para establecer sus posibles vínculos taxonómicos. Además, la paleogenética también puede ayudar a comprender el papel que tuvo la deriva continental (fragmentación de Gondwana) en la configuración de la distribución del linaje de los moa.

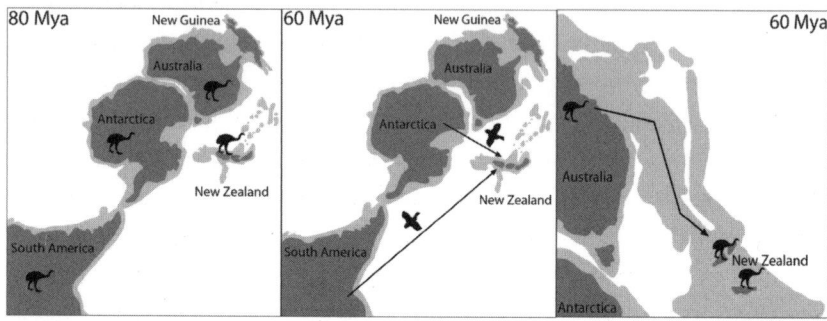

Figura 30. Tres hipótesis que explican cómo pudo haber llegado el moa a Nueva Zelanda. Izquierda: La teoría del *Arca de Moa*, donde el proto moa quedó aislado en Zealandia cuando se separó del este de Gondwana. Originalmente se estimó que este evento ocurrió c. 80 Ma. Medio: La hipótesis basada en modelos genéticos avanzados que demuestran que el moa y el tinamú volante tienen un ancestro común, lo que implica que el ancestro moa probablemente fue volador. La división moa-tinamú se estimó en 60 Ma, lo que sugiere que los proto-moa llegaron por vuelo a la ya separada Zealandia. Tras este aislamiento, los moa perdieron sus alas. Derecha: Una teoría «actualizada» del *Arca de Moa* basada en nuevos datos geológicos, que sugieren que Zealandia no se separó completamente del este de Gondwana antes de 60 Ma. Si es correcto, implica que un proto moa que ya no podía volar podría haber caminado hasta Nueva Zelanda hasta hace 60 Ma, comprometiendo potencialmente las interpretaciones anteriores sobre este tema. Observamos que son posibles otros escenarios dependiendo del momento de la división moa-tinamú, el momento de la ruptura de Gondwana y la topología paleognata; todos ellos, aspectos que todavía se debaten en la literatura. El sombreado gris oscuro representa la forma de las costas actuales. Figura basada en Allentoft & Rawlence (2012)[297].

297   Allentoft, M. E., & Rawlence, N. J. (2012) Moa's Ark or volant ghosts of Gondwana? Insights from nineteen years of ancient DNA research on the extinct moa (Aves: *Dinornithiformes*) of New Zealand. Annals of Anatomy - Anatomischer Anzeiger 194 (1), 36-51.

Se han planteado dos posibles hipótesis para explicar cómo se habrían originado los moa y kiwis en Nueva Zelanda. La primera de estas hipótesis es conocida como la del *Arca de Moa* y propone que los moa y kiwis son taxones hermanos, que habrían evolucionado a partir de un ancestro común que se habría quedado aislado en la masa de tierra que se convirtió en Nueva Zelanda (proto-Nueva Zelanda o Zealandia) después de separarse del antiguo supercontinente Gondwana hace unos 85 Ma (proceso de vicariancia). La segunda hipótesis propone que los moa y kiwis no son taxones hermanos, sino que evolucionaron a partir de unos ancestros que habría volado a Nueva Zelanda hace unos 60 Ma, mucho después de que se separara de Australia (proceso de dispersión) (Figura 30).

En 1974, el paleontólogo norteamericano Joel Cracraft[298] publicó un análisis cladístico de las ratites (incluidos los moa), mostrando que son un grupo monofilético originado en Gondwana y sugiriendo que sus ancestros no voladores habían quedado aislados en las diferentes masas de tierra del hemisferio sur a medida que se alejaban lentamente desde el Jurásico medio. La filogenia propuesta por Cracraft colocaba en la base al tinamú, seguido por el moa/kiwi, el ave elefante, el casuario/emú, el avestruz y finalmente el ñandú. El análisis cladístico apoyaba la hipótesis de que el moa y el kiwi estaban estrechamente relacionados o eran taxones hermanos, y concluía que un ancestro común quedó aislado en Zealandia cuando se separó del este de Gondwana. Esta relación de taxones hermanos o *teoría del Arca de Moa* ha sido respaldada por algunos estudios morfológicos posteriores, aunque otros han argumentado en contra.

Los estudios del ADN antiguo entraron en el debate en 1992[299], cuando el biólogo evolutivo Alan Cooper y sus colegas demostraron que el kiwi y el moa no eran taxones hermanos; el kiwi formó un clado australásico más reciente con el emú y el casuario, mientras que los moa eran más antiguos y estaban más estrechamente relacionados con el ñandú sudamericano. Estos investigadores concluyeron que un ancestro común del moa y el kiwi no podría haber

298   Cracraft, J. (1974) Phylogeny and evolution of the ratite birds. Ibis 116, 494-521.
299   Cooper, A., Mourer-Chauvire, C., Chambers, G. K., von Haeseler, A., Wilson, A. C. & Paabo, S. (1992) Independent origins of New Zealand moas and kiwis. PNAS 89, 8741-8744.

sido aislado en Zealandia por la deriva continental, sino más bien habrían tenido lugar dos acontecimientos de colonización independientes, que sugieren que los ancestros de los moa estaban aislados en Zealandia cuando se separó del este de Gondwana, mientras que el kiwi, divergiendo más tarde, había llegado a Nueva Zelanda nadando o saltando de isla en isla.

En 2001, Cooper y sus colegas secuenciaron los genomas mitocondriales completos de dos especies de moa dentro de un estudio[300] en el que también incluyeron genomas mitocondriales de ratites existentes y de dos especies de tinamú. Los resultados confirmaron que las ratites eran monofiléticas, con el ñandú basal, seguidos por moa, avestruz y el clado de Australasia (emú, casuario y kiwi). La divergencia de los moa con respecto a todas las demás ratites se fijó en hace 82 Ma (cuando se creía que Zealandia se había separado de Gondwana) y, al hacerlo, se estimó que todos los taxones de ratites (exceptuando el kiwi) tenían una historia vicariante de Gondwana y que divergieron durante el Cretácico superior, seguido de la posterior dispersión y especiación del kiwi hace aproximadamente entre 65 y 72 Ma. Estos estudios del genoma del ADNmt consolidaron durante un tiempo la división evolutiva del moa hace unos 80 Ma, favoreciendo así la ya mencionada *teoría del Arca de Moa*, aunque esta arca de Zealandia no incluía el kiwi.

Se desconoce cómo y cuándo llegaron el moa y el kiwi a Nueva Zelanda, ya que ninguno de los dos grupos tiene un registro fósil claro anterior al Plioceno. Casi todos los fósiles de moa provienen del abundante registro presente en depósitos de cuevas, pantanos o dunas del Cuaternario. Por el contrario, la historia evolutiva temprana de estas aves es difícil de establecer, habiéndose descrito unas supuestas cáscaras de huevo de moa y algunos fragmentos de huesos en depósitos del Mioceno temprano/medio (16-19 Ma) del yacimiento de St. Bathans[301].

En un estudio publicado en 2009[302], la información filogenética mitocondrial de casi 300 especímenes de moa fue sintetizada con nue-

300 Cooper, A., Lalueza-Fox, C., Anderson, A., Rambaut, A., Austin, J., Ward, R. (2001) Complete mitochondrial genome sequences of two extinct moas clarify ratite evolution. Nature 409, 704-707.
301 Tennyson, A. J. D. (2010) The origin and history of New Zealand's terrestrial vertebrates. New Zealand J. Ecol. 34, 6-27.
302 *Ibid.* Bunce *et al.*, 2009.

vos datos morfológicos, ecológicos y geológicos, con el objetivo de comprender la filogenia, taxonomía y la evolución de todos los dinornitiformes. Los autores también presentaban un nuevo modelo geológico-paleogeográfico del Cenozoico tardío neozelandés, en el cual sugieren que la biota terrestre de las Islas Norte y Sur estuvo aislada durante la mayor parte de los últimos 20 a 30 Ma. En cuanto a los moa, los datos del estudio revelan que sus patrones de diversidad genética apuntan a una historia compleja después de una importante transgresión marina en el Oligoceno, que se vio afectada por barreras marinas, actividad tectónica y ciclos glaciales. Curiosamente, estos datos permiten concluir que la notable radiación morfológica de los moa parece haber ocurrido mucho más recientemente que las estimaciones anteriores (Mioceno temprano, 15 Ma), coincidiendo con el rápido levantamiento tectónico de las montañas de la Isla Sur (5-8,5 Ma).

La evidencia filogenética molecular suele respaldar la hipótesis de que los moa y el tinamú son taxones hermanos, lo cual sugiere que el moa y el kiwi colonizaron Nueva Zelanda y dejaron de volar de forma independiente. Dependiendo del momento de su llegada, ambos clados pueden haber sido muy afectados por la Transgresión Marina del Oligoceno (OMT) hace entre unos 25 y 23 Ma (conocida como *ahogamiento del Oligoceno de Nueva Zelanda*)[303]. Este intervalo de tiempo parece haber sido clave también para el surgimiento de representantes reconocibles de otros clados paleognatos en diferentes masas continentales.

Un estudio publicado en 1995[304] mostró que la diversidad genética mitocondrial en kiwis, moa y algunos pájaros de Nueva Zelanda era inusualmente baja en comparación con otras ratites y otros taxones de aves, lo cual se interpretaba como evidencia de un efecto de cuello de botella debido al *ahogamiento*. Los autores del estudio estimaron que la re-radiación de estos linajes endémicos de Nueva Zelanda comenzó hace entre 19 y 24 Ma. La aparente supervivencia de otros taxones neozelandeses tras el *ahogamiento* podría significar que los

---

303 Durante el Oligoceno tardío (23 Ma), la masa continental de Nueva Zelanda se redujo a aproximadamente el 18% de su superficie actual. Se ha planteado la hipótesis de que este evento, conocido como *ahogamiento del Oligoceno*, provocó un cuello de botella en la población y una extinción masiva.

304 Cooper, A. & Cooper, R. (1995) The Oligocene bottleneck and New Zealand biota: Genetic record of a past environmental crisis. Proc. R. Soc. B 261, 293-302.

moa y el kiwi sobrevivieron en islas pequeñas o que pequeñas poblaciones fundadoras de aves llegaron después.

Después del Eoceno medio, no se conoce en Nueva Zelanda ningún fósil de paleognata voladora no tinámido que hubiese podido ser ancestro de los moa y kiwis, por lo que las poblaciones fundadoras de dichas paleognatas ancestrales debieron llegar antes de que se produjera el *ahogamiento* del archipiélago. En relación con esto, a finales de la primera década del presente siglo, algunos investigadores propusieron[305] que las islas de Nueva Zelanda se inundaron por completo durante la *ahogamiento*, que, como ya vimos, ocurrió hace entre 25 y 23 Ma, lo cual significaría que toda la flora y fauna terrestres debería haber llegado en los últimos 22 Ma. En los últimos años, la creciente evidencia biológica sugiere que, al menos, parte de la tierra de las islas debió permanecer sobre el nivel del mar durante este período, cambiando así el consenso en contra de que se produjo una inundación total[306].

En 2018, Wallis y Jorge[307] revisaron 248 fechas publicadas de la divergencia entre linajes de Nueva Zelanda y sus parientes más cercanos en otros lugares. El estudio encontró evidencias de que 74 linajes divergieron antes de hace 23 Ma y 25, que, por lo tanto, datarían de antes de que Zealandia se separara de Australia, lo que los convertiría en un verdadero origen vicariante de Gondwana. Pero lo cierto es que no encontraron evidencia de un aumento en las extinciones o recién llegados en el momento de la transgresión marina, y ningún estudio ha presentado aún evidencia geológica inequívoca de una inmersión completa.

---

305 - Landis, C., Campbell, H., Begg, J., Mildenhall, D., Paterson, A. & Trewick, S. (2008) The Waipounamu Erosion Surface: Questioning the antiquity of the New Zealand land surface and terrestrial fauna and flora. Geol. Mag. 145, 173-197.
- Trewick, S. A. Paterson, A.M. Campbell, H. J. (2007) Hello New Zealand. J. Biogeogr. 34, 1-6.
- Trewick, S. A. & Gibb, G. C. (2010) Vicars, tramps and assembly of the New Zealand avifauna: a review of molecular phylogenetic evidence. Ibis 152, 226-253.
306 Tennyson, A. J. D., Worthy, T. H., Jones, C. M., Scofield, R. P. & Hand, S. J. (2010) Moa's Ark: Miocene Fossils Reveal the Great Antiquity of Moa (Aves: Dinornithiformes) in Zealandia. En: Boles, W. E. & Worthy, T. H. (Ed.) *Proceedings of the VII International Meeting of the Society of Avian Paleontology and Evolution*. Records of the Australian Museum 62 (1): 105-114.
307 Wallis, G. P. & Jorge, F. (2018) Going under down under? Lineage ages argue for extensive survival of the Oligocene marine transgression on Zealandia. Mol. Ecol. 27, 4368-4396.

***

No todo el material genético antiguo extraído de los restos de moa desempeña el mismo papel en la investigación. Así, gran parte de ese material es ADN mitocondrial (ADNmt) que solo contiene una pequeña cantidad del genoma total de estas aves y cuyo análisis solo permite establecer la relación con otras ratites y elaborar árboles filogenéticos, pero que resulta insuficiente para diferenciar genéticamente a las especies. Un buen ejemplo de esta situación lo constituyen las tres especies de moa del género *Dinornis*, cuyos tamaños y masas[308] son muy diferentes, pero sus secuencias de ADNmt muestran que, en realidad, son genéticamente indistinguibles y están representados en cada isla por una sola especie[309] que varía mucho sus tamaños según el sexo y el hábitat. De hecho, a pesar de los estudios paleogenéticos, la diversidad de especies de moa es todavía objeto de intensos debates.

Los estudios paleogenéticos y el examen más detallado de los esqueletos de moa también han revelado que los individuos realmente grandes eran hembras y que los machos solían tener la mitad de tamaño, lo que constituye el ejemplo más extremo de dimorfismo sexual invertido que se conoce entre las aves. Es realmente llamativo que en este caso de dimorfismo las hembras más grandes tenían aproximadamente el 280% del peso y el 150% de la altura de los machos más grandes, lo que no tiene precedentes entre las aves y los mamíferos terrestres[310].

---

308   De 1 a 2 m de altura en la espalda y ~ 34 a 242 kg de masa.
309   Formando clados separados en las islas Norte y Sur.
310   Bunce, M., Worthy, Trevor H., Ford, T., Hoppitt, W., Willerslev, E., Drummond, A. & Cooper, A. (2003) Extreme reversed sexual size dimorphism in the extinct New Zealand moa *Dinornis*. Nature 425, 172-175.

MOA: LOS GRANDES HERBÍVOROS
DE NUEVA ZELANDA

Durante decenas de milenios, los dinornitiformes desempeñaron el papel de los grandes herbívoros y ocuparon sus nichos ecológicos como parte de la biota de Nueva Zelanda. Muchas de las especies de moa coexistieron en las diversas regiones de las islas, aunque cada una de ellas adaptada a diferentes hábitats que se caracterizaban por unos tipos de vegetación particulares[311]. Así, los moa de mayor envergadura, *Dinornis robustus* en la Isla Sur y *Dinornis novaezealandiae* en la Isla Norte, eran ramoneadores generalistas normalmente menos comunes que los moa de menor tamaño y que estuvieron presentes en todos los hábitats desde el nivel del mar hasta la zona subalpina, encontrándose las formas más grandes en áreas de baja pluviosidad.

Emeus crassus era el moa más común en los bosques pantanosos de tierras bajas de la Isla Sur (generalmente por encima de 200 m de altura) y, en la misma isla, *Megalapteryx didinus* y *Pachyornis australis* ocupaban matorrales, pastizales y bosques de las zonas montañosas y subalpinas de hasta 2000 metros de altura. Tanto en la Isla Sur como en la Isla Norte, los bosques de tierras bajas no costeras de doseles cerrados estaban ocupados por pequeños *Anomalopteryx didiformis*, mientras que *Pachyornis geranoides* en la Isla Norte y *Pachyornis elephantopus* en la Isla Sur prefirieron los bordes de bosques de tierras bajas y la vegetación de humedales. Finalmente, *Euryapteryx curtus* ocupaba las áreas de clima más seco, dominando particularmente en los pastizales, matorrales y bosques de las dunas costeras de la Isla Norte, así como las zonas de escasas precipitaciones del este.

***

---

311   *Ibid.* Worthy & Holdaway (2002).

Como he señalado, los moa fueron los principales herbívoros en el Cuaternario de Nueva Zelanda y hubo una época en que los investigadores pensaban que estas grandes aves se alimentaban solo de pasto, habitando exclusivamente en llanuras cubiertas de hierba. En la actualidad se sabe que las llanuras costeras de Nueva Zelanda estaban originalmente cubiertas de bosques y los moa, además de pastar, ramoneaban árboles, arbustos y hierbas.

El limitado conocimiento sobre la repartición de nichos entre las especies de moa, sus modos de alimentación y sus preferencias son aspectos que dificultan la reconstrucción paleoecológica y la evaluación del impacto que tuvo su extinción en el resto de la biota nativa, así como la viabilidad de las especies exóticas propuestas como sus «sustitutos» ecológicos. El hallazgo en Nueva Zelanda de depósitos del Holoceno tardío que contienen excrementos fosilizados de megaherbívoros aviares extintos ha permitido obtener una visión más detallada de la ecología de los dinornitiformes en sus diversos hábitats.

El análisis de los mencionados coprolitos y del contenido de mollejas conservados en los pantanos sugiere que los moa comían una variedad de arbustos y árboles, aunque los que se alimentaban a alturas de hasta 1800 metros debieron comer hierbas y pastos, ya que por encima de los 1200 metros no existían arbustos ni árboles. En este sentido, se sabe que los moa del género *Pachyornis* vivieron en áreas ricas en loess (sedimento fino arrastrado por el viento) y con poca vegetación.

Un estudio que analizaba los macrofósiles vegetales presentes en más de un centenar de estos coprolitos ha permitido identificar algunas de las plantas de las que se alimentaron los moa[312] y ha revelado que sus dietas consistían en hierbas y arbustos bajos en zonas ecológicas semiáridas y de alta precipitación. Esto ha invalidado modelos anteriores que presentaban a los moa como ramoneadores predominantes de árboles y arbustos y, de hecho, algunas especies de estas aves, previamente consideradas ramoneadores de árboles y arbustos, tuvieron en realidad unas dietas muy variadas que incluían pasto de pequeñas hierbas en hábitats no forestales.

312   Wood, J. R., Rawlence, N. J., Rogers, G. M., Austin, J. J., Worthy, T. H., & Cooper, A. (2008) Coprolite deposits reveal the diet and ecology of the extinct New Zealand megaherbivore moa (Aves, Dinornithiformes). *Quaternary Science Reviews* 27, 2593-2602.

Los análisis de ADN antiguo identificaron coprolitos de cuatro especies de moa (*Dinornis robustus*, *Megalapteryx didinus*, *Pachyornis elephantopus* y *Euryapteryx gravis*), revelando una mayor variación en la dieta entre tipos de hábitat que entre especies. Los nuevos datos confirman que los moa se alimentaban de varios taxones de plantas endémicas de Nueva Zelanda, varias de las cuales desarrollaron espinas. Esto se ha interpretado como adaptaciones que originalmente evolucionaron en las plantas contra su consumo por los moa y ha conducido a plantear la hipótesis de que habrían coevolucionado junto a estas aves, dado que allí no existían otros grandes herbívoros. De hecho, el análisis de los coprolitos de moa ha demostrado también que sus ecologías alimentarias son muy diferentes a las de los mamíferos herbívoros que introdujeron los colonos humanos y que actualmente son los megaherbívoros dominantes en los ecosistemas terrestres de Nueva Zelanda.

En relación con los comportamientos alimentarios de cada uno de los seis géneros de moa, las diferentes formas de los picos y de las estructuras de molleja indican que estaban adaptados a consumir diferentes plantas. Para predecir el rango de comportamientos de alimentación de los moa, entre sí y con respecto a sus parientes actuales, se realizó un análisis comparando el desempeño biomecánico de los cráneos de cinco de los seis géneros de moa y de dos ratites actuales[313]. El rendimiento mecánico durante la mordida se comparó mediante simulaciones de las aves cortando ramitas basadas en la reconstrucción muscular de restos de moa momificados y mediante las estrategias de adquisición de alimentos que incluyeron el movimiento del cráneo en diferentes direcciones. Este estudio ha evidenciado que entre el emú actual (*Dromaius*) y el moa *Megalapteryx* existe cierta superposición en el desempeño biomecánico de sus respectivas mandíbulas, pero, en general, sugiere que las especies de moa explotaron sus hábitats de diferentes maneras, tanto si se comparan entre sí como con otras especies de ratites actuales. Las diferencias interespecíficas en el desempeño biomecánico del

---

313   Attard, M. R.G., Wilson, L. A. B., Worthy, T. H., Scofield, P., Johnston, P., Parr, W. C. H. & Wroe, S. (2016) Moa diet fits the bill: virtual reconstruction incorporating mummified remains and prediction of biomechanical performance in avian giants. Proc. R. Soc. B 283: 20152043.

cráneo han permitido inferir la amplia gama de estrategias de alimentación utilizadas por los moa y ha proporcionado información sobre los mecanismos que facilitaron la alta diversidad que alcanzaron estas aves herbívoras en Nueva Zelanda.

Otros hallazgos relacionados con la alimentación de los moa son los montoncitos de pequeñas piedras redondeadas que aparecen con frecuencia junto sus restos esqueléticos, e incluso en lugares donde no hay rastros de sus huesos. Todo apunta a que estos conjuntos de guijarros provienen del tracto digestivo de los moa y, de hecho, los indígenas los denominan «piedras de moa». Estos materiales permiten comparar la forma de alimentarse de los moa con la de otros grandes ratites, que, como el avestruz y el emú, tienen la costumbre de tragar piedrecitas para facilitar la digestión, echándolas de vez en cuando para tragar otras que estén menos desgastadas.

***

En general, se conoce poco sobre la cría de los moa, aunque se sabe que alcanzaban muy tardíamente su madurez reproductiva, hasta diez años en el caso del moa gigante *Dinornis robustus*. Seguramente, el largo periodo temporal que transcurría entre el nacimiento de un moa y el momento de su madurez contribuyó a evitar la sobrepoblación, pero a la vez debió de facilitar su extinción al no proporcionarle una tasa de reposición lo suficientemente alta como para poder hacer frente al ritmo con el que fueron cazados por los maoríes.

Los huesos de moa muestran en la corteza marcas de crecimiento cíclico que se han depositado antes de alcanzar el tamaño corporal adulto y que reflejan los cambios que los ritmos anuales ocasionan en la formación de los huesos. Las marcas de crecimiento anual son un fenómeno generalizado en los tetrápodos ectotérmicos y endotérmicos no aviares, pero son casi desconocidas en los orniturinos[314] porque sus períodos de crecimiento suelen acortarse a menos de un año[315].

---

314   Grupo de los terópodos que incluye a todas las aves modernas.
315   Este rasgo sería una novedad evolutiva derivada de otro perteneciente a un taxón ancestral filogenéticamente próximo o apomorfia.

Un estudio realizado hace un par de décadas[316] ha mostrado que en algunas especies de moa las marcas de crecimiento cortical de los huesos largos presentan líneas de crecimiento detenido, que probablemente indican que necesitaron hasta una década para alcanzar la madurez sexual. Esta característica muestra que en la antigua avifauna de Nueva Zelanda era común que se diera una exagerada estrategia de la K[317] que, en algunos casos, ocasionaba que se tardase casi una década en alcanzar la madurez esquelética. Por otro lado, la madurez reproductiva en los moa estaba extremadamente retrasada con respecto al resto de las aves existentes, mostrando también diferentes tasas de crecimiento postnatal que se han asociado con sus diferencias relativas en el tamaño corporal. En este sentido, las dos especies de moa gigante (*Dinornis*) habrían alcanzado sus enormes masas corporales acelerando sus tasas de crecimiento juvenil en comparación con las de los moa más pequeños, en lugar de extender el período de crecimiento esquelético.

Los huesos de moa se encuentran por miles en diversos lugares de Nueva Zelanda y, junto a ellos, también se han hallado abundantes restos de huevos pertenecientes a estas aves. Los huevos de moa son mucho más pequeños que los del ave-elefante, pero mucho más grandes que los de kiwi, emú o avestruz, aunque su tamaño es relativamente pequeño para estas aves. La mayor parte de los huevos de moa hallados son fragmentos de cascarones o ejemplares con diverso grado de deterioro, hasta el extremo de haberse encontrado menos huevos enteros de moa que del extinto *Aepyornis* de Madagascar. Solo se conocen poco más de una treintena de huevos de moa que están suficientemente intactos para poder determinar sus medidas, y a muchos de ellos les falta alguna parte o han sido reconstruidos a partir de fragmentos encontrados juntos. Todos estos huevos de moa provienen de las islas Norte y Sur, doce de sitios arqueológicos como entierros o basureros y tres de sitios naturales, como pantanos, dunas de arena o refugios rocosos.

---

316 Turvey, S. T., Green, O. R., & Holdaway, R. N. (2005) Cortical growth marks reveal extended juvenile development in New Zealand moa. Nature 435, 940-943.

317 La estrategia de la K es propia de organismos de ambientes estables, con una tasa reproductiva baja, que producen un pequeño número de crías a las que ofrecen cuidados paternos, lo que reduce su mortalidad al mínimo.

Cuatro de estos huevos están depositados en el Museo de Historia Natural de Londres, mientras que el resto se encuentran repartidos en ocho museos neozelandeses y otros centros de investigación de las islas. El primer huevo de moa llegó a Londres en 1865, casi perfecto y de color pardusco sucio, tenía unos 25 cm de largo por 18 cm de ancho y una cáscara con surcos de unos 2 mm de espesor. Hallado en un lugar de entierro maorí de la Isla Sur, aquel huevo es el más grande que se conoce y pertenece a *Dinornis robustus*, un moa gigante. Los huevos de otras especies de moa eran más pequeños, como es el caso de los atribuidos a *Euryapteryx curtus*, cuyo tamaño alcanza 12 por 9 cm.

LOS ÚLTIMOS MOHICANOS

Tras divulgarse su existencia, los moa llegaron a ser considerados una maravilla científica y captaron el interés de los naturalistas de todo el mundo. Sus restos son objetos codiciados por museos, pero ninguna de las especies ha sobrevivido hasta nuestros días.

En 1867, en su libro *Nueva Zelanda*, el geólogo y naturalista austríaco Ferdinand von Hochstetter[318] realizó una detallada descripción del moa y se preguntaba: ¿Cuáles son las causas de su extinción? En relación con esto, Hochstetter cuenta que, según las tradiciones de los nativos, parece que cuando las islas fueron pobladas por primera vez todavía vivía un gran número de moa y que la última de esas aves probablemente desapareció de Nueva Zelanda hace solo unas pocas generaciones. Hochstetter también señalaba que incluso circulaban rumores —que no consideraba del todo imposibles— de que en los sitios más apartados de las islas podrían haber quedado aún algunos ejemplares vivos de la familia de los moa. Curiosamente, a esos posibles supervivientes el naturalista austriaco los denominó «los últimos mohicanos».

---

318   Hochstetter, Ferdinand von (1867) New Zealand: its physical geography, geology, and natural history: with special reference to the results of government expeditions in the provinces of Auckland and Nelson. Stuttgart: J.G. Cotta. Capítulo IX «*Kiwi y Moa, los pájaros sin alas de Nueva Zelanda*».

***

Las dos grandes islas de Nueva Zelanda fueron colonizadas por los primeros exploradores polinesios aproximadamente entre los años 1200 y 1400, cuando los moa ya estaban en declive o extintas en gran parte de las islas principales. De hecho, los huesos de moa hallados en campamentos maoríes y fechados en este período representan casi exclusivamente la especie *Euryapteryx gravis,* y poco después estos restos de aves fueron reemplazados completamente por huesos de pescado.

En su monografía sobre los moa que publicó en 1941[319], el paleontólogo Gilbert Archey señala que probablemente la humedad y el consiguiente crecimiento de bosques densos redujeran la población de moa en la Isla Norte, o al menos restringieran su crecimiento y extensión allí. Pero por muy adversas que estas condiciones hayan podido afectar al moa, de ninguna manera lo exterminaron, pues tenemos evidencia indudable de su supervivencia hasta el momento de la ocupación humana.

Archey también señala que, para explicar la posible extinción de los moa por parte de los colonos humanos, es necesario tener en cuenta el número de migraciones humanas sucesivas que se produjeron entre los años 1200 y 1400 y de qué forma los maoríes ocuparon el territorio de Nueva Zelanda, un proceso sometido a profundos estudios[320]. Sin entrar en detalles, lo que parece evidente es que, para un grupo nativo provisto solo de unas pocas plantas alimenticias tropicales, la Isla Norte habría ofrecido mejores posibilidades de asentamiento que la Sur. Por este motivo, tanto los primeros que llegaron como las sucesivas oleadas de inmigrantes intentarían establecerse allí, lo que aumentaría la población humana en la Isla Norte más rápidamente que en la Isla Sur, donde menos medios de sustento habrían mantenido a grupos tribales más pequeños. Mientras, es

319   Archey, G. (1941) The moa, a study of the Dinornithiformes. Bulletin of the Auckland Institute and Museum 1.
320   Bunbury, M. M. E., Petchey, F. & Bickler, S. H. (2022) A new chronology for the Maori settlement of Aotearoa (NZ) and the potential role of climate change in demographic developments PNAS 119, 46 e2207609119.

probable que a la población de moa le ocurriera lo contrario, siendo su número mayor en las extensas praderas de la Isla Sur que alrededor de las fronteras costeras del norte, muy boscoso.

Por todo lo anterior, Archey veía probable que los pocos moa de la Isla Norte fueron rápidamente cazados y sus huevos consumidos, hasta ser exterminados por unas pocas generaciones de humanos después de las primeras llegadas a la isla. Más tarde, cuando los nuevos colonos norteños penetraron con fuerza en la Isla Sur, los moa habrían sido exterminados durante mucho tiempo por las sucesivas oleadas humanas que llegaron.

Es paradójico que, a principios del presente siglo, varios investigadores estableciesen cuándo llegaron los colonos humanos tomando como punto de partida la fecha en que se ha datado la presencia más antigua en Nueva Zelanda de la rata del Pacífico (*Rattus exulans*)[321]. Este roedor omnívoro fue introducido por los colonos humanos en los ecosistemas insulares de la Polinesia oriental (incluida Nueva Zelanda), provocando una ola de depredación que afectó negativamente a muchas especies autóctonas, como los moa. El estudio establece en el año 1280 la datación más antigua obtenida por radiocarbono de coprolitos y semillas roídas por ratas del Pacífico introducidas en Nueva Zelanda. Esta fecha estaría asociada con la presencia en las islas de los primeros colonos humanos y coincide con los sitios arqueológicos más antiguos de Nueva Zelanda, así como con las extinciones de fauna inducidas por el hombre y la deforestación. Esto indicaría que no existe un largo período en el cual los restos de moa están ausentes de los registros arqueológicos y paleoecológicos. En 2014, un nuevo estudio propuso una fecha aún más reciente a principios del siglo XIV[322].

321 Wilmshurst, J. M., Anderson, A. J., Higham, T. F. G. & Worthy, T. H. (2008) Dating the late prehistoric dispersal of polynesians to New Zealand using the commensal Pacific rat PNAS 105, 7676-7680.
322 Jacomb, C., Holdaway, R. N., Allentoft, M. E., Bunce, M., Oskam, C. L., Walter, R. & Brooks, E. (2014) High-precision dating and ancient DNA profiling of moa (Aves: Dinornithiformes) eggshell documents a complex feature at Wairau Bar and refines the chronology of New Zealand settlement by Polynesians. J. Archaeol. Sci. 50, 24-30.

Los moa constituyen la única megafauna del Cuaternario tardío cuya extinción fue claramente causada por los humanos, y Nueva Zelanda ofrece la mejor oportunidad para estimar el número de personas involucradas en esta extinción, porque el asentamiento polinesio en las islas y la extinción de los moa son lo suficientemente recientes como para fecharlos con un alto grado de precisión.

Para poder establecer una cronología espacio-temporal de alta resolución de la extinción de los moa, varios investigadores han analizado más de cien fechas de radiocarbono muy precisas a partir de restos de esas aves procedentes de sitios naturales y arqueológicos[323]. Este estudio demuestra que el exterminio de los moa se produjo rápidamente y de forma simultánea en sitios separados por cientos de kilómetros, con poca diferencia entre los tiempos de extinción de las especies de moa más pequeñas y las más grandes. El estudio también ha determinado que, después del asentamiento humano en Nueva Zelanda, transcurrieron entre 150 y 200 años desde el momento en el que cesó la caza de los moa y el de su extinción total. De hecho, cientos de sitios arqueológicos muestran que los maoríes cazaron intensamente a los moa como parte importante de su dieta, hicieron anzuelos y colgantes con sus huesos, e incluso confeccionaron ropa con sus pieles y plumas. El uso de los moa por los maoríes comenzó hace entre unos 650 y 700 años, desapareciendo de los basureros los restos del ave después del año 1550.

Un estudio publicado en 2014[324] parte de evidencia genética para estimar que la población polinesia fundadora en Nueva Zelanda no habría superado los 2000 individuos antes de la extinción de las poblaciones de moa en las zonas habitables del este de la Isla Sur. De hecho, el estudio determina que, mediante la caza y la eliminación de sus hábitats, una población polinesia que nunca sobrepasó

---

323 Perry, George L. W., Wheeler, Andrew B., Wood, Jamie R. & Wilmshurst, Janet M. (2014) A high-precision chronology for the rapid extinction of New Zealand moa (Aves, Dinornithiformes). Quaternary Science Reviews 105, 126-135.

324 Holdaway, R. N., Allentoft, M. E., Jacomb, C., Oskam, C. L., Beavan, N. R. & Bunce, M. (2014) An extremely low-density human population exterminated New Zealand moa Nature Communications 5, 5436.

los 0,01 individuos por kilómetro cuadrado exterminó las poblaciones de moa en un período inferior a unos 150 años.

La tradición maorí es poco precisa y contradictoria en cuanto al momento en que se produjo la extinción de los moa, aunque las leyendas de los antepasados de los actuales maoríes han conservado vagos relatos obtenidos de los primeros pueblos polinesios que se cree que ya ocuparon la tierra durante algunas generaciones. Estos antiguos relatos fueron registrados por los primeros misioneros antes de que la investigación y la especulación de los colonos europeos difundiera su conocimiento entre los maoríes modernos. Por este motivo, tales relatos son considerados los más confiables, además de estar de acuerdo con la evidencia arqueológica que apunta a una rápida desaparición de los moa hace varios siglos debido a la presión ejercida por la caza directa y a la modificación de su hábitat. Es casi seguro que los moa se extinguieron antes de la colonización europea a principios del siglo XIX y aunque se han relatado varios avistamientos históricos del moa, ninguno ha podido ser contrastado con evidencias.

La importancia de los moa en la dieta de los primeros neozelandeses queda bien reflejada en la abundancia de sus huesos y de cáscaras de huevo en los primeros sitios arqueológicos, lo que ha permitido realizar análisis del ADNmt de estas aves. Partiendo de los datos genéticos obtenidos y de la identificación morfológica de los huesos, un estudio de 2012[325] ha revelado la presencia de cuatro especies de moa (*Anomalopteryx didiformis*, *Dinornis robustus*, *Emeus crassus* y *Euryapteryx curtus*) y ha establecido los moa que están presentes en varios depósitos arqueológicos importantes situados en la costa este de la Isla Sur, datados entre los siglos XIII y XV. El estudio también estimó el número mínimo de huevos individuales consumidos en cada sitio, llegándose a identificar en un solo depósito más de 50 huevos, un número que probablemente representa una proporción considerable de la producción reproductiva total de los moa en esa

---

325   Oskam, C. L., Allentoft, M. E., Walter, R., Scofield, R. P., Haile, J., Holdaway, R. N., Bunce, M. & Ja comb, C. (2012) Ancient DNA analyses of early archaeological sites in New Zealand reveal extreme exploitation of moa (Aves: Dinornithiformes) at all life stages. Quaternary Science Reviews 52, 41-48.

área y que deja claro la intensa caza a la que fueron sometidos los moa en todas sus etapas vitales.

El tamaño y el sexo de los individuos que el cazador selecciona de una presa afecta de diferente forma a su población. En el caso de los moa, el sexo de cada individuo se determina mediante el sexado molecular de sus huesos (mediante ADN), obteniéndose resultados muy diferentes según procedan de sitios naturales o arqueológicos. En este sentido, el exceso de moa hembras detectado en sitios naturales estaría relacionado con el diferente comportamiento de sexos con tamaños muy diferentes, mientras que el exceso de moa machos detectado en sitios arqueológicos sugiere que estas aves eran un objetivo preferente para los humanos. Finalmente, el estudio de 2012 analiza el registro de siete enterramientos humanos e identifica en ellos la presencia de solo las especies más grandes de moa (*E. curtus* y *D. robustus*), un dato que informa sobre cuáles fueron las preferencias de quienes los cazaban.

La desaparición de las diferentes especies de moa no se produjo simultáneamente, sino que fue un proceso gradual. Así, los moa de los géneros *Pachyornis* y *Emeus* fueron cazados hasta la extinción por los maoríes entre los años 1100 y 1500, mientras que los del género *Euryapteryx*, de tamaño mediano y constitución robusta, pudieron sobrevivir hasta inicios del siglo XVIII. Los moa de los géneros *Anomalopteryx* y *Megalapteryx*, de entre 90 a 120 cm de altura, se extinguieron en torno al año 1800, tras haber sido cazados tanto por maoríes como por europeos, aunque hay evidencia de que algunos pudieron sobrevivir hasta entrado el siglo XX.

Los europeos descubrieron Nueva Zelanda en el año 1770, cuando probablemente los moa gigantes ya habían sido extinguidos por los cazadores maoríes y no se enteraron de su existencia hasta que se descubrieron huesos en la década de 1830. Posteriormente, en la década de 1850, varios cazadores de focas afirmaron haber comido carne de moa en la Isla Sur, pero lo cierto es que la fecha oficial para la extinción los moa gigantes se ha establecido en el año 1773.

7

Aves gigantes en la tierra de los canguros

LAS GRANDES AVES TERRESTRES DE LA REGIÓN AUSTRALIANA

«Los viajeros holandeses afirman que puede devorar no solo vidrio, hierro y piedras, sino también carbones encendidos, sin atestiguar el menor temor ni sufrir el menor daño.../... Se ha dicho del Casuario que tiene cabeza de guerrero, ojo de león, armamento de puercoespín y rapidez de corcel».[326]

Entertaining naturalist
London & Dallas (1867)

A diferencia de lo que sucede en Nueva Zelanda, el área geográfica de Papúa Nueva Guinea y Australia está habitada por una gran variedad de mamíferos, entre los que destacaban los marsupiales, hasta el extremo de que era el único grupo presente en Australia cuando llegaron allí los primeros humanos. En los ecosistemas de aquella región las aves nunca llegaron a convertirse en los vertebrados dominantes, pero eso no impidió que, desde épocas muy remotas, varios grupos aviares evolucionaran hasta dar lugar a algunas de

---

326 Loudon, J. & Dallas, W. S. (1867) Mrs. Loudon's Entertaining naturalist, being popular descriptors, tales, and anecdotes of more than five hundred animals. London, Bell & Daldy.

las aves terrestres más grandes que se conocen. Entre aquellas enormes aves destacan varios taxones de paleognatas y dromornítidos; los primeros, representados en las faunas actuales por los casuarios y los emúes, mientras que los otros se extinguieron totalmente hace miles de años.

EL EMÚ: EL CASUARIO DE NUEVA HOLANDA

El primer informe del avistamiento de emúes por parte de europeos procede de una expedición dirigida por Willem de Vlamingh, un capitán holandés que visitó la costa occidental de Australia en 1696 durante la búsqueda de los posibles supervivientes de un barco que había desaparecido dos años antes[327]. Los emúes ya eran conocidos en la costa oriental antes de que los primeros europeos se establecieran allí en 1788 y fueron descritos por primera vez bajo el nombre de «Casuario de Nueva Holanda» en el libro *Voyage to Botany Bay* de Arthur Phillip, publicado en 1789[328].

La especie fue nombrada por el ornitólogo John Latham en 1790 a partir de un espécimen de la zona de Sídney, una región de Australia que por entonces era conocida como Nueva Holanda[329]. Latham colaboró en el libro de Phillip y proporcionó las primeras descripciones del emú y de otras muchas especies de aves australianas. En 1816, en su descripción original del emú, el ornitólogo francés Louis Pierre Vieillot usó dos nombres genéricos, primero *Dromiceus* y más

---

327   Robert, W. C. H. (1972) *The explorations, 1696-1697, of Australia by Willem De Vlamingh*. Philo Press.
      Willem de Vlamingh (1640-1698).
328   Philip, Arthur (1789) *The voyage of Governor Phillip to Botany Bay*. London: Printed by John Stockdale.
329   Latham, John (1790) *Index Ornithologicus, Sive Systema Ornithologiae: Complectens Avium Divisionem in Classes, Ordines, Genera, Species, Ipsarumque Varietates* (Volume 2). London: Leigh & Sotheby.

tarde *Dromaius*[330], recibiendo la especie la denominación *Dromaius novaehollandiae*[331].

En 1912, el ornitólogo australiano Gregory M. Mathews reconoció tres subespecies vivientes de emú[332], *Dromaius novaehollandiae novaehollandiae*, *D. n. woodwardi* y *D. n. rothschildi*, pero actualmente se argumenta que las dos últimas subespecies son inválidas; las variaciones naturales en el color plumaje y la naturaleza nómada de la especie hacen probable que haya una sola subespecie en la Australia continental, *D. n. novaehollandiae*.

Además del emú continental, existieron los emús enanos de Kangaroo Island (*D. n. baudinianus*) y de King Island (*D. n. minor*)[333], así como el emú de Tasmania (*D. n. diemenensis*), más pequeño que el del continente australiano. En las primeras décadas del siglo XIX, los emús enanos fueron extinguidos por la caza y los incendios forestales iniciados por el hombre, mientras que el emú de Tasmania desapareció en la década de 1860. Estos emúes fueron considerados como tres especies, pero el examen del ADN del que habitaba en King Island ha mostrado una estrecha relación con el emú continental y, por ello, los especialistas ven mejor considerarlo como una subespecie[334].

***

Los emúes[335] son aves paleognatas endémicas de Australia que pesan entre 18 y 60 kg y pueden alcanzar hasta 1,9 metros de altura, siendo

---

330 Vieillot, Louis Pierre (1816). *Analyse d'une nouvelle ornithologie élémentaire, par L.P. Vieillot*. Deteville, libraire, rue Hautefeuille.

331 *Dromaius* proviene de una palabra griega que significa «corredor» y *novaehollandiae* es el término latino para denominar Nueva Holanda.

332 Mathews, Gregory M. (1912) Class: Aves; Genus *Dromiceius*. Novitates Zoologicae. XVIII (3): 175-176.

333 Dos pequeñas islas situadas frente a la costa sur de Australia.

334 Heupink, T. H., Huynen, L. & Lambert, D. M. (2011) Ancient DNA suggests dwarf and 'giant' emu are conspecific. PLOS ONE 6 (4): e18728.

335 El nombre *emú* podría provenir de una palabra árabe que significa *pájaro grande*, que utilizaron los navegantes portugueses para referirse al casuario. Otra teoría es que vendría de la palabra *ema* que, en portugués, se utiliza para referirse a un gran pájaro similar al avestruz o la grulla.

las hembras generalmente algo más grandes y corpulentas que los machos. No vuelan, pero tienen alas vestigiales que miden unos 20 cm con una pequeña garra en la punta y aletean cuando corren, probablemente para estabilizarse. Sus patas son largas y tienen tres dedos en los pies, como los casuarios, dotados de garras afiladas con las que pueden infligir heridas al propinar patadas. Los emúes dan zancadas de en torno a un metro cuando caminan y de hasta casi tres cuando galopan, pudiendo correr a casi 50 km/hora gracias a la musculatura de sus extremidades pélvicas, cuya masa guarda una proporción respecto a la corporal, que es similar a la de los músculos responsables del vuelo en las aves voladoras.

El plumaje de los emúes actúa como un camuflaje natural, variando su color en función del entorno ambiental, mostrando un tinte rojizo en lugares más áridos con suelos rojos y un tono más oscuro donde las condiciones son más húmedas. Una característica única del plumaje de estas aves es que las plumas son bífidas, parecidas a pelos, con el raquis doble que emerge de un solo tronco y con su textura variable, bastante peluda cerca de la piel y semejante a la hierba en los extremos.

Los emúes son aves diurnas que viven en hábitats interiores y cercanos a la costa, más comunes en bosques de sabana y escleró-filos que en las zonas áridas con escasas precipitaciones anuales. Consumen plantas dependiendo de su disponibilidad estacional y completan su dieta con diversos artrópodos, pueden pasar semanas sin comer y beben agua con poca frecuencia, aunque si tienen oportunidad la consumen en gran cantidad.

Los emúes suelen ser gregarios, menos en la temporada de reproducción, pudiendo formar grandes rebaños que recorren largas distancias en busca de alimentos y que, en algunas regiones de Australia, lo hacen siguiendo un patrón estacional, al norte en verano y al sur en invierno. Las parejas reproductoras de estas aves son muy territoriales y ponen huevos de 12 a 14 cm de longitud y de 7 a 8 cm de diámetro, que pesan en torno a medio kilogramo y con una cáscara de un milímetro de espesor con la superficie granulada de color verde pálido. Los polluelos pueden abandonar el nido a los pocos días de nacer y el progenitor los defiende de sus congéneres, agitando sus plumas, gruñendo y pateándolos.

Durante miles de años los emúes tuvieron numerosos depredadores ahora extintos, como el lagarto gigante *Megalania* y algunos marsupiales carnívoros, pero en la actualidad no tienen depredadores nativos, y podría considerarse como tal al dingo, un cánido introducido por los aborígenes del que los emúes se defienden hábilmente y cuya acción no parece influir mucho en sus poblaciones. Las águilas de cola de cuña (*Aquila audax*)[336] atacan a veces a los emúes adultos en terreno abierto, aunque prefieren capturar individuos jóvenes[337], mientras que varias de las especies introducidas por el hombre en Nueva Zelanda (jabalíes, perros, zorros, etc.) se alimentan de huevos y polluelos de emú.

Los emúes lograron sobrevivir en el continente australiano a pesar de la caza extensiva de que fueron objeto desde principios de la década de 1930[338], tras considerarlos una plaga para la agricultura australiana, calculándose que hasta 1960 se mataron cerca de 300.000 emúes. Se ha estimado que las poblaciones actuales de estas aves suman medio millón de ejemplares, un número que varía de una década a otra dependiendo en gran medida de las precipitaciones. Por este motivo, el emú no está en la lista de especies de aves en peligro de extinción, aunque su supervivencia esté amenazada por diversas especies de animales que depredan sus huevos, así como por la fragmentación de sus hábitats y el aumento de las vías terrestres de comunicación.

Desde una perspectiva histórica, los emúes forman parte de la cultura humana y durante siglos han ocupado un lugar destacado en la mitología indígena de Australia. Estas grandes aves son, en cierta forma, reliquias vivientes, y su existencia actual es la mejor prueba de su resistencia y adaptabilidad. De hecho, algunas tribus indígenas australianas ven al emú como un símbolo de fuerza y resistencia. Actualmente el emú es en un ave cada vez más popular, convirtiéndose en un importante icono cultural de Australia, que aparece en el escudo del país[339], se utiliza como mascota exótica e incluso es explotado como animal de granja.

---

336 Es el ave rapaz más grande de Australia y el sur de Nueva Guinea, con una envergadura de hasta 2,27 m, una longitud de hasta 1,06 m y un peso que puede superar los 5 kg.

337 Eastman, Maxine (1969) *The life of the Emu*. Angus and Robertson.

338 A partir de 1932, ante la preocupación sobre cómo el aumento del número de emúes amenazaba la agricultura, el gobierno de Australia occidental impulsó una operación militar conocida como la *Guerra del Emú*, cuyo objetivo era limitar el número de estas aves.

339 Escudo de armas de la Mancomunidad de Australia.

EL CASUARIO: EL AVE MÁS PELIGROSA DEL MUNDO

Los casuarios son grandes aves solitarias, muy tímidas, poco ruidosas y rara vez atacan a sus vecinos, pero cuando se sienten acorralados pueden responder agresivamente y es muy probable que incluso causen lesiones mortales a cualquier animal que consideren un intruso, golpeándolo con sus fuertes patas y desgarrándole el cuerpo con sus garras como cuchillos. Así, con casi dos metros de altura y de apariencia prehistórica, el casuario ataca como lo haría un velociraptor, y por este motivo se ha catalogado como el ave más peligrosa de Nueva Guinea, llegando a considerarse como el más peligroso del mundo, incluso para un humano adulto.

$$***$$

El primer encuentro europeo con un casuario se produjo durante una expedición holandesa a Java, dirigida por el explorador Cornelis de Houtman. Una flota compuesta por cuatro barcos salió de Ámsterdam en febrero de 1595 y llegó al puerto de Banten (noroeste de Java) en julio del mismo año. El objetivo principal de la expedición era sentar las bases para el futuro comercio de especias con las Indias Orientales Holandesas, aunque durante el viaje también adquirieron otros objetos valiosos, incluida un ave de gran tamaño que trajeron viva a Europa y que en indonesio era denominada *emeu* (su nombre moderno es *casuario*, del malayo *kesuari*).

Uno de los miembros de la expedición, Willem Lodewycksz, era un gran observador e hizo bocetos para acompañar sus descripciones escritas en un diario de aventuras que publicó un año después de su regreso (Figura 31-A)[340]. En su libro afirma que a finales de 1596 un príncipe de la isla de Java regaló un pájaro llamado «emeu» al capitán de uno de los barcos que, según se decía, provenía del archipiélago de Banda, un grupo de diez pequeñas islas volcánicas

---

340   Lodewycksz, Willem (1598) *Historie van Indien* (Historia de la India Oriental). Ghedruckt by C. Claesz, Indonesia.

a unos 140 km al sur de la isla Seram y que forman parte de la provincia indonesia de Maluku. Afortunadamente, el pájaro fue comprado y entregado al arzobispo de Colonia, donde fue observado y descrito por el famoso historiador natural flamenco Clusius, que en un libro publicado en 1605 señala que el ave posee una cresta córnea de unas tres pulgadas de alto. Clusius también incluyó este dibujo del casuario en su libro (Figura 31-B). Finalmente, el casuario de las islas Banda fue entregado en Praga al emperador Rodolfo II, en cuya casa de fieras murió dos años después.

Figura 31. A. Sketch del diario publicado de Lodewycksz. B. Dibujo del casuario incluido en el libro de Clusius.

A los casuarios y emúes se les asocia con la fauna australiana, por lo que suele creerse que las primeras noticias sobre ambos llegaron a Europa cuando comenzó la colonización de Australia; sin embargo, sabemos que el casuario se conocía desde mucho antes en la región de Nueva Guinea. Paradójicamente, en la primera clasificación taxonómica que elaboró el naturalista sueco Carlos Linneo a mediados del siglo XVIII el casuario figura junto al avestruz.

El género *Casuarius* y la especie tipo *Casuarius casuarius* fueron introducidos por Linneo en la sexta edición de su *Systema Naturae* publicada en 1748 [341], pero en la décima edición de 1758 clasificó al casuario como *Struthio casuarius* y lo situó junto con el avestruz y el ñandú[342]. En realidad, el género *Casuarius* fue erigido por el científico

---

341 Linnaeus, Carl (1748) *Systema Naturae sistens regna tria naturae.* (6ª ed.). Stockholmiae: Godofr, Kiesewetteri. pp. 16, 27.
342 - Linnaeus, Carl (1758) *Systema Naturae per regna tria naturae.* (10th ed.).

francés Mathurin Jacques Brisson en 1760,[343] y como la sexta edición de Linneo se publicó antes de que se iniciase la Comisión Internacional de Nomenclatura Zoológica, se consideró que la autoridad para el género *Casuarius* era Brisson, no Linneo. Actualmente, además de la especie *C. casuarius* que nombró Linneo, se tiene registro de otras dos especies: *C. casuarius, C. bennetti* y *C. unappendiculatus.*

La especie que nombró Linneo, *Casuarius casuarius,* es el también llamado *casuario común* o *austral,* endémico del norte de Australia, el sur de Nueva Guinea y algunas islas de Indonesia. Con hasta 85 kg de peso y 190 cm de altura, es el miembro más grande del género y el ave viva más grande del mundo después del avestruz.

En 1857, el naturalista y ornitólogo inglés John Gould nombró *Casuarius bennetti* a la segunda especie de casuario, en honor al naturalista australiano George Bennett. De menor tamaño que el casuario común, el también llamado casuario menor o de Bennett es autóctono de Nueva Guinea, Nueva Bretaña y Yapen.

La tercera especie de casuario, *Casuarius unappendiculatus,* fue nombrada en 1860 por el zoólogo inglés Edward Blyth. El también llamado casuario unicarunculado o de Salavati es endémica del norte de Nueva Guinea. Con una altura de hasta 180 cm y con pesos de hasta 30 kg en los machos y casi 60 kg en las hembras, este casuario es la tercera especie de ave viva más pesadas después del avestruz y el casuario común.

✳✳✳

Los casuarios son grandes aves paleognatas corredoras, que tienen en su cabeza una distintiva protuberancia a modo de casco de hasta 18 cm de altura, formada por hueso trabecular o cartílago calcificado. Esta ave está distribuida en el noroeste de Australia, Nueva Guinea y

---

Stockholmiae: Laurentii Salvii. p. 155.

- Allen, J. A. (1910) Collation of Brisson's genera of birds with those of Linnaeus. Bulletin of the American Museum of Natural History 28, 317-335.

343   Brisson, Mathurin Jacques (1760) *Ornithologie, ou, Méthode contenant la division des oiseaux en ordres, sections, genres, especes & leurs variétés.* Paris: Jean-Baptiste Bauche.

otras islas del entorno geográfico, en algunas de las cuales fue introducida por los humanos. Los casuarios pesan entre 17 y 59 kg y pueden alcanzar hasta 1,7 metros de altura. Poseen patas largas, los pies tienen tres dedos y el interior posee una garra larga y afilada con la que puede destripar a un adversario. La fúrcula y el coracoides del casuario están degeneradas, sus alas son pequeñas y muy retraídas.

Al igual que el emú, el eje posterior de las plumas de los casuarios es tan largo como el eje principal, de modo que cada pluma parece doble, constando todas de un eje y bárbulas sueltas. Carecen de plumas rectrices de la cola, y en las alas solo poseen cinco o seis grandes plumas primarias que permanecen como largas espinas curvas.

Los casuarios habitan en la selva tropical, pero a menudo deambulan por bosques de eucaliptos, matorrales de palmeras, pastizales altos, sabanas, bosques secundarios y bosques pantanosos, donde se alimentan de frutos de los árboles y arbustos que recogen en su mayoría del suelo utilizando su pico y, a veces, se valen de su casco para desenterrar los frutos caídos. De manera oportunista, los casuarios también comen hongos, insectos y pequeños vertebrados, pero su dieta básica consiste en frutas.

Excepto durante el cortejo y la puesta de los huevos, los casuarios son aves solitarias que rara vez se ven en grupos y en general en alguna fuente de alimento abundante. Pueden desplazarse silenciosamente por la selva tropical y cada uno ocupa un área de distribución dentro de la que se mueve en busca de alimento, emitiendo cada especie un característico sonido territorial amenazador mientras inclina la cabeza debajo del cuerpo. La poderosa musculatura de las patas de los casuarios les permite impulsarse para saltar muy alto y correr a 50 kilómetros por hora a través de la selva. Además, nadan bien y se ha registrado su llegada a una isla situada a más de dos kilómetros de la costa.

Los casuarios anidan en una plataforma de vegetación en el suelo, y cada nidada suele contener entre tres a ocho huevos de color verde brillante o azul verdoso que miden entre 9 a 14 cm. La incubación dura en torno a 50 días y la realiza solo el macho, permaneciendo los polluelos con él durante algunos meses antes de independizarse.

La perturbación del bosque tropical puede tener graves consecuencias para los casuarios que lo habitan, y la tala selectiva de una especie de árbol, cuyo fruto es parte importante de su dieta, puede dejarlos sin alimento durante semanas o meses. Además, a medida que los casuarios se desplazan por toda la selva, van dispersando semillas, asegurando la continuidad de muchísimas especies de plantas.

En relación con el peligro de extinción de los casuarios, la UINC ha declarado «Vulnerables» a *Casuarius casuarius* y *Casuarius unappendiculatus* tras determinarse que corren un alto riesgo de extinción en estado silvestre, mientras que *Casuarius bennetti* fue declarada «Casi amenazada» por estar cerca de cumplir los criterios para estar en la categoría vulnerable. El estado de peligro en el que se encuentran los casuarios es un recordatorio de las amenazas a las que se enfrentan las selvas tropicales que están desapareciendo en el norte de Australia, Nueva Guinea y las islas circundantes, a las cuales estas aves representan en muchos sentidos.

A pesar de su carácter esquivo y del peligro que representan para los humanos, los casuarios han tenido bastante relación con ellos desde una perspectiva histórica. En este sentido, existen estudios en los que se sugiere que, mucho antes de que se domesticase el pollo en el sureste de Asia, los humanos ya intentaron domesticar a los casuarios, lo que remonta su relación con los humanos en hace más de 15 000 años. Los casuarios también son animales muy importantes y de gran simbolismo para los pueblos indígenas de las regiones donde viven, siendo una fuente preciada de alimento y protagonizando historias aborígenes, una de las cuales explica la forma en la que el casuario recibió su protuberancia en forma de casco.

ORIGEN Y EVOLUCIÓN DE LOS CASUARIFORMES

Durante mucho tiempo el emú fue clasificado junto a los casuarios en la familia *Casuariidae*, aunque en los últimos años se propuso una clasificación alternativa basada en el análisis del ADN mitocondrial[344]. Esta clasificación incluye, en la familia *Casuariidae*, solo a los casuarios y en la familia *Dromaiidae* a los emúes (Figura 32).

---

344   *Ibid.* Mitchell *et al.*, 2014.

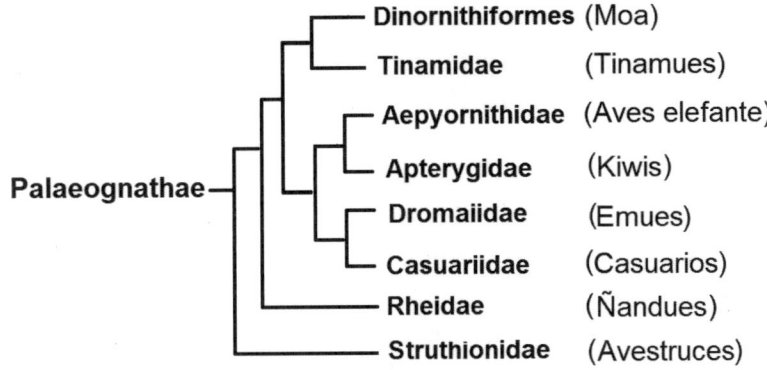

Figura 32. Basado en el cladograma de las aves paleognatas
propuesto por Mitchell *et al.* (2014).

En la clasificación de las aves fósiles de Australia publicada en
2020[345], las aves paleognatas del orden casuariformes (*Casuariiformes*)
solo incluyen a la familia de los casuáridos (*Casuariidae*), a su vez
formada por dos subfamilias, la de los casuarios (*Casuariinae*) y la
de los emúes (*Dromaiinae*). A pesar de que casuarios y emúes difieren en algunos aspectos de su apariencia externa, los cierto es que
existe una gran semejanza entre sus morfologías esqueléticas. De
hecho, casi todos los análisis filogenéticos muestran que son taxones hermanos[346].

A finales del siglo XIX ya se habían nombrado varias especies fósiles de emúes[347], pero en el pasado siglo se revisó la lista de paleoes-
pecies de emú descritas hasta entonces[348]. Así, las especies *Dromaius
patricius*, *Dromaius gracilipes* y *Metapteryx bifrons* (un supuesto

345 Worthy, Trevor H. & Nguyen, Jacqueline M. T. (2020) An annotated checklist
     of the fossil birds of Australia. Transactions of the Royal Society of South
     Australia, 144: 1, 66-108.

346 Mayr, G. (2017) Avian evolution. The fossil record of birds and its paleobiological
     significance. John Wiley & Sons, Inc, Chichester, West Sussex.

347 - De Vis, C. W. (1888). A glimpse of the post Tertiary avifauna of Queensland.
     Proceedings of the Linnean Society of New South Wales 3, 1277-1292.
     - De Vis, C. W. (1892). Residue of the extinct birds of Queensland as yet detected.
     Proceedings of the Linnean Society of New South Wales 6, 437-456.

348 Patterson, C., and Rich, P. V. (1987). The fossil history of the emus, *Dromaius*
     (Aves: Dromaiinae). Records of the South Australian Museum 21, 85-117.

kiwi) pasaron a ser sinonimias de la especie *Dromaius novaehollandiae*, quedando aceptada como especie fósil solo *Dromaius ocypus* del Plioceno de Australia del Sur.

Actualmente los casuariformes de la subfamilia *Dromaiinae* incluyen a una forma del actual emú *Dromaius novaehollandiae* procedente de los depósitos del Pleistoceno, a dos especies fósiles del género *Dromaius* (*D. arleyekweke* del Mioceno tardío y *Dromaius ocypus* del Plioceno) y a otras dos especies de hace entre 24 y 15 Ma. La primera de estas dos últimas especies fue inicialmente nombrada como *Dromaius gidju*, pero más tarde se propuso sustituir su género por *Emuarius*, interpretado como más cercano al ancestro mutuo de los linajes de emú y casuario que cualquier otra forma descrita[349].

Emuarius gidju fue descrita a partir huesos de sus extremidades posteriores hallados en depósitos del Oligoceno/Mioceno del centro y el noroeste de Australia. Los tibiotarsos y tarsometatarsos de esta paleoespecie son más similares a los de emúes que a los de casuarios, mientras que los fémures son más similares a los de los casuarios. Estas similitudes en los caracteres de las extremidades posteriores indicarían una etapa anterior en el desarrollo de una mayor cursorialidad y, de hecho, el fémur de *E. gidju* es más delgado que el del emú, lo cual indicaría que se trataba de un ave menos cursorial que el más grande de los emúes, aunque su peso estimado es de alrededor de 20 kg[350].

Posteriormente, en depósitos del Oligoceno tardío, se hallaron los restos fósiles de un tarsometatarso completo de la que parecía ser una nueva especie fósil de emú, y a partir de él se describió *Emuarius guljaruba*[351]. La morfología del extremo proximal de aquel hueso es similar al de *Emuarius* y otras especies de *Dromaius*, pero su tamaño es mucho más grande que el de *Emuarius gidju* y cercano al de la paleoespecie *Dromaius ocypus*. Sin duda, el tarsome-

---

349 Boles, W. E. (1992) Revision of *Dromaius gidju* Patterson and Rich, 1987, with a reassessment of its generic position. Los Angeles County Museum, Science Series 36, 195-208.

350 Boles, W. E. (1997) Hindlimb proportions and locomotion of *Emuarius gidju* (Patterson & Rich, 1987) (Aves: *Casuariidae*). Memoirs of the Queensland Museum 41, 235-240.

351 Boles, W. E. (2001) A new emu (*Dromaiinae*) Late Oligocene Etadunna Formation. Emu 101-317-321.

tatarso de *E. guljaruba* evidencia habilidades para la carrera avanzadas sobre las de los casuarios (*Casuarius*), pero no estaba tan bien adaptado a la carrera como el emú actual (*Dromaius novaehollandiae*). Curiosamente, esto contrasta en cierta manera con las fuertes similitudes anatómicas que presentan casuarios y emúes.

La ausencia del hallazgo de un fémur que corresponda a *E. guljaruba* plantea dudas sobre asignarlo con certeza a *Emuarius* o a *Dromaius*, aunque existe la posibilidad de que represente la especie más antigua conocida de *Dromaius*, lo que, por otra parte, extendería el registro fósil de este género hasta el Oligoceno tardío. Además, el hecho de que los estudios filogenéticos sitúen a *Emuarius* como taxón hermano de *Dromaius* (casuario) lo identificaría como un grupo madre de la subfamilia *Dromaiinae*[352], lo cual confirmaría que tanto los casuarios como los emúes han evolucionado de una población ancestral común y podría indicar que ambos ya se habían separado en el Paleógeno.

Parece razonable la propuesta de que la divergencia entre los casuarios y los emúes se produjo hace de 35 a 38 Ma[353], transcurriendo la evolución de ambos en su mayor parte después de ese intervalo de tiempo. En este contexto, *Emuarius* parece estar cerca del momento de la divergencia entre emúes y casuarios.

∗∗∗

El origen de los casuarios y los emúes ha sido aclarado recientemente gracias a los ya mencionados análisis filogenéticos y al descubrimiento de numerosos fósiles en Norteamérica y Europa. Estos restos demuestran la presencia de las ratites voladoras en el hemisferio norte en el Paleoceno y el Eoceno (ver Figuras 19-20), mientras que en el hemisferio sur la distribución actual de las ratites probablemente se debe a la expansión de los ancestros voladores del grupo desde el norte[354].

---

352   *Ibíd.* Worthy *et al.*, 2014.
353   *Ibíd.* Cooper *et al.*, 2001.
354   *Ibíd.* Widrig & Field, 2022.

En los últimos años, los datos de ADNmt obtenidos de numerosos casuarios actuales indican que C. *casuarius* es el taxón hermano del resto de los casuarios y, además, el hecho de que *Emuarius* del Oligo-Mioceno y los emúes existentes sean australianos, apunta la posibilidad de que el linaje de los casuarios se originó en Australia. Los fósiles de casuarios descritos en el Plioceno y Pleistoceno de Nueva Guinea y Australia pertenecen en su mayoría al pequeño casuario *Casuarius lydekkeri*, un taxón que no muestra una estrecha afinidad con los casuarios existentes y, de hecho, la pelvis de C. *lydekkeri* es más estrecha y menos profunda, su fémur más grácil y el extremo proximal de su tarsometatarso más estrecho. Estas diferencias han llevado a plantear la hipótesis de que están fuera del clado que incluye a los taxones existentes y, por lo tanto, los primeros casuarios formarían un clado posterior al Plioceno.

Los investigadores debaten sobre las relaciones filogenéticas y la posible escala temporal en que han evolucionado las tres especies de casuarios que existen actualmente[355], combinando para ello las evidencias geológicas, moleculares y morfológicas. En relación con la morfología de estas grandes aves, destaca el hecho de que, sobre sus cabezas, poseen unos cascos que están ausentes en los emúes y otras ratites, que supuestamente es una novedad que evolucionó después de la divergencia del linaje del casuario del ancestro común casuario-emú, el *Emuarius*.

∗∗∗

El proceso completo del crecimiento craneal en las aves aún no se ha desentrañado del todo, pero se sabe que los cascos prominentes en la parte superior del cráneo tienen más probabilidades de evolucionar en aves terrestres o acuáticas, quizás porque al estar sus cabezas particularmente expuestas la prominencia craneal destaca más. En el clado de las Neoaves las protuberancias óseas se limitan principalmente al pico y rara vez aparecen en la parte superior del cráneo, debido posiblemente por restricciones ontogenéticas, ecológicas o funcionales.

---

355   *Casuarius, C. bennetti* y *C. unappendiculatus.*

En un artículo publicado en 2016[356], varios investigadores presentaban nuevas observaciones sobre la anatomía del casco y las utilizaban para evaluar hipótesis sobre la función del casco, planteando que probablemente cumpla una función socio-sexual como exhibición visual y acústica. La similitud en la forma del casco de los machos y hembras, combinada con la inversión parental masculina, hace posible que extravagantes cascos presentes en los casuarios evolucionaran dentro del contexto de la selección sexual mutua. De hecho, los autores del artículo proponen una hipótesis según la cual la evolución del casco del casuario y su variación en tamaño y forma podría ser la mejor explicación para la filogenia y la variación morfológica y de comportamiento conocida en estas aves.

Teniendo en cuenta la distribución de los emús y la presencia de fósiles de casuarios en Australia continental, los autores del artículo dan por supuesto que los casuarios son de ascendencia australiana, en cuyo caso cualquier hipótesis basada en la vicarianza sobre su distribución debe vincular su presencia en Nueva Guinea con la separación de la parte norte del cratón continental australiano del resto de Australia. Esto sugiere que los casuarios habrían invadido Nueva Guinea en al menos dos oleadas y que su grupo constituye un clado geológicamente reciente, posterior al Plioceno.

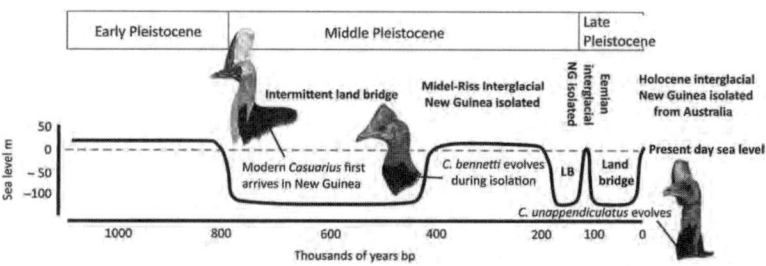

Figura 33. Escenario especulativo que vincula la historia evolutiva del casuario con el cambio del nivel del mar y el surgimiento y la inmersión de conexiones terrestres entre Nueva Guinea y Australia. De Naish & Perron (2016).

356 Naish, Darren & Perron, Richard (2016) Structure and function of the cassowary's casque and its implications for cassowary history, biology and evolution. Historical Biology: An International Journal of Paleobiology 28, 507-518.

Para explicar estos acontecimientos biogeográficos, en el mencionado artículo se relacionan la historia evolutiva de los casuarios con la morfología de sus cascos, y la vinculan con los cambios del nivel del mar que afectaron a la conexión terrestre entre Nueva Guinea y Australia durante el Pleistoceno (Figura 33). Para hacerlo, comienzan por sugerir que, en el Pleistoceno, durante los casi 400.000 años del primer período en que el nivel del mar fue lo suficientemente bajo como para permitir el paso terrestre, la especie *C. casuarius* extendió su área de distribución desde Australia a la mitad sur de la actual Nueva Guinea. Posteriormente, cuando el nivel del mar aumentó durante el interglaciar Mindel-Riss, la población de casuarios que se había quedado aislada en Nueva Guinea evolucionó durante los siguientes 200.000 años. Los cambios genéticos que se produjeron permitieron que los casuarios de Nueva Guinea se especializasen en su entorno físico y botánico, a la vez que aumentaba considerablemente la altura de las montañas del centro de la isla y la importancia de la flora asiática, particularmente en el norte.

Durante el siguiente período de descenso del nivel del mar, Nueva Guinea fue invadida por más miembros de la población australiana de *C. casuarius* y, aunque probablemente esta especie todavía podía cruzarse con el grupo previamente aislado, los investigadores sugieren que las poblaciones de casuarios de Nueva Guinea (por entonces ya endémicas, a diferencia de las de los nuevos invasores australianos, se habrían adaptado a las condiciones locales, pudiendo ocupar la mayor parte de los distintos hábitats disponibles (sobre todo a mayor altura). En algún momento de los últimos 200.000 años, estos casuarios de Nueva Guinea se volvieron genética y morfológicamente diferentes a otros existentes y se convirtieron en la nueva especie *C. bennetti*, la única capaz de habitar desde el nivel del mar hasta los 3500 m de altura, además de que es probable que no pueda cruzarse con *C. casuarius* en la naturaleza.

Curiosamente, los individuos de *C. unappendiculatus* exhiben una variación de casco que parece abarcar la «distancia morfológica» existente entre la forma de los cascos de *C. casuarius* y *C. bennetti*, pudiendo no ser una coincidencia el hecho de que *C. unappendiculatus* frecuente hábitats de altitudes que también son intermedias entre las que frecuentan las otras dos especies. Partiendo de esta circunstancia, los investigadores consideran plausible que la especie

C. unappendiculatus ocupe un nicho ecomorfológico «intermedio» entre los de las otras especies, una posibilidad que es consistente con su posición filogenética. De hecho, en la naturaleza, *C. unappendiculatus* puede cruzarse tanto con *C. casuarius* como con *C. bennetti.* Sin duda, vincular los cambios del nivel del mar con la historia evolutiva de los casuarios en base a la morfología de sus cascos crea un escenario un tanto especulativo, porque de momento no puede ser evaluada del todo, debido a la escasez de fósiles que aporten datos sobre la morfología del casco de los casuarios antiguos. Pero, a pesar de esto, estamos ante un modelo bastante parsimonioso e interesante, más aún si tenemos en cuenta que en los últimos años han proliferado los estudios sobre el papel evolutivo y taxonómico de la morfología del casco de los casuarios.

Los cascos de casuario son osteológicamente más complejos de lo que se pensaba y, de hecho, antes se consideraba que en el casuario del sur el elemento mediano del casco es una parte del hueso mesetmoides, pero un reciente estudio indica que se compone de ocho elementos óseos separados[357]. Esta configuración del casco parece ser única entre las aves modernas y el mencionado estudio señala que el origen ontogenético del casco de casuario del sur (un ave paleognata) es diferente al de la gallina de Guinea (*Numida meleagris,* un neognato), en la que deriva de los huesos frontales[358].

La taxonomía de los casuarios, basada en la composición del casco, ha sido altamente especulativa, debido en parte a una posible hibridación. Por este motivo, determinar las posibles diferencias en dicha composición requiere demostrar que los especímenes estudiados de casuario del sur no son híbridos, sino de la misma especie, para lo cual deben determinarse la estructura del casco en otras especies del género *Casuarius.*

---

357 Tres elementos pares (nasales, lagrimales, frontales) y dos elementos impares (mesetmoideo, elemento de casco mediano).
358 - Mayr, Gerald (2018) A survey of casques, frontal humps, and other extravagant bony cranial protuberances in birds. Zoomorphology 137, 457-472.
- Green, Todd L. & Gignac, Paul M. (2021) Osteological description of casque ontogeny in the southern cassowary (*Casuarius casuarius*) using micro-CT imaging. The Anatomical Record 304, 461-479.

÷

COMPOSICIÓN ESTRUCTURAL

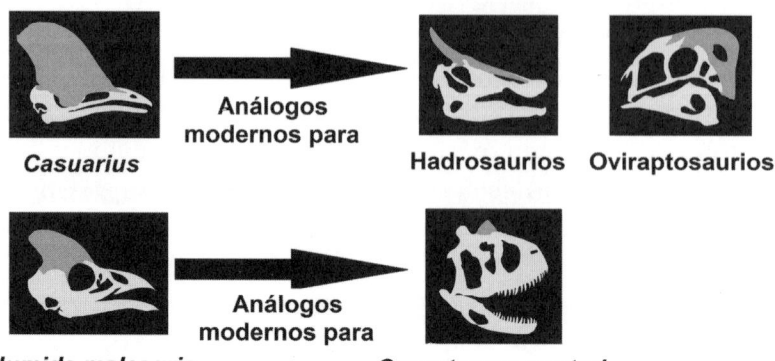

Casuarius — Análogos modernos para — **Hadrosaurios** **Oviraptosaurios**

Numida meleagris — Análogos modernos para — **Carnotaurus sastrei**

Figura 34. Ejemplos de análogos de cascos modernos adecuados para comparaciones específicas de ornamentación de dinosaurios no aviares en el contexto de la composición estructural. Cada cráneo se muestra en vista lateral derecha. Las regiones resaltadas representan elementos ornamentales para cada especie representada. Modificado de Green & Gignac (2023).

Las aves modernas poseen gran variedad de expansiones craneales óseas, y para interpretarlas es útil comprender su complejidad anatómica. Para ello se ha estudiado la variación del ornamento óseo en aves modernas, examinando los componentes del casco craneal, la composición estructural y los cambios de desarrollo en varias especies actuales de paleognatas (casuario del sur) y neognatos. Los resultados son útiles para desentrañar los procesos de selección que dieron forma a los cascos aviares modernos, así como para utilizar aves actuales como análogos comparativos de dinosaurios no aviares con estructuras de cabeza ornamentales (Figura 34)[359].

Los cascos también aparecen en numerosos taxones de pterosaurios y dinosaurios no aviares, pero la mayoría de las comparaciones entre estos animales extintos y las aves se han limitado a los cas-

359   Green, T. L. & Gignac, P. M. (2023) Osteological comparison of casque ontogeny in palaeognathous and neognathous birds: insights for selecting modern analogues in the study of cranial ornaments from extinct archosaurs. Zoological Journal of the Linnean Society 199 (1), 10-25.

cos de los casuarios. En este sentido, un artículo publicado en 2017 describía un nuevo dinosaurio oviraptórido del Cretácico Superior de Ganzhou, *Corythoraptor jacobsi*, caracterizado por poseer una distintiva cresta en el cráneo cuya estructura interna es parecida a la de los casuarios modernos. Los autores del artículo planteaban la hipótesis de que el prominente casco de este dinosaurio era una estructura multifunción utilizada para exhibir, comunicar y probablemente expresar aptitudes durante las temporadas de apareamiento[360]. En este sentido, por ejemplo, un estudio sobre la anatomía craneal del casuario, publicado en 2018, apuntaba la escasa probabilidad de que la función de su casco fuese la de actuar como *cámara de resonancia*[361].

Se han planteado numerosas hipótesis sobre las posibles funciones del casco de los casuarios (visualización, termorregulación, vocalización, combate intraespecífico, etc.), pero pocas han podido probarse directamente mediante estudios anatómicos y de comportamiento. Pero eso es otra historia.

DROMORNÍTIDOS, LOS GRANDES DESCONOCIDOS

Los grupos de animales extintos menos conocidos entre el público no especialista no han sido necesariamente aquellos cuyos fósiles son más escasos, ni tampoco los que peor conocen los investigadores. A continuación, trataremos sobre uno de esos grupos, la familia de los dromornítidos (*Dromornithidae*), formada por grandes aves terrestres que habitaron en Australia y se extinguieron a finales del Pleistoceno.

A finales del siglo XIX ya se habían descrito los restos fósiles de varios taxones de estas aves, por lo que me ha resultado curioso que hasta hace pocos años no hubieran figurado en los textos divulgati-

---

360 Lü, L. J., Li, G., Kundrát, M., Lee, Y.-N., Sun, Z., Kobayashi, Y., Shen, C., Teng, F. & Liu, H. (2017) High diversity of the Ganzhou Oviraptorid Fauna increased by a new «cassowary-like» crested species. Scientific Reports 7.

361 Brassey, C. A. & O'Mahoney, T. (2018) Pneumatisation and internal architecture of the Southern Cassowary *Casuarius* casque: a microCT study. Report from a British Ornithologists' Unit-Funded Project (BOU).

vos de paleontología que sí popularizaban a otras muchas aves prehistóricas de gran tamaño. Desde luego, no recuerdo que se tratase sobre los dromornítidos en ninguno de los libros divulgativos que pasaron por mis manos, a pesar de que, como veremos, sus restos fósiles no son precisamente escasos y es amplio el conocimiento que han aportado sobre estas aves.

La familia dromornítidos está formada por enormes aves no voladoras que vagaron por las selvas tropicales australianas desde hace 24 Ma hasta hace tan solo 50.000 años. Anteriormente se pensaba que estaban relacionadas con los emúes y casuarios[362], las otras grandes aves terrestres que habitaban Australia, pero hoy se sabe que están emparentadas con el grupo Anseriforme, al que pertenecen los patos y sus parientes[363].

La primera alusión a los dromornítidos es probable que fuese hecha por los aborígenes de Australia. En 1951 se publicó[364] que en las tribus del oeste de la región de Victoria se habían observado tradiciones orales del pueblo aborigen Tjapwurong que se refieren al *mihirung paringmal*, una expresión que significa *emú gigante* y de la que deriva el nombre *mihirung*. Según la leyenda, los mihirung fueron grandes aves que vivieron hace mucho tiempo, cuando las colinas volcánicas de la región estaban en estado de erupción y resulta que, en el sureste de Australia, la erupción más reciente del volcán Tower Hill se ha datado[365] en hace 36.800 ± 3800 años BP. Esta fecha coincide curiosamente con la edad mínima que se establece para la presencia humana en la región y podría interpretarse como evidencia de las historias orales que hablan, de hecho, de erupciones volcánicas. Por todo esto, a los dromornítidos se les ha dado el nombre común de *aves Mihirung*, en referencia a sus gigantescas proporciones.

362 Rich, P. V. (1980) The australian *Dromornithidae*: a group of extinct large Ratites Contrib. Sci. Natur Hist Mus. Los Angeles County 330, 93-103.

363 Murray, P. F. & Megirian, D. (1998) The skull of dromornithid birds: anatomical evidence for their relationship to Anseriformes. Records of the South Australian Museum 31, 51-97.

364 Hall, F. J., Mcgowan, R. G., & Guleksen, G. F. (1951) Aboriginal rock carvings: a locality near Pimba, S.A. Rec. Sth Aust. Mus. 9, 375-380.

365 Matchan, E. L., Phillips, D., Jourdan, F. & Oostingh, K. (2020) Early human occupation of southeastern Australia: New insights from $^{40}Ar/^{39}Ar$ dating of young volcanoes. Geology 48 (4): 390-394.

***

La primera evidencia fósil de la presencia de aves terrestres gigantes en Australia resultó del trabajo de exploración y estudio de T. L. Mitchell en las «alturas más allá del valle de Wellington», en 1830, donde investigó varias cavernas de piedra caliza y recogió los primeros huesos de dromornítidos, junto con otras aves y marsupiales. El hallazgo se produjo de manera fortuita en un pozo, cuando descubrieron que la cuerda con la que bajaron había sido fijada a un hueso muy grande que sobresalía de la parte superior de la brecha rojiza de la cueva. Se trataba de un gran fémur de 460 mm de largo al que Mitchell ilustró en dos vistas sin mencionar su identidad, aunque en una carta le sugiere a Owen que solo por su tamaño parece ser de un ave, y muy probablemente un dromornítido[366]. El hueso se depositó supuestamente en el Museo de la Sociedad Geológica de Londres, pero en la actualidad no puede ser localizado.

En 1866 el reverendo Julian E. Tenison Woods excavó dos tibias y dos huesos tarso-metatarsianos de un ave extinta muy grande, señalando en su primer informe que los huesos fueron encontrados al hundir un pozo en el borde de un pantano a catorce millas al noroeste de la localidad de Penola, entre Adelaida y Melbourne. Woods propuso para los huesos un nuevo taxón al que denominó *Dromaius australis*, aunque no pudo validarlo por no haberlo descrito suficientemente. Más tarde publicó que los huesos se encontraron en un basurero de cocina de un antiguo asentamiento de los nativos de Australia del Sur, lo que sembró ciertas contradicciones en cuanto a la localidad donde se hallaron los restos del dromornítido de Penola[367].

Dejando a un lado la polémica sobre dónde se encontraron los huesos, Woods también apunta que el pájaro gigante parece haber sido contemporáneo de los aborígenes australianos, ya que los huesos tenían marcas antiguas y, junto a ellos, aparecieron enterrados

---

366 Mitchell, T. L. (1839) Three expeditions into the interior of Eastern Australia. T. and W. Moore, London.

367 Woods, J. E. T. (1866) Report of the geology and mineralogy of the southeastern district of the colony of South Australia.

fragmentos de pedernal, además de que a unos cincuenta metros de distancia había un pozo nativo. Lo cierto es que aquellos huesos podrían proporcionar el único apoyo convincente a una coincidencia temporal de los aborígenes con los dromornítidos, pero desafortunadamente estos especímenes no pudieron ser localizados por los investigadores a principios del siglo XX y siguen perdidos a pesar de la intensa búsqueda llevada a cabo en los principales museos australianos y británicos.

En 1869, el reverendo y geólogo William Branwhite Clarke informó que se había recuperado el fémur de ave de gran tamaño en una mina de Peak Downs, en Queensland. Clarke llegó a la conclusión de que aquel hueso estaba estrechamente relacionado con el moa neozelandés del género *Dinornis*. Sin embargo, Richard Owen preparó en 1872 una memoria describiendo en detalle el fémur de Clarke sobre la base de un molde y fotografías, designándolo como un nuevo género y especie, *Dromornis australis*. En un artículo publicado en 1874[368], Owen señalaba caracteres que distinguían claramente el fémur de Peak Downs del de *Dinornis* y lo relacionaban estrechamente con los emúes y casuarios, por lo que clasificó a *Dromornis* dentro de los estrucioniformes. La propuesta de Owen dio lugar a que durante muchísimo tiempo se considerase que la familia dromornítidos pertenece al orden estrucioniformes, aunque más adelante veremos que guarda más parentesco con los anseriformes (patos y gansos).

En los años posteriores, Clarke envió a Owen un sinsacro fragmentario de otra ave de gran tamaño recuperada en otra mina de Nueva Gales del Sur, un espécimen que, junto con la parte inferior de una tibia hallada en una cueva de Australia del Sur, es descrito por Owen proponiendo que eran de un ave de un tamaño similar al que produce el fémur tipo de *Dromornis australis*.[369] Años después, los naturalistas E. C. Stirling y A. H. C. Zietz sugirieron que el frag-

---

368   Owen, R. (1874) On *Dinornis* Pars 19: containing a description of a femur indicative of a new genus of large wingless birds *(Dromornis australis)* from a post-Tertiary deposit in Queensland. Transactions of the Royal Society of London 8, 381-384.
369   Owen, R. (1879) On *Dinornis*: containing a restoration of the skeleton of *Dinornis maximus* (Owen), with an appendix on additional evidence of the genus *Dromornis* in Australia. Trans. Zool. Soc. London, 10 (3), 147-188.

mento de tibia que Owen atribuyó a *Dromornis* seguramente perteneciese a *Genyornis newtoni*, un taxón descrito por ellos en 1896[370] (Figura 35).

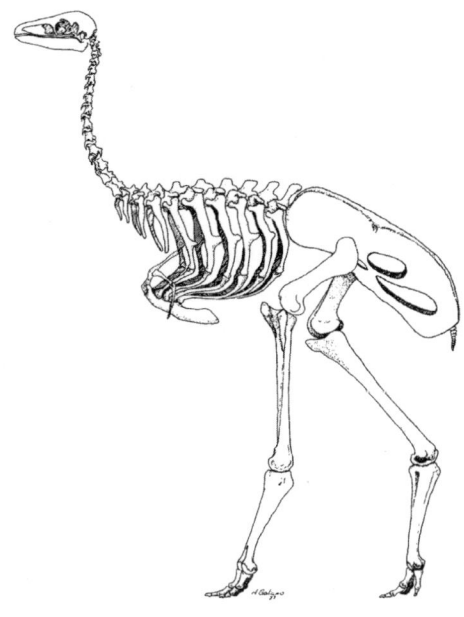

Figura 35. Reconstrucción del esqueleto de *Genyornis newtoni*. Dibujo de H. Galiano en Rich (1979).[371]

El descubrimiento más importante con diferencia se produjo en el Lake Callabonna en 1892, cuando un aborigen informó de la existencia de huesos gigantes y se llevaron varios fragmentos al Museo del Sur de Australia en Adelaida, donde se organizó una expedición a Callabonna en 1893. Se recolectó material de *Dromaius* y

---

370   Stirling, E. C., & Zeitz, A. H. C. (1896) Preliminary notes on *Genyornis newtoni*; a new genus and species of fossil struthious bird found at Lake Callabonna, South Australia. Trans. Proc., Roy. Soc. Sth Aust., 20, 171-190.
371   Rich, P. V. (1979) The *Dromornithidae*, an extinct family of large ground birds endemic to Australia. Bulletin of the Bureau of Mineral Resources, Geology and Geophysics 184, 1-196.

de un dromornítido cuyo estudio condujo a que A. Newton anunciase el hallazgo de un «gran pájaro de naturaleza Struthious». Posteriormente, Stirling y Zietz describieron en detalle el material de Callabonna y lo atribuyeron a *Genyornis newtoni*[372]. Desde finales del siglo XIX y a lo largo del XX se recuperaron numerosos restos de dromornítidos en diferentes yacimientos, posibilitando el esclarecimiento gradual de la historia del grupo en Australia. Así, por ejemplo, en 1963 descubren los restos fósiles de un nuevo taxón, *Barawertornis tedfordi*, propuesto como el primer material de un dromornítido del Terciario taxonómicamente útil hallado desde que, a finales del siglo anterior, se encontrase el fémur de Peak Downs atribuido a *Dromornis australis*. Entre 1962 y 1963 se descubrieron otras localidades del Terciario en las que se recolectó una muestra grande y diversos géneros de dromornítidos (*Dromornis, Ilbandornis*) del Mioceno tardío o Plioceno temprano en Alcoota Homestead, Territorio del Norte. En 1968, en otra localidad del Mioceno medio, en la parte norte del Territorio del Norte, produjo dos especies de dromornítidos, probablemente del género *Bullockornis*[373].

***

En Bullock Creek, Territorio Norte de Australia, a finales de la década de 1970 fueron desenterrados varios restos *fósiles bien conservados* de un dromornítido de enorme tamaño que vivió hace 15 Ma. Los restos se atribuyeron a un nuevo género y especie, *Bullockornis planei*[374], aunque estudios posteriores han demostrado que esta ave está más estrechamente relacionada con especies del género *Dromornis*,

---

372 Stirling, E. C. & Zietz, A. H. C. (1900, 1905, 1913) Fossil remains of Lake Callabonna. Memoirs of the Royal Society of South Australia. 1, 41-126.
373 Plane, M., & Gatehouse, C. G. (1968) A new vertebrate fauna from the Tertiary of Northern Australia. Aust. Journ. Sci., 30 (7), 272-273.
374 La especie fue descrita por P. V. Rich en 1979 y lleva el nombre de Michael Plane, quien recolectó el material de vertebrados de Bullock Creek.
- Rich, P. V. (1979) The *Dromornithidae*, an extinct family of large ground birds endemic to Australia. Bureau of Mineral Resources, Geology and Geophysics Bulletin 184, 1-196.

y desde entonces pasó a llamarse *Dromornis planei*[375]. Esta especie de ave era tan alta como un avestruz, pero de constitución mucho más corpulenta, con pesos de media tonelada y una altura de casi tres metros. Debido a su desmesurado tamaño y al parentesco evolutivo establecido entre dromornítidos y anseriformes, *Dromornis planei* fue apodado *Pato demonio*[376], un nombre que me pareció un tanto extravagante. Considerado generalmente como el ave más grande que jamás haya existido, tenía un cuello largo, un cráneo de tamaño similar a la cabeza de un caballo pequeño y un pico formidable, profundo y curvo, muy diferente al de los herbívoros moa.

Las alas de *Dromornis planei* eran probablemente pequeñas y rechonchas, como las de otras especies de mihirung, desconociéndose la mayoría de sus huesos. Este hecho, junto a la carencia de quilla en el esternón y a la fusión de la escápula y coracoides en una unidad no móvil, son características asociadas con la falta de vuelo.

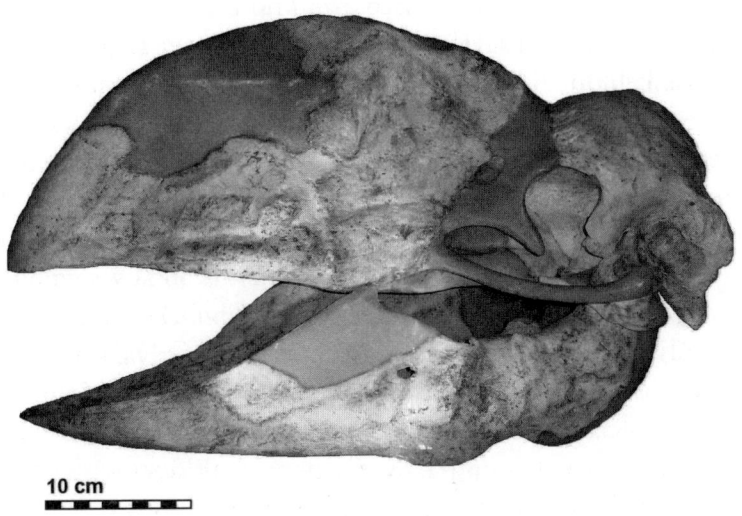

10 cm

Figura 36. Cráneo de *Dromornis* (=*Bullockornis*)
planei. Australian Museum, Sydney.

---

375 Nguyen, J. M. T., Boles, W. E. & Hand, S. J. (2010) New material of *Barawertornis tedfordi*, a dromornithid bird from the Oligo-Miocene of Australia, and its phylogenetic implications. Records of the Australian Museum 62, 45-60
376 Pain, S. (2000) The demon duck of doom. New Scientist 166, 36-39.

En Bullock Creek también se han encontrado fósiles de otras dos especies de mihirung pertenecientes al género *Ilbandornis*, así como de *Emuarius*, un pariente de emúes y casuarios. La geología y fauna fósil apuntan a que el paleohábitat de Bullock Creek fue un gran río rodeado por una llanura aluvial con fluctuaciones estacionales en el suministro de agua, donde los animales grandes se reunían en los pozos de agua. El clima era estacionalmente seco (quizás semiárido) y la presencia de fósiles de mamíferos herbívoros ramoneadores indica que la vegetación era una mezcla de arbustos y juncos. Muchos huesos fósiles, incluidos los de *Dromornis planei*, tienen marcas de pinchazos que coinciden con la forma de los dientes de los cocodrilos y fracturas aparentemente hechas mientras el hueso estaba fresco, dos hechos que hacen creer que la depredación por cocodrilos fue la causa importante de mortalidad de estos grandes animales.

Uno de los descubrimientos más importantes realizados en Bullock Creek es un cráneo fósil casi completo de *Dromornis planei*, descubierto en la década de 1980 (Figura 36). Este hallazgo inusual fue el primer cráneo bien conservado conocido de cualquier especie de mihirung y aportó una evidencia directa de la estructura del pico, que se evaluó en el debate sobre la dieta y los hábitos de los dromornítidos.

DESCRIPCIÓN Y BIOLOGÍA DEL «PATO DEMONIO»

Una característica definitoria de los dromornítidos es su elevada masa corporal, cuyos valores han sido estimados por varios investigadores mediante diferentes métodos, pero la incorrecta utilización de algunas ecuaciones ha ocasionado que parte de los valores medios estimados sean falsos, aunque muchos de los valores mínimo y máximo son correctos (Figura 37). Así, la especie de dromornítido *Barawertornis tedfordi* es la más ligera, con un peso de unos 60 kg, mientras que *Dromornis stirtoni* es la más pesada, con una masa corporal media de unos 550 kg. Esta última especie es la única que presenta un fuerte dimorfismo sexual, con machos que pesan entre 80 y 140 kg más que las hembras[377].

Entre finales del Oligoceno y finales del Mioceno se ha observado un aumento sustancial de la masa corporal de los dromornítidos más grandes, hasta alcanzar un peso de alrededor de 500 kg de *Dromornis stirtoni*. Peter F. Murray y Patricia Vickers-Rich[378] han interpretado este aumento de tamaño como una adaptación ecológica a los cambios ambientales que se produjeron en Australia durante el mencionado periodo, cuando el progresivo aumento de la estacionalidad ocasionó que las frutas también fuesen más estacionales. Esto obligó a los grandes dromorníticos a alimentarse más de hojas o pasto, que aportaban menos calorías que la dieta de frutas que anteriormente les permitía cubrir sus necesidades energéticas. Para contrarrestar este déficit, los dromorníticos aumentaron su tamaño y masa corporal para poder reducir la relación superficie/volumen y así limitar la energía gastada en regular la temperatura corporal al reducir la superficie relativa del cuerpo expuesto directamente a la temperatura exterior.

Especie	Origen	LC_t (mm)	Masa basada en LC_t (kg)
Barawertornis tedfordi	Nguyen *et al.* (2010)	89.3	63.8
Dromornis stirtoni	Jenning (1990)	200-220	450-567
Ilbandornis lawsoni	Jenning (1990)	110	105.8
Ilbandornis woodburnei	Jenning (1990)	108-120	101-130
Dinirnis giganteus	Jenning (1990)	150	224.3

Figura 38. Posición filogenética de *Dromornithidae* según:
A. Murray & Vickers-Rich (2004) y B. Mayr (2011).

---

377   Handley, W. D., Chinsamy, A., Yates, A. M. & Worthy, T. H. (2016) Sexual dimorphism in the late Miocene mihirung *Dromornis stirtoni* (Aves: *Dromornithidae*) from the Alcoota Local Fauna of central Australia, Journal of Vertebrate Paleontology e1180298.

378   *Ibid.* Murray & Vickers-Rich, 2004.

La masa corporal de los dromornítidos estuvo aumentando hasta que alcanzó un tope al final del Mioceno y fue disminuyendo a partir del Plioceno temprano, una limitación del tamaño que, según varios estudios, estaría asociada con el tamaño máximo que podían tener los huevos que ponen, cuyas cáscaras se vuelven más gruesas conforme se hacen más grandes, hasta alcanzar un valor más allá del cual el polluelo ya no puede romperla al nacer[379].

***

Otra característica fundamental de los dromornítidos es el hecho de que son aves incapaces de volar que, para desplazarse, se valen de sus extremidades posteriores. La estructura anatómica de las patas de estas grandes aves terrestres está determinada principalmente por restricciones biomecánicas asociadas con el tamaño, aunque algunas características están presentes independientemente del tamaño de la especie, tales como los dedos particularmente cortos y anchos, y romos en el extremo con una falange terminal similar a una pezuña. En este sentido, los primeros estudios de la locomoción de dromornítidos, realizados a principios del siglo pasado[380], asociaron la morfología anatómica de sus falanges con un tipo de locomoción lenta, por analogía con los mamíferos. Posteriormente, se estudió la morfología de los huesos de las patas traseras y se propuso que el fémur de gran tamaño de *Genyornis* debió permitirle tener una fuerza de aceleración y desaceleración significativa mientras caminaba rápidamente o corría.

Un estudio de la relación longitud-anchura del tarsometatarso[381] indica que la mayoría de dromornítidos tenían un tipo de locomoción claramente graviportal, con tendencia a reducirla en las formas de menor tamaño, tales como *Genyornis newtoni* o *Ilbandornis woo-*

---

379 - Rahn, H., Sotherland, P. R. & Paganelli, C. V. (1985) Interrelationships between egg mass and adult body mass and metabolism among passerine birds. Journal Ornithology 126, 263-271.
   - Alexander, R. McNeil (1989) Dynamics of dinosaurs and other extinct giants. Columbia University Press, New York.
380 *Ibid.* Stirling & Zietz (1900, 1905, 1913).
381 *Ibid.* Angst *et al.* (2016).

dburnei. Sin embargo, la especie *Ilbandornis lawoni* es una excepción entre los dromornítidos al presentar un tarsometatarso largo y delgado anatómicamente, muy similar al de los avestruces actuales, lo que sugiere un tipo de locomoción claramente cursorial. El estudio de la locomoción de esta especie se vio facilitado en gran medida por la comparación de unas huellas descubiertas en el norte de Tasmania que se atribuyen a esta ave, con los huesos del pie de *Ilbandornis woodburnei*. De hecho, partiendo de la longitud de la extremidad trasera de *Ilbandornis lawoni*, se ha calculado que la longitud relativa de su zancada[382] es de unos 1,3 metros, lo que ha permitido estimar su velocidad de marcha en 5,2 km/h, similar a la de un ser humano[383].

Ningún rastro dejado por dromornítidos indica una carrera rápida, pero basándose en los huesos de sus patas se ha modelado el rango máximo de movimiento que permitían las extremidades traseras de estas aves, y sus velocidades debieron variar bastante en relación con la morfología de las patas y el tamaño de cada especie. Así, *Ilbandornis lawoni*, un dromornítido de mediano tamaño y patas similares a las del avestruz, debió correr hasta 55 km/h, mientras que las enormes y bien musculadas patas de los grandes dromornítidos del género *Dromornis* les proporcionaban la potencia necesaria para correr y, aunque no se cree que fueran grandes corredores, los estudios biomecánicos sugieren que eran relativamente rápidos a pesar de su corpulencia. En este sentido, los robustos huesos de las patas del enorme *Dromornis stirtoni* sugieren una forma de locomoción más lenta, estimándose que podía caminar a 10 km/h y correr a unos 17 km/h cuando estiraba su zancada hasta su límite anatómico, mientras que los huesos más delgados y esbeltos de las patas de *Dromornis planei* pueden interpretarse como una forma de adaptación algo más pronunciada a la carrera.

Al igual que sucede con la masa corporal, el tipo de locomoción de dromornítidos ha evolucionado a lo largo del tiempo, pasando de un tipo de locomoción más bien graviportal a un tipo de locomoción cada vez más cursorial. Los ya mencionados Murray y Vickers-

---

382   Distancia entre dos huellas dejadas por el mismo pie.
383   Alexander, 1989; Rich & Green, 1974; Rich, 1979.

Rich[384] sugirieron que la capacidad de algunos dromornítidos para correr rápido estaba relacionada con un estilo de vida nómada o fenómenos migratorios y con un ambiente más abierto y seco. Esto también puede estar asociado con la aridificación que tuvo lugar en el Mioceno medio, que probablemente redujo la cantidad de alimentos o agua disponibles localmente y que obligó a los dromornítidos a desplazarse distancias significativas para acceder a nuevos suministros.

**

La dieta de un ave del tamaño de un dromornítido es uno de los aspectos fisiológicos que más interés ha despertado entre los investigadores, que llevan mucho tiempo sin ponerse de acuerdo sobre cuál fue la dieta de estas grandes aves terrestres, un debate que se centra principalmente en la morfología del cráneo y el pico. La peculiar forma de la mandíbula de estas grandes aves dificulta mucho una evaluación de su dieta por simple comparación con la de las aves actuales, más aún cuando no se han hallado restos fósiles mandibulares de todas las especies y los que se conocen están mal conservados[385]. El enorme pico de algunos dromornítidos, supuestamente capaz de ejercer una gran fuerza, junto al hecho de que en algunos sitios sus fósiles son mucho más comunes que los de carnívoros, son circunstancias que han contribuido a fomentar el debate sobre si estas grandes aves eran carnívoras o herbívoras.

Sin duda, imaginar al enorme *Dromornis* como un ave carnívora sería, como poco, algo inquietante, y algunos investigadores han argumentado que el pico de esta ave era más adecuado para desgarrar carne y triturar huesos, de forma similar a como debió suceder en otras grandes aves carnívoras no relacionadas con los dromornítidos, tales como los fororrácidos de América del Sur. El paleontólogo Stephen Wroe, del Museo Australiano, argumentó que picos

---

384 *Ibid.* Murray & Vickers-Rich, 2004.
385 Por ejemplo, el pico de *Ilbandornis lawoni* o la mandíbula de *Dromornis australis* son completamente desconocidos, mientras que el cráneo y la mandíbula que se conocen de *Genyornis newtoni* están demasiado fracturados para poder realizar un estudio anatómico preciso.

como los de dromornítidos eran demasiado grandes y poderosos para ser de un ave que no se alimentase simplemente de plantas, así que probablemente fuesen carnívoros. El principal argumento es que un aumento en el tamaño de la cabeza para alimentarse solo de plantas proporciona un aporte energético limitado y no presenta ninguna ventaja evolutiva. Así, cuando un ave crece en el curso de la evolución, el tamaño de su cabeza no tiene por qué crecer proporcionalmente, como sucede en los avestruces actuales, que son herbívoros y tienen una cabeza pequeña en proporción a su tamaño.

Wroe sugirió que los dromornítidos debían de ser carnívoros, que actuaban como cazadores o carroñeros que aplastaban los huesos con sus poderosas mandíbulas. En una reconstrucción, representa a *Dromornis* ahuyentando a un león marsupial de su presa[386] y llegó a señalar que las aves de ese género fueron los carnívoros bípedos más formidables desde la extinción de los dinosaurios[387].

Sin embargo, esta hipótesis y todos los argumentos expuestos por Wroe fueron refutados en 2004 por Murray y Vickers-Rich[388], argumentando que la evolución hacia una cabeza proporcionalmente más pequeña en las aves herbívoras grandes no está respaldada por ninguna prueba, y demostraron que el cráneo de los avestruces y las ratites en general es anatómicamente único. Este hecho limita las capacidades para manipular alimentos y, por lo tanto, la variedad a los que tienen acceso, lo cual no era el caso de los dromornítidos, cuyo sistema muscular craneal estaba muy desarrollado. Así, según Murray y Vickers-Rich, los dromornítidos fueron herbívoros y muy probablemente debieron acceder a una amplia gama de plantas, con el mayor valor nutricional que ello supone. Otro argumento que plantean en contra de que estas aves hubiesen sido carnívoras es que carecen de garras y pico ganchudo, herramientas que todas las aves de presa utilizan para inmovilizar, matar y desgarrar a sus presas. A esto añaden que, a diferencia de la mayoría de las aves carnívoras actuales, los grandes dromornítidos tienen los ojos muy pequeños, situados a los lados del cráneo y asociados con lóbulos ópticos también pequeños.

---

386   Son mamíferos marsupiales carnívoros de la familia tilacoleónidos (*Thylacoleonidae*) que habitaron en Australia desde el Oligoceno superior hasta el Pleistoceno. *Thylacoleo* es el género más conocido.

387   Wroe, S. (1999) The bird from hell? Nature Australia 26, 58-64.

388   *Ibid.* Murray & Vickers-Rich, 2004.

El estudio de la forma y el tamaño de la mandíbula de *Dromornis* no les habría permitido aplastar o tragar grandes trozos de huesos, mientras que su enorme y macizo pico habría dificultado alcanzar la carne que quedaba entre algunos de los huesos de los cadáveres. Por este motivo, actualmente se acepta la hipótesis de que los dromornítidos eran aves herbívoras que consumieron una gran cantidad de frutas, nueces y semillas muy calóricas para satisfacer sus necesidades energéticas, desempeñando probablemente un papel importante en la dispersión de muchas de las plantas que consumían.

Los mihirungs de gran tamaño, como *Dromornis*, debieron alimentarse de una amplia gama de plantas, más o menos resistentes, gracias a que su mandíbula fuerte y muy móvil podía aplastar semillas y frutos, debiendo utilizar su parte intermedia para triturar esos alimentos. A la vez, la parte anterior de su largo pico pudo permitirles coger hojas, flores, bulbos y frutos retrayendo su cuello, además de poder agarrar ramas.

Los mihirungs de menor tamaño, como *Genyornis*, debieron alimentarse de forma algo diferente y, a pesar de la mala conservación de sus restos craneales, se observa que el pico y las mandíbulas no eran tan fuertes como los de *Dromornis*, más semejante a la de los gansos actuales. Así, por analogía, la dieta de *Genyornis* fue seguramente herbívora de pastoreo, lo cual se verificó mediante análisis de isótopos de carbono de las cáscaras de huevo atribuidos a este género, cuyos resultados mostraron que se alimentaron principalmente de plantas C_3 (gramíneas)[389].

En algunos sitios, junto a los huesos de dromornítidos como *Genyornis*, *Dromornis* e *Ilbandornis*, se han hallado gastrolitos o piedras de molleja, como las que tragan las aves actuales para ayudar a moler el material vegetal como alternativa a la masticación. También se debate si estos gastrolitos son en realidad pequeñas piedras erosionadas que no pasaron por el estómago de ningún dromornítido, pero el hecho de que su composición sea muy diferente a la de los sedimentos circundantes podría confirmar que son gastrolitos.

La glándula de sal es un órgano que está presente en varias aves

389 Miller, G. H., Magee, J. W., Johnson, B. J., Fogel, M. L., Spooner, N. A., Mc-Culloch, M. T. & Ayliffe, L. K. (1999) Pleistocene extinction of *Genyornis newtoni*: human impact on Australian megafauna. Science 283, 205-8.

marinas actuales[390] y en aves no marinas que habitan ambientes desérticos, cuya función es eliminar el exceso de sal de la sangre de las aves y le permite beber solo agua salada o salobre. En este sentido, es llamativo que los dromornítidos *Dromornis, Ilbandornis* y *Genyornis* presenten en sus cráneos una larga depresión en el borde dorsal de la órbita que comunica con la órbita interna, un tipo de estructura que corresponde a los canales por donde se excreta el líquido salado que filtra una glándula de sal[391]. El papel activo que desempeñaron estas glándulas en los dromornítidos debió de ayudarles a adaptarse a las condiciones áridas del Mioceno y Pleistoceno. Además, el tamaño de las glándulas de sal era más o menos proporcional a la cantidad de agua salada que bebían las aves y si estas aves vivieron vivir en ambientes de bosque tropical, como se ha propuesto, este órgano les habría resultado inútil y se habría reducido o desaparecido durante la evolución. Todo esto indica que los dromornítidos debieron de ser capaces no solo de beber agua más o menos salada y así resistir la deshidratación, sino también de consumir plantas con un mayor grado de salinidad, pudiendo, de esta manera, acceder a más variedad de alimentos.

***

Otro aspecto interesante de los dromornítidos fue su dimorfismo sexual. En general, este fenómeno puede darse ante la necesidad de compartir nichos ecológicos en un entorno donde el suministro de alimentos es limitado o puede depender de la selección sexual. En el caso de los dromornítidos, el dimorfismo sexual se ha estudiado en solo dos especies, *Genyornis newtoni* y *Dromornis stirtoni*; en la

---

390   - Schmidt-Nielsen, K., Jörgensen, C. B. & Osaki, H. (1958) Extrarenal salt excretion in birds. American Journal of Physiology 193, 101-107.
       - Goldstein, D. L. (2001) Water and salt balance in seabirds. En: Schreiber, E. A. & Burger, J. (Eds.) *Biology of marine birds*. CRC Press LLC. Pp. 467-483.
391   McInerney, P. L., Blokland, J. C. & Worthy, T. H. (2024) Skull morphology of the enigmatic *Genyornis newtoni* Stirling and Zeitz, 1896 (Aves, Dromornithidae), with implications for functional morphology, ecology, and evolution in the context of *Galloanserae*, Historical Biology, 36: 6, 1093-1165.

primera no se aprecia,[392] y en la otra ya hicimos referencia a la diferencia de masa que existe entre los machos y hembras. Este dimorfismo sexual se ha confirmado con mediciones directas de los huesos, agrupamiento, estimaciones de masa corporal y el uso de puntos de referencia y morfometría geométrica.

Además, actualmente se puede determinar el sexo de un individuo de ave fósil a partir de la histología de sus huesos, porque cuando la hembra ovula produce una cantidad adicional de hueso que le servirá como reservorio de calcio para formar la cáscara de sus huevos. Este aporte adicional forma un tipo de tejido óseo fibrolamelar en la cavidad medular de los huesos, denominado *hueso medular*, cuya presencia en una muestra implicaría que se trata de una hembra que está ovulando.

En los huesos fósiles de los dromornítidos, el procedimiento anterior no solo distingue si pertenecen a hembras o machos, sino que también muestra a las hembras que estaban poniendo o a punto de poner huevos. Un estudio reciente[393] encontró tejido medular en los huesos de algunos individuos de *Dromornis stirtoni*, una especie de dromornítido que también presenta dimorfismo sexual de tamaño, siendo los machos mucho más grandes que las hembras. El estudio analiza la proporción de sexos de la población de estas aves, comparando la proporción de tibiotarsos atribuidos a las hembras y a los machos, basándose en la presencia de hueso medular, diferencias en tamaño y estructura ósea. El número de machos resultó ser ligeramente mayor que el de hembras, como en algunos anseriformes australianos primitivos y algunas ratites, lo cual favorece la hipótesis de que el comportamiento de apareamiento de *Dromornis stirtoni* debió ser similar al de sus parientes evolutivos, los anserinos actuales (patos y gansos), que se caracteriza por su complejidad (monogamia, exhibiciones rituales, cuidado parental compartido y defensa de los nidos). En este sentido, se ha planteado que *Dromornis planei* también podría presentar dimorfismo sexual de tamaño y tener un comportamiento de apareamiento similar al de los anseriformes.

---

392   Chan, N. R. (2014) Does size variation in *Genyornis newtoni* (Aves, *Dromornithidae*) encompass eggshell safety limits? Journal Vertebrate Paleontology 34, 976-979.
393   *Ibid.* Handley *et al.*, 2016.

***

La fisiología y el comportamiento reproductor de los dromornítidos presenta muchas diferencias con la de las grandes aves terrestres paleognatas, desde el cortejo y el apareamiento hasta aspectos tales como la resistencia de las cáscaras de los huevos y las características óseas de los polluelos. Los abundantes fósiles de restos óseos y de huevos de dromorníticos, junto a las posibles relaciones filogenéticas que se han establecido con grupos de aves actuales, han permitido elaborar unas hipótesis razonables sobre cómo fue la reproducción en aquellas enormes aves australianas.

Ya hemos visto que el estudio de los restos fósiles de huevos ha permitido obtener gran cantidad de datos biológicos de varios taxones de grandes aves terrestres extintas, y los dromorníticos no son una excepción. En Australia se ha descubierto un gran número de cáscaras de huevo que han sido atribuidas a la especie *Genyornis newtoni* y el primero que lo hizo fue el zoólogo australiano Doug L. G. Williams en 1981[394], el cual analizó gran cantidad de fragmentos de huevo procedentes de depósitos del Pleistoceno de la parte sur de Australia Meridional, llegando a la conclusión de que aquellas cáscaras, particularmente gruesas, procedían de unos huevos que debían pesar alrededor de 1,3 kg. Este tamaño no correspondía al de ningún ave australiana existente en la actualidad, y el hecho de que los fragmentos datasen del Pleistoceno excluía la posibilidad de que procediesen de cualquiera de las aves importadas por el hombre al continente australiano. Por todo esto, Williams sugirió que los restos pertenecían a un tipo de huevo que solo pudo poner un dromornítido y que deberían atribuirse a *Genyornis newtoni*, la única especie de ese grupo que aún vivía en el Pleistoceno. Sin embargo, esta atribución ha sido cuestionada por trabajos que han demostrado que *Genyornis* no pudo poner unos huevos cuyo tamaño estimado es muy reducido en comparación con el que tienen los huesos del ave adulta, cuya masa corporal los habría aplastado durante la incubación[395].

394   Williams, D. L. G. (1981) *Genyornis* eggshell (*Dromornithidae*; Aves) from the Late Pleistocene of South Australia. Alcheringa 5, 133-140.

395   *Ibid.* Chan, 2014.

Partiendo de la curvatura de un único fragmento de cáscara de huevo hallado en Snake Dam (Australia del Sur) y de su gran espesor (unos 4 mm), Estudios posteriores llegaron a la conclusión de que debían proceder de un huevo especialmente grande, igual o superior al de los del ave elefante. Su peso debió oscilar de 12 a 15 kg, con un tamaño de 24 a 29 cm de ancho y de 30 a 34 cm de largo, lo que convierte a estos huevos en uno de los más grandes conocidos en la actualidad. El fragmento de Snake Dam tenía una microestructura típicamente aviar, única entre las aves australianas, por lo que los investigadores sugirieron que debía pertenecer a un dromornítido, y más concretamente a *Dromornis* sp., una forma del Mioceno que es la mayor del grupo[396].

Cuando se identificaron los sexos de cada individuo de *Dromornis stirtoni*, también se pudo estudiar el comportamiento de incubación de estas aves. En este sentido, dado el marcado dimorfismo sexual y para evitar que se aplastaran los huevos, solo debieron empollarlos las hembras, significativamente más pequeñas y livianas que los machos, un comportamiento diferente al de los moa o las ratites existentes.

A partir del peso estimado para el huevo atribuido a *Dromornis*, se pudo calcular que la incubación[397] habría durado entre 95 y 99 días. Este periodo de tiempo especialmente largo permite plantear la hipótesis de que la incubación de los huevos debieron llevarla a cabo varios adultos de la comunidad que se turnaban para que las hembras pudieran alimentarse. También se ha planteado la hipótesis de que los nidos debieron incluir un máximo de ocho o nueve huevos, porque ese era el tamaño que podía cubrir el cuerpo de una hembra adulta.

Por otro lado, el estudio de los pocos huesos que se conocen de dromornítidos juveniles ha permitido establecer el carácter precoz de estos individuos[398], lo cual implica que debieron ser autónomos y que después de nacer ya eran capaces de huir rápidamente del peli-

- Grellet-Tinner G., Spooner N. A. & Worthy T. H. (2016) Is the *"Genyornis"* egg of a mihirung or another extinct bird from the Australian dreamtime? Quat. Sci. Rev. 133, 147-164.

396   Williams, D. L. G. & Vickers-Rich, P. (1992) Giant fossil egg fragment from the Tertiary of Australia", Contrib. Sci. Nat. Hist. Mus. Los Angel. Ctry. 26, 375-378.

397   Rahn, H. & Ar, A. (1974) The avian egg: incubation time and water loss. The Condor 76, 147–152

398   *Ibid.* Murray & Vickers-Rich, 2004.

gro, como hacen los avestruces actuales. Se ha sugerido que el crecimiento de estos polluelos debió ser muy rápido tras la eclosión, permitiéndoles alcanzar un tamaño casi adulto en unos pocos meses, como también ocurre en los avestruces actuales. Pero lo cierto es que faltan estudios para demostrar tanto esta hipótesis como la de que los individuos jóvenes debieron tener una dieta más variada y omnívora que los adultos para sostener este crecimiento tan rápido.

En el ya mencionado sitio fosilífero de Alcoota se han encontrado muy pocos restos de individuos juveniles o adultos jóvenes, pero se han descrito hembras maduras. El hecho de que los individuos jóvenes fuesen más raros entre la población podría deberse simplemente a que las hembras no ponían muchos huevos a la vez. Este modelo reproductor se denomina *estrategia de la K* y se da en poblaciones formadas por individuos de gran tamaño, larga esperanza de vida, madurez sexual tardía y fertilidad limitada. Esta modalidad reproductora da lugar a poblaciones con pocos individuos jóvenes cuidados por sus progenitores, como ya se ha sugerido para los moa.

Los entornos de vida predecibles y riesgos limitados favorecen la estrategia de la *K*, así que la posibilidad de que la practicase *Dromornis stirtoni* podría explicar por qué, durante el Mioceno, la reducción del tamaño de los dromornítidos pudo estar relacionada con la aridificación que se produjo en Australia en ese período y que dio lugar a unas condiciones ambientales menos favorables. Por otra parte, conforme los entornos fueron haciéndose más hostiles, el hecho de que los dromornítidos más grandes fueran estrategas de la *K* pudo convertirse en una desventaja frente a los dromornítidos de menor tamaño, cuya estrategia de reproducción debió ser algo diferente, lo cual podría explicar por qué el género *Genyornis* fue el que posteriormente vivió durante el Pleistoceno.

ORIGEN Y EVOLUCIÓN DE LOS DROMORNÍTIDOS

En los dromornítidos es muy significativa la reducción de atributos específicos del vuelo, presentando un esternón que forma una placa ósea no carenada, unas alas muy pequeñas y una escápula fusionada con el coracoides en una unidad no móvil. Desde que en 1872 Richard Owen clasificó a *Dromornis australis* entre las aves paleognatas ratites[399], tuvo que pasar un siglo para que se volviera a estudiar la posición filogenética de los dromornítidos, cuando se demostró que eran aves neognatas y su similitud con las paleognatas era una mera convergencia evolutiva. Desde el descubrimiento de los elementos craneales de estas aves, los análisis filogenéticos las han ubicado cerca de la base de los anseriformes o, más recientemente, las han asociado al tallo galliformes[400].

✳✳✳

Los dromornítidos son aves gigantes no voladoras que evolucionaron en Gondwana y son similares a los gastornítidos del hemisferio norte, los cuales constituyen un orden que actualmente está incluido en el superorden anserimorfos (*Anserimorphae*). De hecho, estas grandes aves son anatómicamente intermedias entre dos grupos anseriformes existentes, *Anhimidae* y *Anseranatidae*, con algunas características que las hacen más similares al primer grupo[401]. En los dromornítidos de mayor tamaño, como *Dromornis*, los huesos de sus patas son muy grandes en relación con los de los gansos actuales, aunque sus proporciones son bastante similares a las observadas en especies existentes, como el ganso urraco[402]. La filogenia más reciente que incluye a los dromornítidos es la propuesta por Mayr en 2011[403], en la que estas aves se clasifican como el grupo hermano de galliformes, aunque el propio autor reconoce que su estudio puede contener caracteres inadecuados (Figura 38). Por lo tanto, todavía se

---

399 Owen, 1879.

400 Handley, W. D. & Worthy, T. H. (2021) Endocranial Anatomy of the giant extinct australian Mihirung Birds (Aves, *Dromornithidae*). Diversity 13, 124.

401 - *Ibid.* Murray & Megirian, 1998.
     - *Ibid.* Murray & Vickers-Rich, 2004.

402 El denominado ganso-urraca (*Anseranas semipalmata*) es un ave del orden anseriformes, única especie de la familia *Anseranatidae*, que habita en el sur de Nueva Guinea y el norte de Australia.

403 Mayr, G. (2011) Cenozoic mystery birds – on the phylogenetic affinities of bony toothed birds (*Pelagornithidae*). Zool. Scr. 40, 448-467.

debate la posición filogenética exacta de dromornítidos, al igual que las relaciones filogenéticas entre sus diferentes géneros y especies.

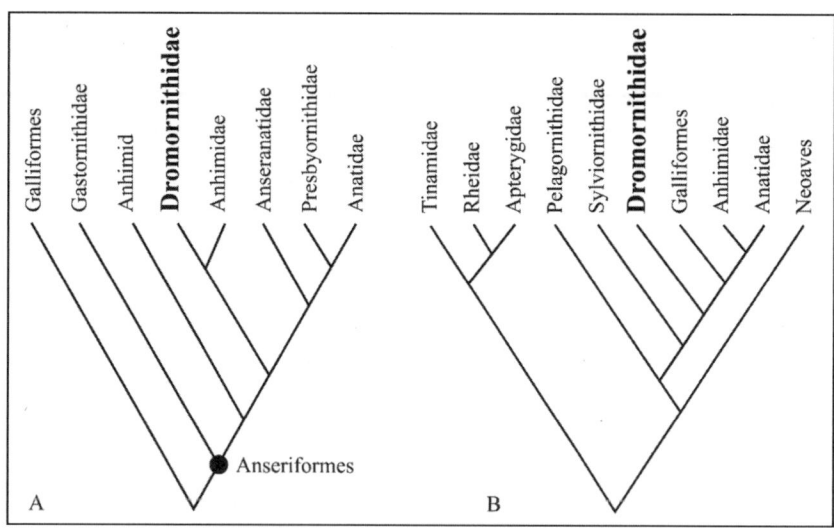

Figura 38. Posición filogenética de *Dromornithidae* según:
A. Murray & Vickers-Rich (2004) y B. Mayr (2011).

Los dromornítidos, gastornítidos y forusrácidos se encuentran entre las aves más espectaculares que jamás hayan existido. Las afinidades y la evolución de estas y otras aves extintas relacionadas siguen siendo polémicas, y los análisis filogenéticos previos se vieron afectados por una convergencia generalizada y un muestreo limitado de taxones. De hecho, los datos moleculares han resuelto relaciones evolutivas entre grupos existentes y recién extintos, las cuales tienen poco parecido con cualquier relación derivada de datos morfológicos.

En 2017 Worthy y sus colegas[404] publicaron un estudio que abordaba los problemas relativos a la evolución de las aves gigantes no voladoras y sus relaciones filogenéticas con las aves galloanseres extintas, aplicando métodos analíticos actualizados en un conjunto de taxones que incluye todas las formas clave extintas no voladoras

---

404   Worthy, T. H., Degrange, F. J., Handley, W. D. & Lee, M. S. Y. (2017) The evolution of giant flightless birds and novel phylogenetic relationships for extinct fowl (Aves, *galloanseres*). R. Soc. Open Sci. 4: 170975.

y voladoras (como por ejemplo *Vegavis* y litornítidos), una amplia gama de aves existentes (galloanseres), neoaves y paleognatas representativas. Con respecto a otras grandes anseriformes, el citado estudio confirma la inclusión en este orden de la familia presbiornítidos (*Presbyornithidae*), pero en una posición relativamente más basal de lo que se reconocía hasta ahora, al considerarlo grupo hermano de la superfamilia *Anatoidea*[405] en lugar de grupo hermano de la familia *Anatidae,* como se había planteado previamente.

Figura 39. Presbiornítidos: *Wilaru* (Oligoceno inferior de Australia) y *Presbyornis* (Eoceno inferior del hemisferio norte).

Los Presbiornítidos fueron aves que dominaron en los conjuntos lacustres del Paleógeno, especialmente en el hemisferio norte, pero se cree que desaparecieron en todo el mundo a mediados del Eoceno. Sus relaciones filogenéticas han sido objeto de debate por su extraña morfología esquelética parecida a un ave zancuda, hasta que fueron incluidos dentro del orden anseriformes por la paleornitóloga Vanesa L. De Pietri y otros investigadores[406]. La presencia de

405 La superfamilia *Anatoidea* incluye las familias *Anseranatidae* (ganso urraca) y *Anatidae* (patos, ánsares, etc.).
406 De Pietri, V. L., Scofield, R. P., Zelenkov, N., Boles, W. E. & Worthy T. H. (2016) The unexpected survival of an ancient lineage of anseriform birds into the Neogene of Australia: the youngest record of *Presbyornithidae*. R. Soc. Open Sci. 3: 150635.

Presbiornítidos en Australia (del género *Wilaru*) y en el hemisferio norte (genero *Presbyornis*) indica una dispersión casi global de este grupo en el Paleógeno temprano (Figura 39). A diferencia de los gastornitiformes ramoneadores (más adelante trataremos de ellos), en los Presbiornítidos sus adaptaciones especializadas de alimentación por filtración para vivir alrededor de lagos aparentemente requerían poder volar para acceder a un hábitat adecuado, por lo que todos ellos mantuvieron la capacidad de volar.

Los Presbiornítidos sobrevivieron más tiempo en Australia junto con varios otros linajes anseriformes basales. De Pietri y sus colegas determinaron que el primer registro de un presbiornítido en Australia es un material atribuido a *Wilaru* del Oligoceno tardío de Australia del Sur y también describieron otra especie de *Wilaru* de mayor tamaño del Mioceno temprano de Australia del Sur, lo cual muestra que los presbiornítidos sobrevivieron en Australia al menos hasta hace 22 Ma.

A diferencia de otros continentes donde los Presbiornítidos fueron reemplazados por anátidas acuáticas del grupo de los patos, cisnes y gansos, las especies de *Wilaru* convivieron con estas aves acuáticas en Australia y la morfología de los tarsometatarsos de estas especies indica que, a diferencia de otros presbiornítidos, eran aves predominantemente terrestres, lo cual probablemente contribuyó a su supervivencia a largo plazo en Australia. Por último, De Pietri y sus colegas consideran que la similitud morfológica entre las especies de *Wilaru* y *Telmabates antiquus*, un Presbiornítido sudamericano del Eoceno, apoya su hipótesis de que durante la historia evolutiva de los Presbiornítidos hubo una radiación en Gondwana.

Para finalizar, regresando al estudio de Worthy y sus colegas, entre sus conclusiones establecen que las galloanseres comprenden cuatro clados[407] que se supone divergieron en el Cretácico superior en Gondwana, entre los que se reconoce el nuevo clado de los gastornitiformes (*Gastornithiformes*) para incluir a las aves gigantes no voladoras de las familias dromornítidos de Australia y gastornítidos de Eurasia y Norteamérica. Este clado exhibe paralelismos con las paleognatas ratites en las que presumiblemente el vuelo y tamaño gigante se perdió y alcanzó varias veces. Volveremos sobre este asunto.

---

407 Anseriformes, galliformes, gastornitiformes y un clado representado por *Vegavis* del Cretácico de la Antártida.

***

Los dromornítidos son conocidos solo en depósitos del Terciario (comenzando desde el final del Eoceno) y del Cuaternario (hasta el final del Pleistoceno) en Australia continental y Tasmania. Estas aves son conocidas de todas partes de Australia y sus especímenes representan los vertebrados de sangre caliente con el mayor registro fósil de Australia. La primera aparición atribuida a un dromornítido corresponde a una huella descubierta en sedimentos del Eoceno (hace unos 55 Ma) en Queensland, que se remonta al período en que Australia comenzó a separarse de la Antártida.

Durante el Terciario se produjo una importante diversificación de estas aves en ocho especies, produciéndose su extinción final a finales del Pleistoceno, cuando solo se conoce una especie (*Genyornis newtoni*). La comparación de la morfología craneal de varios géneros de dromornítidos, junto a otras observaciones, sugieren que estas aves comprendieron solo dos linajes a lo largo del Oligo-Mioceno. El linaje *Barawertornis-Ilbandornis* alcanzó la máxima diversidad en las faunas locales de Bullock Creek del Mioceno medio y en Alcoota del Mioceno tardío, con dos especies en cada una, pero el linaje *Dromornis* parece haber sido monotípico en todo su rango temporal[408].

El registro fósil muestra que los dromornítidos habían evolucionado en dos linajes y habían alcanzado su morfología característica a finales del Oligoceno, y cambiaron poco durante los siguientes 25 Ma hasta la extinción del grupo a finales del Pleistoceno. En este sentido, los dromornítidos del Oligoceno tardío ya tenían elementos de cintura pectoral muy reducidos, similares a *Genyornis newtoni* del Pleistoceno. En el Territorio del Norte de Australia han hallado restos fragmentarios más antiguos que no se han descrito, pero que también son considerados del Oligoceno tardío, pero por ahora apenas han servido para atestiguar que, por entonces, ya existían taxo-

---

408   - Worthy, T. H., Handley, W. D., Archer, M. & Hand, S. J. (2016) The extinct flightless mihirungs (Aves, *Dromornithidae*): cranial anatomy, a new species, and assessment of Oligo-Miocene lineage diversity. Journal of Vertebrate Paleontology 36 (3): e1031345.
      - Worthy *et al.*, 2017.

nes de gran tamaño. Estas observaciones implican un largo linaje fantasma que se extiende desde ancestros presumiblemente voladores para los cuales el único indicio de un precursor es el molde de huellas fósiles del Eoceno. De todas formas, la falta de sitios fosilíferos de vertebrados terrestres donde muestrear el intervalo entre el Eoceno temprano y el Oligoceno tardío[409] ha imposibilitado hasta ahora el estudio de la evolución en este período temprano.

Jacqueline Nguyen y sus colegas presentaron en 2010[410] un análisis filogenético congruente con las hipótesis actuales sobre las relaciones intergenéricas entre los taxones de dromornítidos y una revisión formal de la nomenclatura (Figura 40). De acuerdo con la sistemática propuesta por varios autores[411], la familia *Dromornithidae* forma parte del suborden *Anhimae*, dentro del orden anseriformes, e incluye a nueve especies pertenecientes a cuatro géneros.

Especie de dromornitido	Nombre revisado
Barawertornis tedfordi	—
"? *Bullockornis*" sp.	*Ilbandornis* sp.
Bullockornis planei	*Dromornis planei*
Dromornis australis	—
Dromornis stirtoni	—
Genyornis newtoni	—
"*Ilbandornis?*" *lawsoni*	*Genyornis lawsoni*
Ilbandornis woodburnei	—

Figura 40. Revisión de las denominaciones científicas de *Dromornithidae*. Según Nguyen *et al.*, 2010.

---

409 Black, K. H., Archer, M., Hand, S. J. *et al.* (2012) The rise of Australian marsupials: a synopsis of biostratigraphic, phylogenetic, palaeoecologic and palaeobiogeographic understanding. En: Talent, J. A. (Ed.) *Earth and life: Global biodiversity, extinction intervals and biogeographic perturbations through time.* Springer, Dordrecht, pp. 983-1078.

410 Nguyen *et al.*, 2010.

411 - *Ibid.* Murray & Vickers-Rich, 2004.
  - Worthy T. H. & Yates A. (2015) Connecting the thigh and foot: resolving the association of post-cranial elements in the species of *Ilbandornis* (Aves: Dromornithidae), Alcheringa 39, 407-427.
  - *Ibid.* Worthy *et al.*, 2016.

Barawertornis tedfordi es la especie de menor tamaño, y también la más antigua. Vivió en las áreas boscosas que cubrían buena parte de Australia entre el Oligoceno superior y el Mioceno inferior (hace entre 25 y 20 Ma), un ave seguramente corredora y herbívora cuyos fósiles proceden de la región de Queensland. La especie *Genyornis newtoni* era un ave corpulenta, de hasta 2,5 metros de altura y 240 kg de peso, es el dromornítido mejor conocido por la abundancia de fósiles disponibles procedentes de Southern Australia, Western Australia, New South Wales y Queensland, Aunque no sabemos lo que comía, varios datos apuntan a que seguramente era herbívoro.

El género *Ilbandornis* es de finales del Mioceno del Territorio Norte de Australia (hace unos 10 Ma) y fueron los dromornítidos más esbeltos, parecidos en tamaño y corpulencia a los avestruces. Este género está representado por las especies *Ilbandornis lawsoni* e *Ilbandornis woodburnei*. La especie *Bullockornis* (= *Dromornis*) *planei* vivió también en el Mioceno (hace unos 15 Ma) y alcanzó 2,5 m de altura y unos 250 kg de peso.

Los representantes del género *Dromornis* fueron los dromornítidos de mayor envergadura. *Dromornis australis* fue la primera especie descubierta y sus escasos fósiles proceden del Plioceno superior de Queensland. *Dromornis stirtoni* es una especie mejor conocida y vivió en los bosques abiertos subtropicales del Territorio Norte, entre el Mioceno superior y el Plioceno inferior (hace entre unos 10 y 4 Ma). Con hasta 3 m de altura y 500 kg de peso, es una de las mayores aves que han existido, más pesada que un moa y más alta que un ave elefante. Finalmente está la última especie que se ha descrito, *Dromornis murrayi*; sus fósiles proceden de Queensland y vivió desde el Oligoceno superior al Mioceno inferior, siendo el primer miembro del linaje de *Dromornis* y la más pequeña del mismo, con 250 kg[412].

La baja diversidad de estas galloanseres gigantes de Australia constituye un reflejo de la que presentan las ratites herbívoras gigantes (avestruces y parientes), que, de manera similar, coevolucionaron con diversas faunas de mamíferos. De hecho, con un máximo de tres especies contemporáneas, la diversidad de los dromornítidos se compara notablemente con la radiación de las ratites

---

412 *Ibid*. Worthy *et al.*, 2016.

Dinornitiformes en Nueva Zelanda (los moa), donde nueve especies eran contemporáneas.

Como ya vimos en capítulos anteriores, la diversidad de las ratites australianas también es limitada, con un ancestro del emú (*Emuarius*) que vivió desde finales del Oligoceno hasta finales del Mioceno y solo un fósil de casuario (*Casuarius*), además de solo una especie de *Dromaius* y *Casuarius* en la fauna continental. La menor diversidad de las aves ramoneadoras gigantes australianas, tanto ratites como dromornítidos, probablemente está relacionada con la elevada diversidad de mamíferos ramoneadores con los que compartían sus hábitats.[413] Esta restricción de la diversidad es supuestamente similar a la mostrada por las ratites que habitan otras masas terrestres de Gondwana y que también se da en las aves elefante extintas de Madagascar, que coexistían con muchos mamíferos ramoneadores y que tenían una diversidad de solo dos especies de *Aepyornis* y una de *Mullerornis*.

LOS ÚLTIMOS MIHIRUNGS

Los últimos representantes de la familia dromornítidos desaparecieron de Australia hace alrededor de 50.000 años y la extinción probablemente se deba a la combinación de varios factores. Sin duda, estas grandes aves se vieron perjudicadas por los cambios climáticos que alteraron gravemente el medioambiente de Australia y, probablemente, por la llegada al continente de los primeros humanos, que golpearon de forma definitiva a unas poblaciones de dromornítidos que habían comenzado su declive.

Los dromornítidos vivieron en Australia durante más de 25 Ma, a lo largo de los cuales se adaptaron a diferentes tipos de entornos ambientales, faunas y floras. Estas grandes aves ocuparon ambientes muy diversos, áridos en las regiones centrales del continente y más húmedos en las del sur, incluidos los bosques húmedos y entornos pantanosos de Tasmania.

---

413   Black *et al.*, 2012.

Los ambientes australianos del Eoceno medio (50 Ma) eran muy húmedos, cerrados y relativamente homogéneos que incluían bosques subtropicales repartidos en áreas tropicales cálidas y áreas más frías y templadas. La llegada de un clima más frío y la fuerte aridificación del medio en que se instaló a finales del Eoceno (40 Ma) provocaron que los incendios forestales fueran más frecuentes, ocasionando que se abrieran amplias praderas de plantas herbáceas anuales que, a su vez, aumentó la intensidad de los incendios. Esta reacción en cadena impulsó un importante desequilibrio en la flora, creando superficies cada vez mayores ocupadas por ambientes abiertos y seleccionando especies arbóreas resistentes o tolerantes al fuego (como eucaliptos y acacias), que se volvieron predominantes al final del Pleistoceno[414].

Desde finales del Mioceno, los dromornítidos adoptaron diferentes estrategias para afrontar los cambios ambientales. Así, algunas especies, como *Dromornis stirtoni*, aumentaron su tamaño y masa corporal para aprovechar al máximo el suministro de alimentos de bajo contenido energético de su nuevo entorno, mientras que otras especies, como *Ilbandornis lawsoni*, aumentaron su velocidad para cubrir más distancia y acceder a un área más grande donde buscar su alimento. Pero, por desgracia para los dromornítidos, veremos a continuación cómo las estrategias adaptativas que desarrollaron terminaron por fracasar.

✳✳✳

Inicialmente, los marsupiales herbívoros con que convivían los dromornítidos eran más pequeños que ellos y no presentaban ninguna adaptación que les permitiese una ocupación vertical de nichos ecológicos, pero los dromornítidos pudieron acceder a esos nichos al aumentar su masa corporal y hacerse mucho más grandes que los mar-

414 MacPhail, M. K. (1997) Late Neogene climates in Australia: fossil pollen and spore-based estimates in retrospect and prospect, Aust. J. Bot. 45, 425-464.
- Murray & Vickers-Rich, 2004.
- Martin, H. A. (2006) Cenozoic climatic change and the development of the arid vegetation in Australia. J. Arid Environ. 66, 533-563.
- Handley *et al.*, 2016.

supiales herbívoros. Pero lo cierto es que esta estrategia tiene un límite, porque, como explicamos anteriormente, el aumento de masa corporal de estas aves estaba limitado por el tamaño de los huevos y por razones metabólicas, alcanzando su máximo en *Dromornis stirtoni*.

El problema definitivo surgió durante el Oligoceno, cuando aparecieron en Australia nuevas plantas que aportaban menos energía y, para adaptarse a ellas, los marsupiales herbívoros evolucionaron aumentando progresivamente de tamaño y masa corporal, hasta que a principios del Plioceno algunos marsupiales diprotodontes pesaban más de 700 kg, superando a los dromornítidos más grandes.

Finalmente, se estableció una fuerte competencia por el alimento entre los grandes marsupiales y los dromornítidos, de la que salieron perjudicados estos últimos, logrando subsistir solo las formas más pequeñas. De hecho, desde finales del Plioceno y principios del Pleistoceno, el tamaño de los dromornítidos disminuyó (hasta *Genyornis*), mientras que los marsupiales y los emúes se hicieron cada vez más grandes. Además, a igual masa corporal, estos animales estaban en una mejor posición metabólica que los dromornítidos para utilizar la energía derivada de sus alimentos, lo que les permitía conformarse con las frutas u hojas menos calóricas que producía la nueva flora y evitar cualquier limitación en su aumento de masa corporal. Por otro lado, la disminución de la cantidad de frutos provocada por este cambio en la flora también podría llevar a los dromornítidos a adoptar una dieta que incluía más hojas y que los ponía en competencia directa con otros grupos de animales herbívoros, mejor adaptados a este tipo de dieta.

Al principio de este apartado hice referencia a que la otra estrategia de los dromornítidos para adaptarse a los cambios ambientales fue aumentar la velocidad con que se desplazaban en su búsqueda de alimento, pero lo cierto es que la distribución geográfica de la flora autóctona se volvió demasiado discontinua y la producción de frutos demasiado irregular e impredecible para permitir que estas aves sobrevivieran.

***

Al final del Mioceno comenzó a disminuir el tamaño y la diversidad de los dromornítidos, hasta que en el Pleistoceno vivió la última especie conocida, *Genyornis newtoni*, que desapareció hace unos 50.000 años coincidiendo con la llegada a Australia de los seres humanos. Se ha propuesto que este dromornítido pudo convivir con los primeros aborígenes durante unos 15.000 años, aunque todavía es difícil determinar si los últimos dromornítidos interactuaron con los seres humanos y cómo fue, en caso de haber ocurrido. Estas posibles interacciones pudieron haber afectado a las poblaciones de *Genyornis*, especialmente si los humanos los cazaban y recolectaban sus huevos, exterminando progresivamente a estas aves que ya estaban en peligro de extinción debido a los cambios ambientales[415].

En 1999, basándose en el análisis de cáscaras de huevo de esta ave, Gifford H. Miller y sus colegas[416] establecieron que su extinción repentina se produjo hace unos 50 000 años, la fecha más antigua ampliamente aceptada de la llegada de los primeros humanos a la costa norte de Australia. Esto encajaría con la explicación de que los dromornítidos se extinguieron por el «impacto humano». En este sentido, los autores postulan que los colonos humanos tuvieron un impacto indirecto al aumentar sustancialmente los incendios a gran escala en Australia. Los datos arqueológicos, paleontológicos y botánicos demuestran que hace 50.000 años las áreas cubiertas por bosques autóctonos eran tan reducidas que ya no eran suficientes para sustentar a las poblaciones de *Genyornis*, cuyo hábitat fue así progresivamente destruido. Al mismo tiempo, las poblaciones de grandes depredadores también colapsaron al verse privadas de sus presas, mientras que los herbívoros con dietas menos restringidas, como el emú, pudieron sobrevivir a la pérdida de vegetación arbustiva.

Son pocos los elementos que permiten confirmar el contacto entre los humanos y *Genyornis*, pero a principios de la década de 1950 se informó de unos grabados rupestres aborígenes que acompañan a huellas reconocibles de un «emú gigante» en el sur de Australia. Inicialmente, ante este hallazgo, se consideró la posibili-

---

415   Miller, G., Magee, J., Smith, M., Spooner, N., Baynes, A., Lehman, S., Fogel, M., Johnston, H., Williams, D., Clark, P., Florian, C., Holst, R., & DeVogel, S. (2016) Human predation contributed to the extinction of the Australian megafaunal bird *Genyornis newtoni* ~ 47 ka. Nature Communications, 7, 10496.

416   *Ibid.* Miller *et al.*, 1999.

dad de que en Australia el hombre pudiera haber sido contemporáneo de *Genyornis newtoni*, aunque luego se interpretaron los petroglifos desde el punto de vista de la mitología aborigen estudiada a finales del siglo XIX[417].

En el sitio arqueológico de Nawarla Gabarnmung, en el suroeste de Arnhem Land, en el Top End del Territorio Norte de Australia[418], hay pinturas rupestres donde aparecen representadas dos enormes aves parecidas a un emú. La pintura y su entorno se describen en relación con las representaciones de megafauna reportadas en la región y el sitio ha sido datado de, por lo menos, hace 44.000 años. Esta fecha convierte al arte rupestre de Gabarnmung en el más antiguo de Australia, producido hace más de 28.000 años.

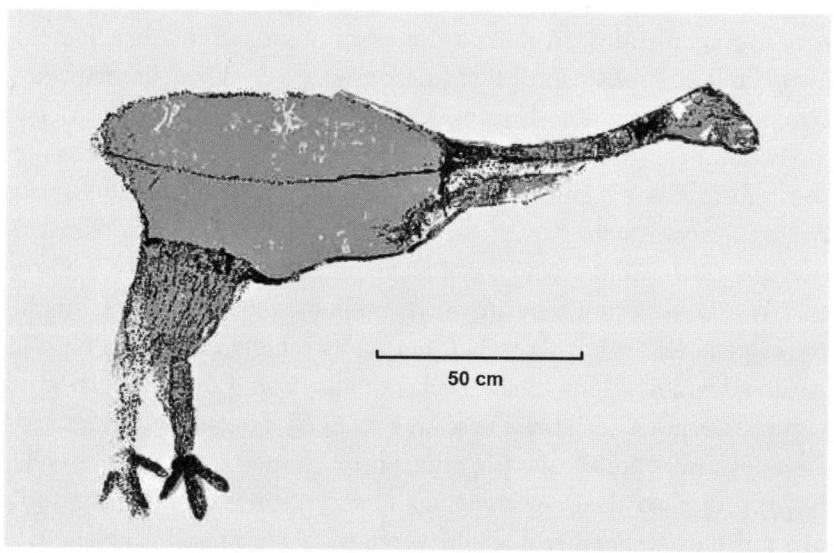

Figura 41. Calco de una pintura rupestre que supuestamente representa a *Genyornis*. A partir de Gunn *et al.* (2011).

417   - Hall, F. J., McGowan, R. G. & Guleksen, G. F. (1951) Aboriginal rock carvings: A locality near Pimba, S.A. *Records of the South Australian Museum* 9(4): 375-379.
      - Tindale, N. B. (1951) Comments on supposed representations of giant bird tracks at Pimba. *Records of the South Australian Museum* 9(4): 381-382.
418   Chaloupka, G. (1978) Rock art deterioration and conservation in the 'Top End' of the Northern Territory. En C. Pearson (ed.), *Conservation of Rock Art*, pp.75-88. Perth: ICCM.

Algunos paleontólogos sugieren que la concordancia entre las evidencias paleontológicas y las imágenes indican que estas representan a *Genyornis newtoni*, extinguido hace unos 45 000 años (Figura 41)[419]. La cuestión es que no hay pruebas suficientes para establecer la edad de la pintura, pero si se demostrase que es anterior a 45 000 años significaría que *Genyornis* sobrevivió en la región hasta mucho después de lo que demuestra el registro paleontológico. Lo cierto es que resulta difícil saber si los petroglifos de Arnhem Land representan detalles precisos de un animal conservados durante milenios en la memoria colectiva de los pintores o son una representación de algún ser del imaginario de los aborígenes.

Para finalizar este apartado, veremos la que para mí sería una de las propuestas más curiosas que pretenden explicar por qué desaparecieron los últimos dromornítidos. Está basada en análisis histológicos de la microestructura de huesos largos de dos dromornítidos, *Dromornis stirtoni* del Mioceno y *Genyornis newtoni* del Pleistoceno medio a tardío (hace 48 000 años). Los resultados de este estudio fueron publicados en 2023 y muestran que *D. stirtoni* necesitó varios ciclos de crecimiento para alcanzar el tamaño corporal adulto, mientras que *G. newtoni* creció hasta alcanzar el tamaño corporal adulto en 1 o 2 años, aunque tardó varios años más en alcanzar la madurez esquelética[420]. Las diferencias en la estrategia de crecimiento de los dos dromornítidos estaban relacionadas con sus diferencias en el tamaño corporal (*D. stirtoni* era tres veces *G. newtoni*) y con las condiciones ambientales que prevalecían en el momento en que vivieron. En el caso de *D. stirtoni*, las observaciones histológicas indican que su potencial reproductivo era bajo, algo nada problemático en el entorno más estable y con mayor vegetación de finales del Mioceno. Por el contrario, en *G. newtoni*, las observaciones apuntan a que había evolucionado hacia un mayor potencial reproductivo, muy útil para sobrevivir en los entornos con condiciones áridas

419 Gunn, R. G., Douglas, L. C. & Whear, R. L. (2011) What bird is that? Identifying a probable painting of *Genyornis newtoni* in Western Arnhem Land. Australian Archaeology 73, 1-12.

420 Chinsamy, A., Handley, W. D. & Worthy, T. H. (2023) Osteohistology of *Dromornis stirtoni* (Aves: *Dromornithidae*) and the biological implications of the bone histology of the Australian mihirung birds. Anatomical Record 306, 1842-1863.

a semiáridas que dominaron gran parte del interior del continente durante el Pleistoceno tardío. De todas formas, la adaptación de este último dromornítido a esos entornos estuvo muy por debajo de la del emú actual, una diferencia que probablemente explique por qué este último sobrevivió después de haber llegado los humanos a Australia.

La causa exacta de la extinción de los dromornítidos aún está en debate, pero es muy probable que los cambios climáticos, los de la flora y la competencia con los marsupiales herbívoros pusieran en peligro sus últimas poblaciones, y la acción humana asestara el golpe final.

8
Aves agigantadas en ecosistemas insulares

VÍCTIMAS DE UN MUNDO EN EXPANSIÓN

«La muerte de una especie —dice el Sr. Lyell— es un evento tan notable en Historia Natural, que merece conmemoración; y es con no poco interés que aprendemos de los archivos de la Universidad de Oxford, el día y año exactos cuando los restos del último espécimen del Dodo, que se había dejado pudrir en el Ashmolean Museum, .../...».[421]

The Natural History of the Pachydermes
Sir William Jardine (1836)

En este capítulo trataremos sobre una serie de aves pertenecientes a grupos que inicialmente no destacaban por su tamaño y que, afectadas por el aislamiento biogeográfico, evolucionaron hacia formas de mayor envergadura. La mayoría de estas grandes aves se extinguieron antes de que los humanos llegasen a las islas, quedando solo unas pocas especies que desaparecieron tras la llegada de los colonos europeos.

A lo largo de la historia más reciente de nuestro planeta, en los ecosistemas insulares han evolucionado vertebrados cuyos tamaños

---

421   Jardine, Sir William (1836) *The Natural History of the Pachydermes*. Volumen 5, Parte 1. W. H. Lizars, 3, St. James Square; S. Highley, 32, Fleet Street, London; and W. Curry, Jun. & Company Dublin.

han sorprendido a los investigadores, y muchos de ellos son aves que, de una u otra forma, han terminado desapareciendo. A continuación, conoceremos a muchas de estas aves y descubriremos que pertenecían a grupos taxonómicos muy diversos, pero que todas tienen en común el hecho de que el hombre contribuyó a su extinción. Las cronologías y las causas de todas esas extinciones difirieron desde las que fueron impulsadas por los primeros grupos humanos —llegados a veces hace miles de años— hasta las que fueron ocasionadas por los colonizadores europeos a partir del siglo XVI. Lo cierto es que todas aquellas aves, grandes y pequeñas, terminaron convertidas en meros recuerdos cuyos restos podemos ver —en el mejor de los casos— en las vitrinas de algunos museos.

EL AVE GIGANTE DE LEGUAT

En este último apartado del capítulo trataré sobre un ave de gran tamaño cuya existencia no ha podido ser confirmada por los ornitólogos (al menos, no como se ha pretendido durante más de dos siglos). Pero, antes de que algún lector piense que estoy perdiendo el rumbo, aclararé que, si bien es cierto que la mencionada especie nunca existió, más allá del problema que eso supuso para los especialistas, nos enseña que hasta no hace mucho la leyenda ha estado separada de la realidad por una línea muy tenue en el caso de las aves gigantes que aún podrían existir, y su delimitación definitiva puede darnos alguna sorpresa.

La historia de tan misteriosa ave comenzó en el siglo XVII, cuando François Leguat, un hugonote francés que huyó de su país, llegó en 1691 al archipiélago de las islas Mascareñas, en el océano Índico, recorriendo las islas de Rodrigues y Mauricio. Allí, Leguat realizó observaciones de los entornos naturales y años después las plasmó en un libro en el que describe varias especies animales (Figura Y-A), entre las cuales destaca una especie de dodo denominada *solitario de Rodrigues* y una extraña ave que habita en la isla de Mauricio, la protagonista de nuestra historia. Conocida como *Le Géant de Leguat,* o simplemente *Le Géant,* es un ave de cuello y patas largas, dedos de los pies largos y separados, pico puntiagudo parecido al de un ganso, plumaje blanco con una mancha roja debajo del ala y —lo más llamativo— una altura de casi dos metros. A pesar del enorme tamaño de Le Géant, Leguat aseguraba que era un ave capaz de volar y ubica su hábitat en lugares pantanosos (Figura 42).

Figura 42. A. Frontispicio de la obra de François Leguat (1708), mostrando un paisaje de la isla Rodrigues con diversos animales, incluido un solitario de Rodrigues (centro). B. Ilustración original de Leguat, que representa a Le Géant (de la misma obra)[422].

La enorme ave que describió Leguat despertó el interés de muchos zoólogos en los siglos posteriores, y entre ellos destacó el ornitólogo holandés Hermann Schlegel, que durante el siglo XIX contribuyó en gran medida al reconocimiento ornitológico de Le Géant con numerosas publicaciones de carácter científico[423]. Cuando en 1891

---

422 Leguat, François (1708) *Voyage et avantures de François Leguat & de ses compagnons en deux isles desertes des Indes Orientales*. London, Mortier, 2 vol.
423 Hermann Schlegel era director del Museo Nacional de los Países Bajos.

se publicó en ingles el libro *The voyage of François Leguat of Bresse*, editado y anotado por el capitán Pasfield Oliver[424], en los apéndices que complementan al texto hay un apartado dedicado a las aves extintas de las islas Mascareñas en el cual se menciona la traducción al inglés del artículo escrito por Schlegel en 1858, donde señala que, hasta entonces, en las investigaciones sobre las grandes aves exterminadas en las islas Mascareñas se había pasado por alto una especie que igualaba en altura al avestruz africano y que pertenecía a un orden de aves distinto al de los Dodos. Schlegel se estaba refiriendo, por supuesto, al ave gigante que había observado Leguat.

Entre los naturalistas del siglo XIX, Leguat era conocido por su relato sobre el solitario de Rodríguez, que todos aceptaron sin vacilar ante la prueba que suponían sus restos. Pero, a pesar de no existir restos del ave gigante que describe Leguat y aunque solo se conocía por su descripción y por el dibujo que la acompañaba, para Schlegel la veracidad del viajero holandés estaba fuera de toda duda y, por ello, consideraba al ave como una especie gigantesca desconocida que habita en la isla de Mauricio. En su artículo, Schlegel parte de un dibujo atribuido al propio Leguat para describir el ave como un rálido gigante al que denominó *Leguatia gigantea*.

Eminentes ornitólogos decimonónicos siguieron sin vacilar las opiniones de Schlegel y no pusieron en duda que en las islas Mascareñas habitaba el ave gigante de Leguat, argumentando que este la había descrito con demasiada precisión para que fuera falsa y, además, la había observado en dos islas que están bastante distanciadas. Para estos ornitólogos, las características que Leguat atribuye a su ave gigante indican que podría tratarse de algún tipo de gallina

- Schlegel, H. (1854) Ook een Woordje over den Dodo (*Didus ineptus*) en zijne Verwanten. *Verslagen en Mededeelingen der Koninklijke Akademie van Wetenschappen,* 2, 232-256.
- Schlegel, H. (1858) Over eenige uitgestorvene reusachtige Vogels van de Mascarenhas-Eilanden. *Verslagen en Mededeelingen der Koninklijke Akademie van Wetenschappen, Afdeeling Natuurkunde,* 7, 116-144.
- Schlegel, H. (1866) On extinct gigantic birds of the Mascarene Islands. Ibis, New Series 2, 146-168 (Traducción al inglés del original holandés, publicado en 1858).
- Schlegel, H. (1873) Aves Struthiones. *Museum d'Histoire Naturelle des Pays-Bas,* tome 4, monographic 34, 1-14.
424 Oliver, Pasfield (Ed.) (1891) The voyage of François Leguat of Bresse. Vol. II Works issued by The Hakluyt Society No. LXXXIII.

de agua especialmente grande del género *Gallinula,* un miembro de la familia rálidos *(Rallidae)*[425] con la que el *Géant* compartiría unos dedos de los pies alargados útiles para correr por zonas pantanosas sin hundirse. Pero, además de por su tamaño, el ave de Leguat se diferencia de otros rálidos por su cuello largo y cuerpo desproporcionadamente pequeño, unas características que le hacen parecerse más a una grulla que a una gallina de agua[426].

***

Como ya he señalado, junto a la descripción del ave gigante, en el libro de Leguat aparece una ilustración que muestra su aspecto y que, según Schlegel, apoyaría la autenticidad del *Giant.* Esta ilustración está claramente basada en una impresión en placa de cobre que realizó Theodoor Galle y que representa al *Avis indica* según un dibujo de Adrian Collaert, para su obra *Avium vivae icones,* publicada en 1590. Partiendo de este dato, en 1907 el destacado ornitólogo británico Alfred Newton apuntó que el valor probatorio que Schlegel da a la figura que presenta Leguat se cae por su propio peso y, con ello, lo hace toda su descripción del ave gigante[427]. El motivo argumentado por Newton era que al haber muerto Collaert más de un siglo antes de que Leguat viera al *Géant,* la imagen que muestra al ave sería necesariamente una copia elaborada expresamente para su libro. El problema era que la imagen original representaba a *Avis indica,* un ave de la India parecida a un rálido que aún hoy no se ha podido determinar con claridad y que no tiene nada que ver con las islas Mascareñas. Seguramente Leguat la eligió porque encajaba bien con su descripción del *Géant* y obvió los demás aspectos.

---

425 Familia de aves acuáticas que incluye, entre otros, a los calamones *(Porphyrio)* y rascones *(Rallus).*

426 Tanto las grullas como las gallinas de agua pertenecen al orden Gruiformes.

427 Newton, Alfred (1907) Ornis XIV Proceeding of the Fourth International Ornithological Congress London June 1905 pp. 70-71.
Cita de Newton:
- Adrian Collaert. Avium Vivae Icones, in aes incisa? et editae ab Adriano Collardo. [Antwerp: 1580?] obl. 8vo. «Adr. Collaert fecit. Th. Galle excud».

Por otro lado, ninguno de los miles de huesos de aves registrados en Mauricio puede asignarse a un rálido de gran tamaño, aunque Newton señala que el hallazgo de huesos pertenecientes a flamenco (*Phoenicopterus*) podría indicar que el ave que vio Leguat era uno de los muchos flamencos. Estas aves volaban ocasionalmente hasta las islas Mascareñas y en la de Mauricio se extinguieron algo después de que la visitase Leguat, pero no se supo hasta finales del siglo XIX.

Paul Carié fue un naturalista francés que a lo largo de su carrera se interesó particularmente por la fauna de Mauricio, incluidos los numerosos taxones que se habían extinguido en la isla antes y después de que llegasen los humanos. En un artículo que publicó en 1930, Carié se preguntaba por qué un excelente ornitólogo como Schlegel llegó a admitir la existencia del ave de Leguat sin disponer de pruebas científicas que la avalasen, partiendo para ello de solo una descripción poco clara y de una reconstrucción caprichosa. El naturalista francés señala que los conocimientos sobre historia natural que tenía Leguat no excedían a los que de promedio pudiera tener cualquier hombre educado de su época, por lo que Schlegel no debió tomar al pie de la letra toda su descripción del *Giant*. Carié añade a sus argumentos que el error del ornitólogo holandés se debió probablemente a que tras leer la obra de Leguat no tardó en darla por verídica dejándose llevar por una visión más religiosa que científica, en la cual no cabía la posibilidad de que un hugonote perseguido mintiese[428].

El ave gigante de Leguat alcanzó gran popularidad ornitológica a medida que iba apareciendo en la literatura científica, pero también influyó de manera especial las numerosas representaciones artísticas de las que fue objeto. Así, en 1894, el afamado zoólogo británico Richard Bowdler Sharpe incluyó al *Giant* de Leguat en el *Catálogo de Aves del Museo Británico*, al que consideró una especie extinta de Mauricio bajo la denominación científica *Leguatia gigantea*[429]. Posteriormente, en 1907, el Barón Walter Rothschild —un banquero y político británico, gran aficionado a la zoología— publicó un precioso libro sobre aves extintas[430] en el que también incluyó al ave de

428   Carié, Paul (1930) Le *Leguatia gigantea* Schlegel (*Rallidé*) a-t-il existé? Bulletin du Muséum National d'Histoire Naturelle 2 (2), 204-213.
429   Bowdler Sharpe, R. (1894) Catalogue of the birds in the British Museum. Vol. XXIII. British Museum (London). Pág. 225.
430   Rothschild, Lionel Walter (1907) Extinct birds. London, Hutchinson & Co.

Leguat, que es representada a todo color en una magnifica lámina que realizó el zoólogo e ilustrador británico Frederick William Frohawk. En 1953 otra interesante reconstrucción de *Leguatia gigantea* fue publicada en un libro de Masauji Hachisuka dedicado a la avifauna extinta de las islas Mascareñas[431]. El autor de esta obra daba por válidas varias aves que se conocen exclusivamente por obras de arte o descripciones anecdóticas, considerando que *Leguatia* es un rálido y la denominó *gallina de agua gigante*[432]. Más recientemente también se han publicado algunos libros populares sobre animales extintos en los cuales *Leguatia* es validada como una especie de ave que desapareció hace solo unos cientos de años, mientras que en otros aparece como un ave cuya existencia es dudosa[433].

Realmente nadie llegó a tener en sus manos ni un solo hueso de la enorme ave descrita por Leguat, a pesar de lo cual los ornitólogos que apoyaban su existencia plantearon que guardaba cierto parecido con las gallinas de agua (familia *Rallidae*) e incluso con las grullas (familia *Gruidae*), aunque su tamaño fuera más grande. Estas dos familias de aves forman parte del orden gruiformes, en el cual los taxónomos incluyeron inicialmente a la familia cariámidos (*Cariamidae*), un grupo de aves de vida principalmente terrestre originadas hace más de 60 Ma, que en la actualidad han pasado a formar el orden *Cariamae* o *Cariamiformes*. He mencionado a este orden de aves porque se da la curiosa circunstancia de que incluye a varias familias de aves terrestres extintas de gran tamaño[434] y seguramente carnívoras, algunas de las cuales tienen un porte semejante al del *Giant* de Leguat. Estas grandes aves depredadoras son denominadas coloquialmente «aves del terror» y trataremos de ellas en el siguiente capítulo.

---

431 Hachisuka, M. (1953) *The Dodo and Kindred Birds or the Extinct Birds of the Mascarene Islands*. H. F. & G. Witherby, London.

432 Tanto Frohawk como Hachisuka confundieron los datos que da Leguat en su descripción del ave y representan de color negro la punta de sus alas.

433 Como, por ejemplo:
- Balouet, J.-C. & Alibert, E. (1990) *Extinct Species of the World*. Charles Letts & Co., London.
- Fuller, E. (2000) *Extinct Birds*. Oxford University Press, Oxford.

434 *Phorusrhacidae, Bathornithidae, Idiornithidae* y *Ameghinornithidae*.

LA TRAGEDIA DEL DODO

A diferencia del inexistente *Giant* descrito por Leguat, tanto el *dodo* (*Raphus cucullatus*) como su pariente el *solitario* (*Pezophaps solitaria*) fueron dos aves incapaces de volar, endémicas de islas del archipiélago de Mascareñas. Sin duda, los dodos se encuentran entre las aves más populares que se conocen, debido, en parte, a cómo sucumbieron a la invasión humana de su hábitat, pero también porque, por su aspecto y tamaño, les hace formar parte del extraño elenco al que pertenecen las aves gigantes que protagonizan este libro. Por estos motivos trataremos aquí del dodo y el solitario, pero también lo haremos por el interés que despiertan los debates que se entablan en torno a ellos.

El dodo y el solitario no fueron las únicas aves terrestres que tuvieron la desgracia de haber sido descubiertas y exterminadas por los humanos. Lo cierto es que las aves terrestres gigantes de Madagascar y Nueva Zelanda también fueron víctimas de la actuación humana, aunque, en aquel caso, fue la de los nativos que colonizaron sus hábitats y no la de los colonos occidentales, que solo las llegaron a conocer por sus huesos y huevos, además de por alguna que otra leyenda.

***

Es curioso cómo los acontecimientos geológicos que conforman la historia de la Tierra muestran a veces coincidencias que se antojan caprichosas y cuya lectura no deja a nadie indiferente. Con esta reflexión puede parecer que me aparto del tema propuesto para este apartado, pero resulta que detrás de las tierras que habitaron los dodos y solitarios se esconde una de las referidas coincidencias.

Situado a entre 700 y 1500 kilómetros al este de Madagascar, el archipiélago de las Mascareñas comprende tres islas grandes (Mauricio, Reunión y Rodrigues) y varias más pequeñas, además de numerosos arrecifes y atolones. Todas estas estructuras emergieron como consecuencia de la actividad volcánica que se produjo en una extensa región del fondo marino al sudoeste del océano Índico, a la que los geólogos han denominado *punto caliente de Reunión*, porque es bajo esa isla donde dicha actividad se manifiesta con gran intensidad en la actualidad. En este punto caliente, el vulcanismo ha estado activo desde hace 65 Ma, cuando se produjo allí una gigantesca erupción que expulsó una ingente cantidad de lavas basálticas que cubrieron buena parte del centro de la India, formando las denominadas *escaleras* o *traps*[435] del Decán y proporcionando el empuje necesario para que la placa tectónica Indostánica iniciara su separación hacia el norte. Aquella enorme erupción coincidió más o menos con la extinción masiva del Cretácico final provocada por el impacto de un asteroide en Chicxulub, una localidad que, curiosamente, se sitúa en la antípoda geográfica de la región de Decán. Actualmente los especialistas debaten sobre la posible relación entre ambos eventos catastróficos, pero no tienen dudas de que estuvieron implicados en la desaparición de los dinosaurios y la mayoría de las aves de finales del Cretácico.

A principios del siglo XVI la ruta marítima que empleaban los navegantes portugueses para llegar a la India recorría la costa oriental de África hasta llegar a la costa malabar en el sur-oeste del subcontinente indio. Ese largo recorrido lo acortó el navegante y explorador Pedro de Mascarenhas a finales de 1511, cuando, estando cerca del cabo de Buena Esperanza, puso rumbo a la India por mitad del océano Índico para llegar lo antes posible a la región de Goa, después de haber recibido la noticia de que allí se estaba produciendo un levantamiento contra los portugueses. Durante el viaje, Mascarenhas descubrió algunas islas a las que, en su honor, el también navegante portugués Diogo Rodrigues Pereira denominaría *archipiélago de Mascareñas* en 1528.

Aquellos portugueses no sabían que las islas de Mauricio, Rodrigues y Reunión ya las conocían los árabes desde hacía más de cinco siglos, pero lo que sucedió a partir del siglo XVII determinó el destino de muchas de las especies de animales del archipiélago de Mascareñas, y tanto los dodos como los solitarios se extinguieron. En Mauricio, los holandeses fueron los primeros en asentarse de manera permanente desde 1638 hasta que la isla pasó a manos france-

---

435 Los *traps basálticos* o *inundaciones basálticas* (del sueco *trappa*, escalera) es una denominación geológica para describir las formaciones de basalto que han fluido como resultado de erupciones volcánicas que inundaron grandes superficies de tierras o fondos oceánicos con lava.

sas en 1715. Los holandeses también controlaron la isla de Rodrigues desde 1601 hasta que, en 1691, fue colonizada por los franceses. Finalmente, los franceses ocuparon la isla de Reunión entre 1646 y 1669. A principios del siglo XIX, las islas terminaron en manos británicas durante las guerras napoleónicas, aunque, para entonces, hacía ya un siglo que los dodos y los solitarios habían desaparecido.

Los primeros navegantes que visitaron las islas de Mauricio y Rodrigues no llegaron a asentarse de forma permanente, por lo que aún eran territorios casi vírgenes cuando las descubrieron los portugueses en el siglo XVI; en consecuencia, los animales que vivían allí no huían ante la presencia humana. Como es lógico, nadie había puesto nombre a muchos de los seres que habitaban aquellas islas, de manera que los navegantes que llegaron a Mauricio, cuando se encontraron con una extraña ave que parecía un pavo, la llamaron *Dodo*. Hay quienes consideran que la palabra «dodo» podría ser simplemente una onomatopeya de la voz que tenía el ave (*doo-doo*), pero lo cierto es que no se sabe con seguridad su origen. Por otro lado existe la posibilidad de que la palabra «dodo» provenga de la holandesa *dodoor* o *dodaers*, que significa *holgazán* o *culo gordo*[436], pero como los portugueses estuvieron en la isla antes que los holandeses, también se ha especulado que pudieron haber sido ellos los que lo denominaron utilizando la palabra *doudo* o *doido*, que coloquialmente significa «estúpido». Seguramente los marineros y colonos denominaron así a los dodos porque se les antojaron unas aves fáciles de atrapar debido a su torpeza. Pero lo cierto es que estas aves no eran unos animales estúpidos, y su confianza excesiva hacia el hombre solo se debía al largo aislamiento al que habían estado sometidas en la isla.

Parece ser que la primera noticia del dodo llegó a Europa a mediados de la década de 1570 y el primer ejemplar lo trajo un navegante español a principios de la década siguiente. Desde que fueron llevados a Europa, los dodos adquirieron fama de ser unas aves torpes, y tradicionalmente se les ha representado como aves obesas y de aspecto rechoncho, aunque en su medio natural no eran así. Pero ese aspecto de los dodos tiene una explicación relacionada con su fisiología, ya que son unas aves capaces de acumular reservas de grasa durante las

---

436   Que se aplica a un ave acuática de los Países Bajos llamada zampullín.

épocas en que el alimento abunda, y la mayoría de los que aparecen en los dibujos antiguos están muy gordos porque retratan a ejemplares cautivos traídos a Europa donde fueron sobrealimentados.

Las representaciones artísticas y los esqueletos muestran que el dodo era de un tamaño relativamente grande, con casi un metro de altura y un peso estimado en torno a los 10 kg, muy por debajo de los más de 20 kg que alcanzaban los ejemplares en cautividad. Según algunos investigadores, estas diferencias en el peso de los dodos también pueden estar relacionadas con el hecho de que durante los períodos fríos estas aves habrían engordado, mientras que en los cálidos perderían peso. De hecho, durante la estación húmeda, la abundancia de alimentos permitía a los dodos acumular reservas para la estación seca en la que escaseaban los alimentos. El tamaño de los dodos también se ve afectado por su dimorfismo sexual, de manera que las hembras son más pequeñas que los machos, y estos tienen picos proporcionalmente más largos que pueden medir hasta más de 20 cm.

Por desgracia, no se ha conservado ningún ejemplar completo del Dodo debido a su temprana extinción, por lo que es difícil tener una descripción precisa del animal. Las fuentes de las que se dispone para conocer el aspecto externo del dodo son los dibujos y las crónicas que se hicieron mientras vivió (Figuras 43), además de los restos que fueron llevados a Europa en el siglo XVII y que se conservan en varios museos. En este sentido, me resultó curiosa la historia de un dodo disecado que se conservó en el Museo Ashmoleano de Oxford hasta 1755, año en que, viendo su estado de deterioro, fue literalmente arrojado a la basura por el conservador de la institución, aunque, por suerte, decidió guardar la cabeza y las patas del ave para las generaciones posteriores. Sobre la gravedad de este funesto acontecimiento se pronunció el famoso geólogo británico Charles Lyell, y encabezo este capítulo con una cita de lo que dijo. Los restos que se salvaron constituyen los únicos tejidos blandos del Dodo que se conservan actualmente y están expuestos en el Museo de Historia Natural de la Universidad de Oxford.

Figura 43. Ilustración inédita de la escuela holandesa (siglo XVII) que representa un espécimen de dodo. La inscripción «Dronte» es el nombre holandés que por entonces recibía el dodo.

El plumaje del dodo no era llamativo, mostrando una tonalidad pardo-grisácea en la que solo destaca el tono más claro de las plumas primarias y de algunas plumas curvadas de su cola. La cabeza también era gris y desnuda como la de un buitre, y sobre ella destacan unas cuantas plumas muy parecida a las de otras palomas[437]. Las patas eran gruesas, de color amarillento, con las garras negras y unas

437   Plumas penáceas (divididas con barbas y con cañón) en vez de plumáceas

cuantas plumas rizadas en su parte posterior. El pico muestra colores verde, negro y amarillo, es fuerte y su punta tiene la forma de un garfio, útil para abrir los frutos y semillas.

Los dodos eran aves bien adaptadas a vivir en las tierras boscosas de la isla de Mauricio, donde sus fuertes patas les resultaban muy útiles para correr rápido en caso necesario, algo fundamental para unas aves que no podían volar. Esta incapacidad se refleja en muchas de las características de los dodos, tales como un elevado peso, unas alas pequeñas y una cola demasiado corta, pero sobre todo en la quilla del esternón reducida, al igual que los músculos y ligamentos que sujetan las alas.

***

Bastantes especies de aves endémicas de entornos insulares han perdido la capacidad de volar a lo largo de su evolución, en gran parte porque a sus hábitats no pueden llegar posibles depredadores[438]. Pero, por desgracia para los dodos, el proceso evolutivo que les incapacitó para el vuelo no había tenido en cuenta la extraordinaria capacidad colonizadora del ser humano, y esa fue su perdición.

Ya he señalado que la confianza excesiva del dodo hacia el hombre se debió a que en la isla de Mauricio evolucionaron aislados de enemigos naturales, y la carencia de miedo que se deriva de ello, unida a su incapacidad para volar, convirtieron a los dodos en unas presas fáciles para los marineros. Debido a esta circunstancia, el dodo comenzó su declive como especie a partir de la llegada de los holandeses a la isla en 1638, porque lo cierto es que, a pesar de que a veces utilizaban su pico para defenderse, los dodos eran unas aves fáciles de capturar y proporcionaban carne fresca a los marineros.

Pero la caza intensiva no fue lo único que afectó negativamente al futuro de los dodos, ya que durante el siglo XVII la población de la isla de Mauricio apenas alcanzó el medio centenar de personas, una

---

(vellosas). Esto se sabe por el estudio de las plumas que posee la cabeza de dodo que se conserva en el Museo de Oxford.

438   Mauricio, por ejemplo, está situada a 900 km de Madagascar.

cifra que no parece elevada. De hecho, la supervivencia de estas aves se vio también afectada por la destrucción de su hábitat forestal que causaron los humanos y, sobre todo, por los animales que estos introdujeron en la isla (especialmente cerdos, perros, gatos, ratas, monos), que se alimentaban de los dodos, arrasaban sus nidos y competían con ellos por los limitados recursos alimentarios que ofrecía la isla. Todas estas penalidades condujeron a la completa extinción del dodo a finales del siglo XVII, un siglo después de la llegada de seres humanos a la isla (desde que fue descubierto en 1598 hasta su extinción en 1662).

A mediados de febrero de 1662, una violenta tormenta dispersó una flota de la Compañía Holandesa de las Indias Orientales que había partido de Batavia[439] con destino a Europa hacía menos de dos meses. Entre aquellos barcos estaba el *Arnhem*, que encalló en unos arrecifes situados a unos 200 kilómetros al noreste de la isla de Mauricio, hasta la que algunos de los supervivientes llegaron en un pequeño bote. Uno de aquellos náufragos, el marinero holandés Volkert Evertsz, escribiría posteriormente que en la isla habían observado dodos, lo que les convertiría en los últimos humanos en ver con vida un ejemplar del ave[440].

La mayoría de los especialistas consideran que probablemente el dodo ya era muy raro en la década de 1660 y el último avistamiento se reportó en 1662, aunque es posible que se viese algún ejemplar posteriormente. Estimar la fecha de extinción de una especie es complejo y requiere analizar secuencias de fechas en las que aparece a lo largo del tiempo, unos datos cuya distribución es difícil de determinar en los estudios ecológicos y paleontológicos porque suelen estar muy restringidos como parte de una muestra generalmente incompleta. Así, aunque la fecha más aceptada para la extinción del dodo es 1662, hace dos décadas David L. Roberts y Andrew R. Solow analizaron estadísticamente una muestra de datos que incluía los últimos diez avistamientos del ave ocurridos entre 1598 y 1662, estimando una nueva fecha de extinción en el año 1693[441]. No creo que la diferencia le importase al dodo.

---

439   Actual Yakarta, capital de Indonesia.
440   Cheke, A. (2004) The Dodo's last island – where did Volkert Evertsz meet the last wild Dodos. The Royal Society. of Arts and Sciences of Mauritius 7, 7-16.
441   Roberts, D. L. & Solow, A. R. (2003) Flightless birds: when did the dodo become extinct? Nature 426: 245.

***

Es obvio que el dodo no fue la única especie endémica de Mauricio que se extinguió tras el asentamiento de los humanos en la isla, aunque sí la que más ha destacado a nivel popular. Por su parte, los especialistas que buscan las causas y detalles de las extinciones acontecidas en ecosistemas insulares han encontrado en la del dodo una fuente de inspiración para plantear nuevos estudios. Uno de ellos intentó relacionar la extinción del dodo con la situación actual del tambalacoque o calvaria (*Sideroxylon grandiflorum* = *Calvaria major*), un árbol de la familia de sapotáceas (*Sapotáceae*), endémico de Mauricio. Sus frutos, análogos a los melocotones, poseen un endocarpio duro rodeando la semilla y formaban parte de la dieta del dodo, por lo que también es conocido como árbol del dodo.

Actualmente, los tambalacoques están en peligro de extinción tras haber sufrido un declive poblacional continuado durante los últimos siglos. Los ejemplares vivos más viejos tienen de unos trecientos años de edad y, partiendo de la fecha en que se extinguieron los dodos, se planteó la hipótesis de que las semillas del árbol solo habrían podido germinar después de haber pasado por el tracto digestivo del ave, un fenómeno que en ecología se denomina mutualismo. De haber ocurrido así, la extinción del dodo habría tenido como consecuencia la desaparición del tambalacoque[442], aunque actualmente muchos especialistas no están de acuerdo y consideran que la drástica reducción de estos árboles fue causada posiblemente por los cerdos y macacos que introdujeron en la isla los colonos humanos, así como por la competencia que debió establecerse entre tambalacoques y las plantas que también fueron introducidas[443].

---

442   Temple, Stanley A. (1977) Plant-animal mutualism: coevolution with Dodo leads to near extinction of plant. Science 197 (4306): 885-886.
443   Hershey, D. R. (2004) The widespread misconception that the tambalacoque absolutely required the dodo for its seeds to germinate. Plant Science Bulletin 50, 105-108.

EL SOLITARIO DE RODRIGUES: EL OTRO DODO

Entre las especies autóctonas del archipiélago de las Mascareñas se encontraba el *solitario de la isla de Rodrigues* (*Pezophaps solitaria*), un ave del tamaño de un cisne que vivía en los bosques secos y matorrales de la isla, alimentándose de frutos, semillas y hojarasca. El solitario debe su nombre al hecho de que era raro ver un ejemplar que fuese acompañado de otro, y Leguat cuenta en sus memorias que fue el ave de Rodrigues que más llamó su atención, señalando que era difícil de atrapar en los bosques, aunque en las zonas abiertas era más fácil hacerlo porque no corría demasiado y a veces era posible acercarse a ellos sin que huyeran.

El solitario es pariente cercano del dodo de Mauricio, y ambos eran aves grandes que compartían características esqueléticas del cráneo, la pelvis y el esternón, habiéndose atribuido la mayoría de esas coincidencias a la incapacidad de volar. Pero existían claras diferencias entre las dos especies; el solitario era más alto y estilizado que el dodo, con la cabeza y el pico más pequeños, el cráneo más aplanado, los ojos más grandes, el cuello y las patas más largas, la cola era casi inexistente, y la parte trasera redondeada. Leguat describe el plumaje del Solitario como gris y pardo, más claro en las hembras, con una banda negra en la base de su pico ligeramente ganchudo.

Los solitarios muestran dimorfismo sexual en el tamaño, quizás el más acentuado en un ave neognata (Figura 44). En las palomas —parientes del solitario—, los machos son generalmente más grandes que las hembras y, tras los primeros estudios de la morfología esquelética del solitario, se supuso que los ejemplares más grandes eran los machos, aunque eso solo se puede confirmar mediante técnicas moleculares.

Al igual que le sucedía a la masa corporal del dodo, la del solitario experimentaba notorias variaciones a lo largo del año, debido al aumento o disminución de la grasa acumulada en función del alimento disponible en cada periodo estacional. Los individuos de mayor tamaño, supuestamente machos, alcanzaban una altura de casi un metro y cerca de 30 kg de peso, mientras que los más pequeños poseían solo el 60% de ese peso y no superaban los 70 cm de altura.

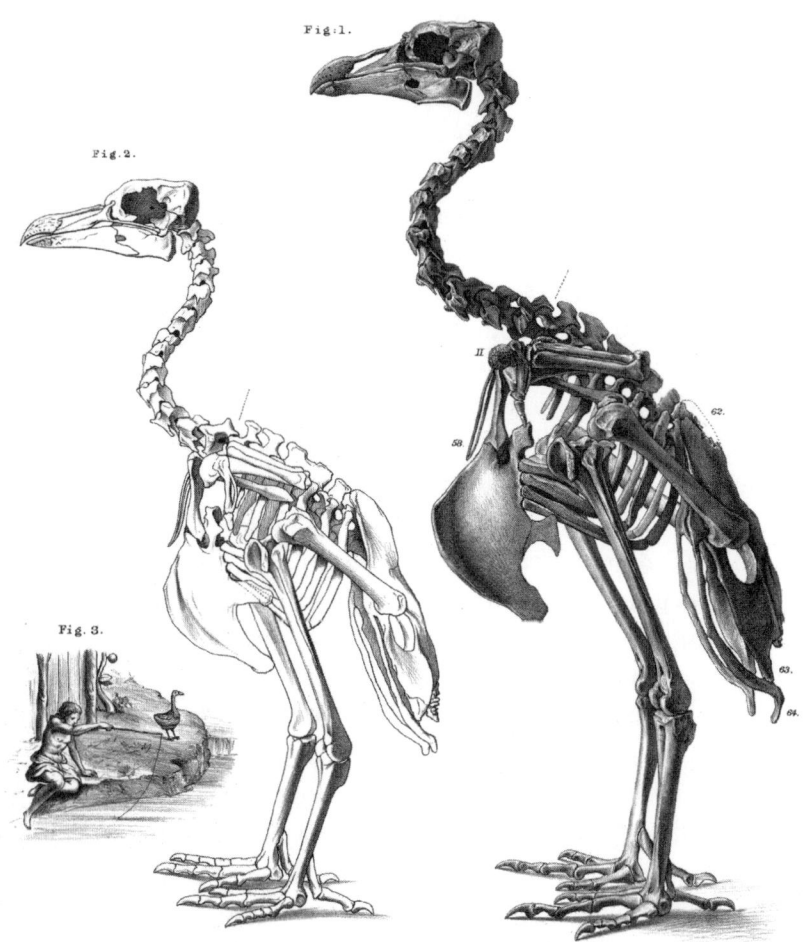

Figura 44. Esqueletos de hembra y macho de solitario (*Pezophaps solitaria*) mostrando su dimorfismo sexual. Owen (1879)[444]

***

Leguat plasma en sus memorias muchas de sus observaciones sobre el comportamiento del solitario. Señala que eran aves monógamas que en zonas despejadas de vegetación construían en el suelo

444   Owen, R. (1879) *Memoirs on the extinct wingless birds of New Zealand.* John Van Voorst London.

nidos amontonando hojas de palma hasta medio metro de altura, poniendo solo un huevo bastante grande. Los dos progenitores lo incubaban durante casi dos meses y durante varios meses más cuidaban del polluelo, el cual era alimentado por la hembra mientras el macho salía a buscar alimento para ambos. En cuanto este se valía por sí mismo, se unía a otros jóvenes solitarios para formar grupos donde se formaban parejas para toda la vida.

Leguat también se refiere al comportamiento territorial del solitario, y señala que durante la incubación del huevo y el posterior cuidado del polluelo sus progenitores impedían que se acercase cualquier otro solitario. Explica que, a veces, los solitarios parecían marcar el territorio realizando una especie de baile en el que agitaban las alas durante varios minutos, resultando curioso que cada miembro de la pareja se encargaba de expulsar a los intrusos de su mismo sexo, de manera que el macho, en vez de enfrentarse a una hembra intrusa, avisaba a su pareja con un rápido aleteo que producía un zumbido que se podía oír a bastante distancia.

Las observaciones del solitario en vida indican que era un ave muy territorial, y tanto los machos como las hembras luchaban entre sí golpeándose con sus alas, llegando incluso a atacar con sus picos a los seres humanos cuando se acercaban a los nidos. Este comportamiento territorial tan agresivo que caracterizaba a los solitarios estaba relacionado con la variación que experimentaban a lo largo del año los recursos alimentarios disponibles en la isla de Rodrigues, que se veían más reducidos en la estación en la que la cantidad de lluvias era menor.

En los restos fósiles, se ha podido constatar con frecuencia la presencia de fracturas sanadas en los huesos pectorales y de las alas, indicativas del grado de violencia con la que combatían los solitarios golpeándose entre sí con sus alas. De hecho, cuando el solitario alcanzaba la madurez, muchos individuos de ambos sexos desarrollaban unas protuberancias óseas de aspecto rugoso cerca del extremo de sus atrofiadas alas, que en vida debieron estar cubiertas por una callosidad córnea o cartilaginosa que se extendía hasta el extremo engrosado del radio. Dichas protuberancias eran más grandes en los machos, en los que podían alcanzar más de tres centímetros de diámetro.

La utilidad que dieron los solitarios a las protuberancias óseas de sus alas ha sido objeto de debate, a pesar de que se sabe que las aves actuales que poseen ese tipo de estructuras las utilizan como mazas para golpear, incluidas algunas palomas tales como las guras de Nueva Guinea (del género *Goura*)[445], emparentadas de cerca con dodos y solitarios en cuyas alas existen unas protuberancias similares, pero de menor tamaño.

En el caso de un ave voladora, la presencia de una protuberancia ósea tan grande como la del solitario dificultaría extraordinariamente la posibilidad de volar, además de que las frecuentes fracturas alares que se producen en las luchas habrían incapacitado para el vuelo a muchos individuos, conduciendo la especie a su extinción. Pero ese no fue el caso del solitario que vivía aislado en Rodrigues, donde no hubo depredadores hasta la llegada del ser humano.

Las alas del dodo eran más reducidas que las del solitario, su musculatura pectoral más débil y carecían de estructuras equiparables a las protuberancias presentes en las de su pariente. Además, a pesar de conocerse algunos huesos de dodo con fracturas remodeladas, no hay ninguna evidencia de que el ave utilizase sus alas para entablar luchas territoriales, aunque habría podido enfrentarse a sus congéneres con su gran pico ganchudo. De todas formas, no parece que los dodos necesitaran luchar por sus territorios en una isla como Mauricio, en la cual el clima es más estable y llueve más que en la de Rodrigues.

∗∗∗

El solitario de Rodrígues se extinguió más tarde que el dodo, probablemente entre 1730 y 1760, coincidiendo con las décadas en que las tortugas de la isla fueron cazadas con mayor intensidad. De hecho, los tortugueros quemaban los bosques y cazaban masivamente todo tipo de aves, pero lo que más daño causó al dodo fue la gran cantidad de gatos y cerdos que introdujeron en la isla y que, como ya vimos, se convirtieron en los principales enemigos de los solitarios. A finales de aquellos años varias personas intentaron capturar vivo algún solitario, llegándose incluso a ofrecer una recompensa a quien lo lograse. Es notable el caso de Joseph-François Charpentier de

---

445 El género *Goura* contiene cuatro especies: *G. cristata*, *G. scheepmakeri*, *G. sclaterii* y *G. victoria*.

Cossigny, un ingeniero militar francés que, a mediados de la década de 1750, pasó cerca de dos años en la isla sin lograr ver ni un solo ejemplar de solitario.

LOS RAFINOS: UNAS PALOMAS MUY GRANDES

Determinar por primera vez el grupo taxonómico al que pertenece un ser vivo es sin duda un proceso complejo que requiere estudiar las características biológicas del mismo y compararlas con las de otros, constituyendo un paso previo fundamental para establecer sus parentescos evolutivos y filogenia. De hecho, no son pocas las veces en que la clasificación formal de un taxón da lugar a interesantes debates entre investigadores, que suelen acentuarse cuando se trata de seres vivos que ya han desaparecido y de los cuales solo se dispone de unos pocos restos fragmentarios. Como en tantos otros casos, esa era la situación del dodo y del solitario, cuyos estudios taxonómicos y filogenéticos se han llevado en paralelo a los grandes avances científicos y del conocimiento experimentados por la ornitología en los últimos dos siglos[446].

Por suerte para los taxónomos, las extinciones del dodo y el solitario son relativamente recientes, por lo cual han dispuesto de las descripciones que hicieron quienes los vieron vivos, así como de dibujos realizados del natural y de algunos restos disecados. Pero es obvio que nada de eso ha impedido que las relaciones evolutivas de ambas aves hayan sido objeto de controversias, incluso tras estudiarse muestras de su material genético.

Tanto el aspecto grotesco del dodo como su particular comportamiento ante los humanos influyeron en la posición sistemática que le adjudicaron inicialmente, surgiendo muchas especulaciones que lo comparaban con el avestruz, el buitre o el albatros, como resultado de las cuales el dodo ha sido encasillado aquí y allá según los caprichos de los ornitólogos. Así, a principios del siglo XVII, varios

---

446   Parish, Jolyon C. (2013) The Dodo and the Solitaire: A Natural History. Indiana University Press.

naturalistas relacionaron al dodo con aves del grupo de los avestruces, mientras que otros lo hicieron con anátidas, como los cisnes. En 1758, cuando el dodo llevaba un siglo extinguido, el naturalista sueco Carlos Linneo[447] lo denominó *Struthio cucullatus,* de acuerdo con quienes opinaban que se asemejaba a los avestruces[448]. Poco después, en 1760, el zoólogo francés Mathurin Jacques Brisson se basó en las avutardas para crear el género *Raphus,* de manera que la denominación aceptada del dodo pasó a ser *Raphus cucullatus.* Pero la cosa no quedo ahí, porque ante el comportamiento que se le atribuía al dodo, Linneo cambió de opinión en 1767 y dio al ave el nombre de *Didus ineptus,* que significa «dodo inepto». Curiosamente, la norma de prioridad que había establecido el propio Linneo terminaría convirtiendo la denominación del dodo en un sinónimo de *Raphus cucullatus,* el nombre científico oficial del dodo en la actualidad. Lo más lamentable de esta confrontación taxonómica basada en calificativos peyorativos fue que contribuyó a reforzar los aspectos más negativos que han rodeado a la imagen del dodo, incluso trescientos años después de que desapareciese.

En 1811, el zoólogo alemán Johann Karl Wilhelm Illiger creó expresamente la familia *Inepti* para incluir a la especie *Didus ineptus,* y llegó a la conclusión de que el dodo estaba emparentado con los avestruces y ñandúes. Durante la primera mitad del siglo XIX varios ornitólogos de renombre estuvieron en desacuerdo con clasificar a los dodos junto a los avestruces, ñandúes y casuarios (las ratites), considerando la posibilidad de que perteneciera al grupo de los kiwis, e incluso que fuera una forma intermedia entre galliformes y ratites.

En 1842, el zoólogo danés Johannes Theodor Reinhardt redescubrió un cráneo de dodo en la colección real danesa en Copenhague y, partiendo de su estudio, fue el primero en sugerir una afinidad cercana de los dodos y solitarios con las palomas terrestres, una propuesta que no tardó en ser tachada de absurda. En 1848, la propuesta de Reinhardt fue apoyada por el ornitólogo Hugh Edwin Strickland y el anatomista Alexander Gordon Melville, después de diseccionar

---

447 Carlos Linneo, autor del sistema de clasificación científica que aún se utiliza.
448 Linnaeus, Carolus (1758) *Systema Naturae per regna tria naturae: secundum classes, ordines, genera, species, cum characteribus, differentiis, synonymis, locis.* 10th edition. Stockholm: Laurentius Salvius, Holmiae. 824 pp. Página 155.

el único espécimen conocido de dodo que poseía tejidos blandos y compararlo con los pocos restos del solitario de que se disponía por entonces[449]. Los dos investigadores sugirieron que, aunque ambas aves no eran idénticas, podrían tener un ascendente común, ya que compartían muchas características distintivas en los huesos de las patas, las cuales, además, solo se conocían en las palomas. Strickland y Melville denominaron al dodo *Didus nazarenus*.

En cuanto al solitario, sus restos fósiles y subfósiles se han hallado por miles en la isla de Rodrigues. En 1786 aparecieron los primeros en una cueva y fueron estudiados por el naturalista alemán Johann Friedrich Gmelin, que publicó la primera descripción científica del ave en 1789, identificándola como una especie de dodo a la que denominó *Didus solitarius*. En 1848 Strickland y Melville establecieron la subfamilia *Didinae* y descubrieron que las diferencias entre el dodo y el solitario eran suficientes para asignar un género propio a este último, que pasó a denominarse *Pezophaps solitarius*[450].

Posteriormente, en 1893, el ornitólogo inglés Richard Bowdler Sharpe[451] estableció el suborden *Didi* como el grupo que incluía a varias aves grandes de las islas Mascareñas, y se basó en varios rasgos de la mandíbula y el pico para agruparlo con *Columbidae*, la familia de las palomas. De hecho, a mediados del pasado siglo, varios investigadores propusieron un orden separado para el dodo y el solitario, dándose la situación de que, incluso antes de hacerse estudios filogenéticos, en la literatura científica se diera por sentado que ambos tenían un origen común. Esta idea se basaba tanto en la proximidad biogeográfica que existía entre sus áreas de distribución en las islas Mascareñas como en el hecho de que los dos taxones poseían una serie de características derivadas que estaban presentes en un antecesor común con morfología propia de las palomas.

Actualmente solo se reconocen *Pezophaps solitarius* y *Raphus*

449   Strickland, H. E., Melville, A. G. (1848) *The Dodo and its Kindred*. Reeve, Benham & Reeve, London.
450   El término griego *Pezophaps* significa «paloma caminante».
451   Sharpe, R. B. (1893) *Catalogue of the Columbae, or Pigeons, in the British Museum of Natural History*. En: Sharpe, R. B. (Ed.) *Catalogue of the Birds in the British Museum*. Department of Zoology (London: British Museum of Natural History) 21: 628-636.

cucullatus[452], pero a finales del siglo XIX se reconocían tres especies del grupo de los dodos: el solitario de Rodrigues (*Pezophaps solitarius*), el dodo de Mauricio (*Didus ineptus* = *Didus nazarenus*) y el dodo o solitario de Reunión (*Raphus solitarius* = *Didus borbonicus*), siendo este último conocido exclusivamente por los relatos de los primeros viajeros llegados a la isla a principios del siglo XVII. En 1995, tras descubrirse una serie de restos fósiles y revisarse las descripciones históricas, los investigadores llegaron a la conclusión de que solitario de Reunión estaba estrechamente relacionado con varias especies africanas de ibis[453] y que, por lo tanto, no estaba emparentado con los dodos. Fue denominado ibis de Reunión (*Threskiornis solitarius*)[454].

Algunos autores consideraban que el orden columbiformes comprendería las familias ráfidos (*Raphidae*) y colúmbidos (*Columbidae*), incluyendo estos últimos a todos los taxones existentes. El rango familiar otorgado al dodo y al solitario implica un ancestro común, pero también una relación de grupo hermano con los colúmbidos, lo que requiere identificar a sus taxones hermanos dentro de colúmbidos, ya que ambos se derivan de ancestros columbinos que han evolucionado de forma independiente[455].

En 1957 el ornitólogo belga René Verheyen situó al dodo y al solitario en la subfamilia fafinos (*Raphinae*), integrada en una familia de palomas[456]. Desde entonces, el conocimiento de los caracteres fundamentales que comparten las palomas con los dodos y solitarios ha permitido elaborar filogenias basadas en análisis osteológicos y genéticos. En este sentido, los investigadores han elaborado un cladograma partiendo de la comparación del material genético de casi cuarenta especies de palomas con el del dodo y el solitario. La disposición de

452 *D. ineptus* y *D. nazarenus* se les consideran sinónimos de *Raphus cucullatus*.

453 *Threskiornis aethiopicus* y *T. spinicottis*.

454 Mourer-Chauviré, C., Bour, R. & Ribes, S. (1995) Position systématique du Solitaire de la Réunion: nouvelle interprétation basée sur les restes fossiles et les récits des anciens voyageurs. C. R. Acad. Sci. Paris 320, série IIa, 1125-1131.

455 Janoo, Anwar (2005) Discovery of isolated dodo bones [*Raphus cucullatus* (L.), Aves, *columbiformes*] from Mauritius cave shelters highlights human predation, with a comment on the status of the family *Raphidae* Wetmore, 1930. Annales de Paléontologie 91, 167-180.

456 Verheyen, R. (1957) Analyse du potentiel morphologique et projet de classification des columbiformes (Wetmore, 1934. Bull. l'Institut Royal Sci. Nat. Belg. 33, 1-42.

los taxones en el cladograma muestran la cercana relación de estas dos aves con el resto de los colúmbidos[457], de manera que la familia ráfidos integrada en el orden columbiformes se transformaría en la subfamilia rafinos dentro de la familia colúmbidos (Figura 45). De hecho, la evidencia genética muestra que el pariente vivo más cercano de dodos y solitarios es la paloma de Nicobar, en el sureste asiático (*Caloenas nicobarica*), seguida por las guras de Nueva Guinea (*Goura*) y la paloma manumea de Samoa (*Didunculus strigirostris*). Esta última especie también se conoce como *paloma de pico dentado* y superficialmente se parece tanto al dodo que el famoso paleontólogo británico Richard Owen la denominó coloquialmente *dodlet* (pequeño dodo). Lo cierto es que la paloma manumea no tiene ningún pariente vivo cercano, pero se ha demostrado que genéticamente es cercana al dodo.

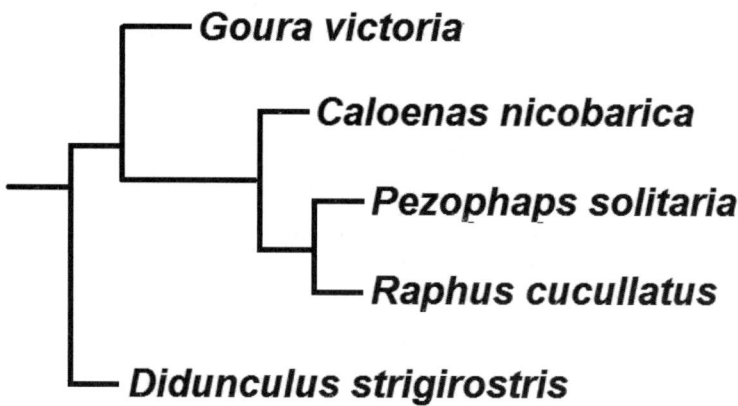

Figura 45. Ubicación filogenética de dodos y solitarios dentro de los columbiformes. Shapiro *et al.* (2002).

Del estudio genético referido anteriormente[458] también se interpreta que los ancestros del dodo y el solitario divergieron en torno al

---

457 Shapiro, B.; Sibthorpe, D.; Rambaut, A.; Austin, J.; Wragg, G. M.; Bininda-Emonds, O. R. P.; Lee, P. L. M.; Cooper, A. (2002) Flight of the Dodo. Science 295 (5560): 1683.

458 *Ibíd.* Shapiro *et al.*, 2002; *Ibíd.* Parish, 2013.

tránsito entre el Paleógeno y el Neógeno. Cabe señalar que, como las islas Mascareñas son de origen volcánico y tienen menos de 10 Ma, es probable que los ancestros de los rafinos aún hubieran sido capaces de volar durante un periodo de tiempo considerable después de separarse sus linajes evolutivos. Partiendo de esta premisa, los investigadores consideran que es razonable plantear que los rafinos evolucionaron de palomas que, durante sus migraciones desde África hasta el sudeste asiático, habían recalado en las islas Mascareñas. Allí, la ausencia de depredadores y la de mamíferos herbívoros que compitiesen por los recursos facilitaron que los rafinos fueran perdiendo la capacidad de volar y alcanzaran tamaños relativamente grandes.

El aumento del tamaño corporal durante la evolución también se ha producido en otros taxones de columbiformes que habitaron en islas de regiones tropicales, como es el caso de una enorme paloma no voladora que fue descrita por primera vez en 2001, a partir de restos subfósiles hallados tres años antes en Viti Levu, la isla más grande del archipiélago de Fiji[459]. Denominada *Natunaornis gigoura*, el tamaño corporal de esta paloma es algo menor que el del dodo y ha sido relacionada con las del género *Goura*. Las guras son las palomas actuales más grandes con longitudes de hasta 75 cm y, según algunos investigadores, de ellas habrían divergido los rafinos hace alrededor de 1.5 Ma, aunque otras estimaciones indican que los parientes de ambas especies habrían arribado a las islas valiéndose del puente terrestre que existió hace 35 Ma. Sin duda, aún quedan muchas preguntas por responder y seguramente muchos taxones por descubrir.

LOS GRANDES COLUMBIFORMES: LA IMPORTANCIA DE UNA BUENA CRIANZA

Sabemos que los taxones que integran muchos grupos aviares muestran una gran variabilidad de tamaño corporal, algunos llamati-

---

459 Worthy, T. H. (2001) A giant flightless pigeon gen. et sp. nov. and a new species of *Ducula* (Aves: *Columbidae*), from Quaternary deposits in Fiji. Journal of The Royal Society of New Zealand 31 (4) 763-794.

vamente grandes, mientras que otros grupos no incluyen a ningún taxón actual o fósil que destaque por su tamaño. Lo que no podemos saber es cuántas formas de gran tamaño habrían podido surgir bajo unas circunstancias diferentes.

A diferencia de las aves paleognatas, ninguna de las columbiformes alcanzó un tamaño corporal tan grande a lo largo de su evolución, aunque los rafinos fueron relativamente grandes y unas pocas especies de palomas insulares tuvieron un tamaño respetable. Como ya hemos visto, el gran tamaño de las paleognatas está asociado a su incapacidad para volar y las únicas capaces de hacerlo son los pequeños tinamúes, mientras que las columbiformes no destacan por su tamaño e incluyen aves tan buenas voladoras como las palomas. Así, los rafinos son aves insulares no voladoras y los representantes de mayor tamaño de un orden integrado por taxones eminentemente voladores de reducido tamaño, lo que convierte a los dodos y solitarios en unas aves especialmente grandes que se podrían interpretar como excepciones resultantes de una evolución en unos entornos ambientales muy particulares. Sea o no así, debe haber una explicación de por qué han evolucionado taxones de gran tamaño dentro de un grupo aviar que no parece haber manifestado nunca esa tendencia. ¿Qué aspectos biológicos posibilitaron que algunos columbiformes se hicieran tan grandes?

En relación con nuestra pregunta hay un aspecto a tener en cuenta del gigantismo aviar del que sin duda volveremos a tratar más adelante, y es el hecho de que la morfología que caracteriza a cada grupo taxonómico de aves no han sido el único factor responsable de que en la de la mayoría de ellos no hayan evolucionado taxones de gran tamaño corporal. Eso no significa que dentro de cualquier grupo aviar pudiese evolucionar un taxón de gran envergadura, porque, como todos sabemos, para algo están los genes y las características (el fenotipo) de los taxones que componen cada linaje y que determinan unos senderos evolutivos (el bauplan). Por motivos obvios, no puede existir un colibrí de medio metro, pero ese razonamiento no es extensible a todos los grupos taxonómicos de aves, de manera que en algunos de ellos no han evolucionado taxones de gran tamaño simplemente porque no se han dado las condiciones necesarias para que aumentase el tamaño corporal de algún taxón. Ese es un buen motivo para explicar por qué, dentro de un grupo de aves voladoras generalmente pequeñas (los columbiformes), evolucionaron unos taxones de mucha mayor envergadura, todo gracias a que previamente se produjo el aislamiento geográfico (en islas) de sus ancestros que, libres de depredadores, perdieron la capacidad de volar y aumentaron mucho su tamaño. Pero claro, eso no lo explica todo, porque en base al mismo criterio deberían aparecer repartidas por todas las islas del planeta muchísimos taxones de enormes aves pertenecientes a otros grupos que, como los columbiformes, tienen envergaduras moderadas. Está claro que debió haber otro motivo que facilitó que los rafinos se hiciesen tan grandes a lo largo de su evolución. Veámoslo.

∗∗∗

El buche de las aves es un ensanchamiento en forma de saco situado a mitad del esófago que sirve para almacenar el alimento ingerido, cuya forma y tamaño varía entre las especies. Las aves granívoras poseen un buche muy desarrollado donde almacenan las semillas para que se hidraten, maceren y ablanden antes de pasar al estómago. El buche y el esófago permiten la regurgitación o expulsión voluntaria del alimento almacenado, una capacidad fundamental para que los pollos puedan ser alimentados por sus progenitores durante las primeras semanas de vida.

Una curiosa característica de varios grupos de aves —poco conocida fuera del ámbito especializado— es que los adultos de ambos sexos puede producir en sus buches una secreción extremadamente nutritiva conocida como *leche de buche*[460]. Esta sustancia es producida por el desprendimiento de células llenas de líquido del epitelio que reviste el buche y es utilizada para alimentar a los pollos e inmaduros.

En las aves columbiformes el buche tiende a estar especialmente bien desarrollado y se ha comprobado experimentalmente que la leche que producen las palomas contiene más proteínas y grasas que la de muchos mamíferos. Ambos adultos se la dan a los polluelos como alimento exclusivo durante varios días después de la eclosión y a los pichones durante más de dos semanas. Mediante adiciones y

---

460 Palomas y sus parientes, flamencos y pingüinos.

extracciones experimentales de huevos en nidadas de tórtola rabiche (*Zenaida mucroura*) se ha establecido que la producción de leche de buche es un factor que limita el tamaño de la nidada, de manera que, aparentemente, es una razón importante por la cual el tamaño de puesta de los colúmbidos no es más de dos huevos[461].

El estudio morfológico basado en datos métricos de cientos de sus elementos esqueléticos de dodos y solitarios, comparados con los datos de otras especies de colúmbidos, ha establecido que en los rafinos el dimorfismo sexual de tamaño es inusualmente grande y que, en el solitario, puede ser el mayor de cualquier ave carenada[462]. Como sucede en otras aves, el gigantismo de los rafinos probablemente se asoció con cambios fisiológicos, como el aumento de la longevidad, la mayor eficiencia termodinámica y, al ser principalmente frugívoros, el desarrollo de peculiaridades morfológicas relacionadas con el forrajeo, tales como el aumento del buche. Además, ambas especies tenían tamaños de nidada de un huevo, acorde con el dato de otros colúmbidos voladores[463].

El dodo y el solitario compartían unos pesos máximos de poco más de 22 kg, y el peso estimado para la extinta paloma no voladora *Natunaornis gigura* es, como sabemos, algo menor al del dodo. Estos datos sugieren que estas aves podrían poseer alguna característica innata que limitase el tamaño que podían alcanzar. En este sentido, hace casi dos décadas, el zoólogo norteamericano Robert W. Storer planteó la posibilidad de que dicha limitación del tamaño pudo haber estado en la capacidad de los adultos para producir la suficiente *leche de buche* como para alimentar a los jóvenes durante las primeras etapas cruciales de su crecimiento. En otras palabras, pudo existir una conexión entre la producción de la *leche de buche* de los columbiformes no voladores y el tamaño máximo que pueden alcanzar[464].

461 Blockstein, D. E. (1989) Crop milk and clutch size in mourning doves. Wilson Bull. 101 (1) 11-25.
462 Estimados en 21 y 17 kg para machos y hembras de *R. cucullatus*, y en 28 y 17 kg para machos y hembras de *P. solitaria*, respectivamente.
463 Livezey, Bradley C. (1993) An ecomorphological review of the dodo *(Raphus cucullatus)* and solitaire *(Pezophaps solitaria)*, flightless columbiformes of the Mascarene Islands. Journal of Zoology 230 (2) 247-292.
464 Storer, S. W. (2005) A possible connection between crop milk and the maximum size attainable by flightless pigeons. The Auk 122 (3) 1003-1004.

Podemos suponer que los dodos y solitarios alimentaron a sus polluelos con la leche que segregaban sus buches, como lo hacen otros columbiformes. También es presumible que, a lo largo de la evolución de un ave voladora pequeña a otra no voladora mucho más grande, los alimentos que requiere una cría para crecer (una función cúbica) deben haber aumentado relativamente más rápido que la superficie del revestimiento del buche (una función cuadrada), lo cual supone un problema de cara al proceso evolutivo de aumento de tamaño del ave. Para superar este obstáculo, tanto los dodos como los solitarios redujeron el tamaño de sus nidadas a un solo huevo y, según el caso, desarrollaron un buche de mayor tamaño o aumentaron mediante pliegues la superficie del revestimiento que produce la «leche».

Así, las pinturas contemporáneas de los dodos muestran en la región de su buche una gran protuberancia indicativa de que este era muy grande, lo que le habría permitido producir mayor cantidad de leche de buche, además de procurarle más espacio donde almacenar la máxima cantidad de frutas voluminosas. En el caso del solitario, la única imagen de una hembra realizada del natural por Leguat fue publicada en 1708[465] y no muestra ningún indicio de que estas aves tuviesen un buche muy grande o de que este se pareciera al de un dodo. Pero, en cambio, sí se aprecian dos «abultamientos» cubiertos de plumas, uno sobre cada lado del buche, los cuales pudieron contener partes del buche en las que su revestimiento se plegaba o aumentaba de alguna otra forma su superficie. Leguat consideraba que, como estos «abultamientos» solo los poseía la hembra, eran parte el dimorfismo sexual del solitario y los llegó a comparar con los senos de una mujer. En cierta forma, el holandés se aproximó a la verdad, teniendo en cuenta que habrían actuado como potenciales glándulas que permitían a las hembras producir la suficiente leche de buche para llevar a las crías más allá de la etapa durante la cual se necesitaban. Esto pudo hacer posible la división del trabajo referida anteriormente y en la que el macho recorría un amplio territorio recolectando alimentos en su buche para sí mismo y para regurgitárselo a la hembra en el nido durante el período de la crianza.

465　Leguat, F. (1708) Voyage et avantures de Francois Leguat. English translation printed for R. Bonwicke, W. Freeman, T. Goodman, J. Walthoe, M. Wotton [and five others], London.

Entre las especies de paloma con nidadas de un huevo también están las grandes guras (*Goura*), la paloma de Nicobar (*Caloenas*), ya mencionada como pariente genético del dodo, y la paloma migratoria norteamericana (*Ectopistes migratoria*). Es presumible que, en especies como esta última, la leche de buche como alimento de un solo descendiente acelerase su crecimiento para que emplumara y pudiera moverse con las grandes bandadas que formaban, con el objeto de trasladarse a áreas de abundante alimento y reproducirse. Actualmente la conexión entre la leche del buche y el tamaño de estas palomas sigue sin estar claramente demostrado.

***

En cuanto a la relación de la *leche de buche* con los rafinos, todo parece indicar que dicha secreción jugó un papel fundamental en la alimentación de los polluelos. Como vimos, Leguat cuenta que los jóvenes solitarios eran alimentados por sus progenitores durante un periodo de tiempo especialmente largo, lo cual implicaría que los adultos debieron ser capaces de producir mucha cantidad de *leche de buche*, dándole así sentido a las modificaciones del buche referidas anteriormente. Por otro lado, el hecho de que, según Leguat, los jóvenes solitarios terminasen formando grupos duraderos, hace plausible que previamente se hubiesen agrupado en «guarderías» parecidas a las que organizan los pingüinos actuales[466]. Por cierto, estos últimos también alimentan a sus polluelos con leche de buche.

---

466   Definición Guarderías de pingüinos.

9
Aves que darían miedo

EL RECUERDO DE LOS DINOSAURIOS

*«Nat los vio, en los setos, en el suelo, apiñados en
los árboles, afuera en el campo, fila tras fila de
pájaros, todos quietos, sin hacer nada».*[467]

The Birds (Los pájaros)
Alfred Hitchcock (1962)

Siempre me ha parecido curioso que la primera vez que las aves ate-
rrorizaron al público en las pantallas cinematográficas fueran ejemplares de pequeño y mediano tamaño. La película se titula *Los Pájaros*
y la dirigió el británico Alfred Hitchcock[468]. Sin duda, el comportamiento agresivo que de forma gregaria manifiestan las aves en la obra
de Hitchcock le sirvió al director para provocar cierto terror psicoló-
gico en los espectadores. Después de haber visto *Los Pájaros* es casi
inevitable pensar que si todas las aves fueran así de agresivas nosotros seguramente estaríamos entre sus víctimas. De hecho, es lo que
les sucede a otros muchos mamíferos que son presas de las rapaces.

Pero lo cierto es que la mayoría de nosotros consideraríamos que

---

467   Frase extraída del guion de *The Birds* (*Los pájaros*), obra cinematográfica
      norteamericana de suspense y terror dirigida en 1962 por Alfred Hitchcock,
      basada en una novela homónima escrita en 1952 por Daphne du Maurier.
468   Alfred Joseph Hitchcock (1899-1980).

tenerle miedo a un cuervo o a una gaviota sería algo irracional, aunque seguramente cambiaríamos de opinión si el tamaño del ave en cuestión fuese mayor que el nuestro, tuviese un pico enorme y estuviera dotada de garras poderosas; en ese caso, simplemente nos causaría terror. Pues bien, hace millones de años y durante un largo periodo temporal, en varias regiones de nuestro planeta habitaron varios grupos de aves carnívoras enormes que supuestamente tenían entre sus presas a los mamíferos, hasta el punto de que se les ha puesto el apodo de «aves del terror».

Figura 46. Cartel de la película *La isla misteriosa* (1961).

El recuerdo infantil más impactante que guardo de aquellas aves procede de una secuencia cinematográfica en la que aparece un colorista *Phorusrhacos* animado fotograma a fotograma por el gran Ray Harryhausen[469] para *La isla misteriosa*[470], una cinta de 1961 con un guion ligeramente basado en la conocida novela homónima de Julio

---

469   Mediante la técnica *stop motion*.
470   *La isla misteriosa* (*Mysterious Island*) es una película de aventura y ciencia

Verne (Figura 46). Recuerdo especialmente la forma inquietante en cómo se movía el enorme pajarraco y recuerdo la ocurrente escena de la película en la que los protagonistas se lo comen asado, como si fuese un pollo de granja. Lo cierto es que aquel *Phorusrhacos* se comportaba con la agresividad que esperaría un público para el cual un ave gigante sería lo más parecido a un dinosaurio. Tenía que ser precisamente en una isla.

AL FINAL NO TODAS ERAN TAN TERRORÍFICAS

Desde el Cretácico superior hasta el Pleistoceno, en diversas regiones del mundo, la historia evolutiva de los grupos de grandes aves terrestres muestra que la pérdida de la capacidad de volar y el progresivo aumento de tamaño han sido fenómenos simultáneos y recurrentes que comenzaron en el Cretácico superior con *Gargantuavis*, probablemente un orniturino primitivo. Estas regularidades se repitieron posteriormente durante la evolución de los neornitas, afectando tanto a las neognatas (*Gastornithidae* del Paleógeno, *Dromornithidae* del Eoceno al Cuaternario, *Phorusrhacidae* del Eoceno al Pleistoceno, *Brontornithidae* del Oligoceno al Mioceno) como a las paleognatas (*Dinornithiformes* del Mioceno al período histórico, *Aepyornithiformes* del Cuaternario y las familias de las actuales ratites, representadas por las grandes aves del Paleógeno africano como *Eremopezus* y *Remiornis* del Terciario de inciertas afinidades).

Los estudios filogenéticos continúan y sus resultados parecen apuntar que la pérdida de la capacidad de volar combinada con un aumento de tamaño es claramente un fenómeno de evolución convergente entre los diversos grupos de grandes aves terrestres, situando a los factores ambientales entre los principales impulsores de estas convergencias. Además de los rasgos comunes relacionados con la falta de vuelo y el gran tamaño, el análisis de las adaptaciones

---

ficción de 1961, de producción británico-estadounidense y dirigida por Cy Endfield.

de los diferentes grupos de grandes aves terrestres revela diferencias significativas en relación con su dieta y tipo de locomoción.

La dieta de *Gargantuavis* sigue siendo desconocida, la de los forusrácidos era sin duda carnívora y, como veremos más adelante, diversos estudios recientes han demostrado que gastornítidos, dromornítidos y brontornítidos —considerados carnívoros durante mucho tiempo— fueron seguramente herbívoros.

El tipo de locomoción de gastornítidos, dromornítidos y brontornítidos era claramente graviportal, mientras que la gran mayoría de los forusrácidos eran cursoriales, algo que podría relacionarse con su dieta carnívora, a pesar de que hubo grandes forusrácidos graviportales como *Paraphysornis* y *Kelenken*.

***

Calificar de terrorífica a un ave parece un poco exagerado, pero desde luego garantiza un tinte dramático cuando se hace referencia a ella. El paleontólogo francés Éric Buffetaut, destacado especialista en aves gigantes, opina que la denominación «aves del terror» no hace referencia a un grupo de aves taxonómicamente homogéneo, sino a un conjunto de grupos taxonómicos muy diferentes, varios de los cuales carecen de representantes actuales[471].

Buffetaut tiene toda la razón, y por eso no parece tener ningún sentido que todas las aves terrestres gigantes sean agrupadas solo por el hecho de que supuestamente todas eran carnívoras, sobre todo cuando sigue abierto el debate sobre cuál fue la dieta de algunas de ellas. En este sentido, en el capítulo anterior vimos que, en el caso de los dromornítidos, la evaluación de su dieta se ve dificultada por la forma muy peculiar de su mandíbula, aunque Stephen Wroe sugirió que estas aves debieron de ser carnívoras[472] porque sus músculos craneales y mandíbulas eran demasiado grandes para pertenecer a un ave que se alimen-

---

471 «Lejos de formar un todo sistemático homogéneo, estas aves pertenecen a grupos muy diferentes, varios de los cuales no tienen ningún representante vivo».

472 *Ibid.* Wroe, 1999.

tase solo de plantas. Más adelante veremos que otros investigadores ya plantearon la hipótesis de Wroe para considerar carnívoros a los gastornítidos, pero actualmente se están planteando dudas sobre si tanto estos como los dromornítidos eran aves carnívoras, a pesar de que, por su aspecto, parezcan unos depredadores terroríficos.

Todo lo anterior indica que el tipo de dieta parece jugar algún papel diferenciador a lo largo de la evolución de los diferentes grupos taxonómicos que se catalogan como *aves del terror*, aunque explicar su papel filogenético requiere analizar en detalle y comparar las características morfológicas de los representantes de dichos grupos.

En el capítulo que dedicamos a las aves gigantes insulares vimos cómo los ornitólogos que apoyaban la existencia del *ave gigante de Leguat* le notaban cierto parecido con algunas aves del orden gruiformes, a pesar de que el tamaño de estas últimas es mucho menor. Lo curioso es que, en cierta forma, no iban tan descaminados en lo del parecido, teniendo en cuenta que hoy sabemos que el orden cariamiformes —antes considerado parte de gruiformes— tuvo numerosos representantes extintos del tamaño atribuido al ave de Leguat y que pertenecían precisamente a las familias de *aves del terror* que tuvieron dieta carnívora, destacando la de los fororrácidos (*Phorusrhacidae*).

También me referí a un estudio realizado por Worthy y sus colegas[473] en el cual analizaban la evolución de las aves gigantes no voladoras y sus relaciones filogenéticas con las galloanseres extintas. El estudio mostraba que estas aves forman un grupo monofilético que comprende cuatro clados principales, los gastornitiformes y *Vegavis*, todos extintos, junto a los galliformes y anseriformes, representados actualmente. El estudio también reveló diversos aspectos sobre la filogenia de los diferentes grupos de las denominadas *aves del terror*. Así, en el orden gastornitiformes se incluyen los dromornítidos junto a los gastornítidos, lo cual excluye ambas familias del orden anseriformes, aunque sí pertenecen al superorden *Anserimorphae*. Dentro de este último grupo, las aves gigantes no voladoras surgieron probablemente por la dispersión independiente de ancestros voladores, de forma similar a la hipótesis más aceptada que se ha

---

473   Worthy *et al.*, 2017.

planteado para explicar la dispersión de las paleognatas ratites. Por otro lado, el mismo estudio considera que el taxón *Brontornis burmeisteri* —único brontornítido conocido en Sudamérica— no es una *Galloanserae*, sino probablemente un miembro de Neoaves relacionado con el orden cariamiformes, lo cual significa que no se conoce ninguna galloansere gigante en el continente sudamericano.

Los análisis de rasgos realizados por Worthy y sus colegas concluían que el gigantismo y la falta de vuelo han evolucionado repetidamente en todos los grupos de aves gigantes no voladoras, pero la dieta está limitada por la filogenia. Así, todos los galloanseres y paleognatas gigantes son total o principalmente herbívoros, mientras que los neoavianos gigantes son carnívoros u omnívoros.

Lo cierto es que el amplio y variado elenco de las *aves del terror* está integrado por varias familias de grandes aves terrestres repartidas en dos grandes agrupaciones taxonómicas que, durante su evolución, desarrollaron una serie de características morfológicas que les dan aspectos un tanto similares, pero sus diferentes dietas corresponden a los grandes grupos situados en sus bases filogenéticas. Por un lado, las familias dromornítidos (*Dromornithidae*), gastornítidos (*Gastornithidae*) y brontornítidos (*Brontornithidae*) pertenecen al superorden *Anserimorphae*, actualmente consideradas herbívoras[474]. Por otro lado, las familias forusrácidos (*Phorusrhacidae*), batornítidos (*Bathornithidae*), idiornítidos (*Idiornithidae*) y ameginornítidos (*Ameghinornithidae*)[475] pertenecen al orden *Cariamae* o cariamiformes, todos carnívoros.

***

---

474 - Angst, D. & Lécuyer, C., Amiot, R., Buffetaut, E, Fourel, F., Martineau, F., Legendre, S., Abourachid, A. & Herrel, A. (2014a) Isotopic and anatomical evidence of an herbivorous diet in the Early Tertiary giant bird *Gastornis*. Implications for the structure of Paleocene terrestrial ecosystems. Naturwissenschaften 101, 313-322.
- Mayr, G. (2009) Paleogene Fossil Birds; Springer: Berlin/Heidelberg, Germany; pp. 159-160.

475 *Phorusrhacidae, Bathornithidae, Idiornithidae, ¿Geranoididae? Ameghinornithidae* y ¿*Salmilidae*?

La evolución de las grandes aves terrestres suele estar asociada a un cierto grado de aislamiento geográfico. Así, *Gargantuavis* evolucionó como endemismo de la isla Ibero-Armorican[476] en el Cretácico superior, mientras que aves elefante y moa lo hicieron en los entornos insulares de Madagascar y Nueva Zelanda. Los forusrácidos y los dromornítidos evolucionaron en Sudamérica y Australia, dos grandes áreas geográficas que permanecieron aislados durante mucho tiempo. Los gastornítidos evolucionaron en el continente europeo durante el Paleoceno, hasta que la situación cambió durante el Eoceno.

Las estructuras de los ecosistemas donde evolucionaron las grandes aves terrestres jugaron un papel muy importante en el proceso. Así, en Nueva Zelanda y Madagascar, junto a las aves elefante y los moas, no había prácticamente depredadores, mientras que en la Europa del Paleoceno los animales terrestres más grandes que acompañaron a los gastornítidos eran pequeños mamíferos. En el caso de los dromornítidos, los ecosistemas australianos incluían grandes mamíferos carnívoros y reptiles, algo semejante a lo que sucedió a los forusrácidos en los sudamericanos. Cabe señalar que estos llegaron a ser los principales depredadores de su entorno, una posición que aparentemente no lograron alcanzar en África y Europa, donde también vivieron.

CORDEROS CON PIEL DE LOBO: LOS GASTORNÍTIDOS

Dejando aparte mis recuerdos cinematográficos, la primera vez que vi representada la reconstrucción de una de las denominadas *aves del terror* fue hace más de medio siglo, cuando aún faltaba tiempo para que las llamasen así. No recuerdo si fue en un libro o en algún álbum de cromos, pero a pie de la ilustración ponía *Diatryma*, que, a diferencia del *Phorusrhacos* de la película, apenas me impresionó.

---

476   Gran isla constituida por los actuales territorios del norte de España y sur de Francia hace 66 Ma, que formó parte de un gran archipiélago que estuvo situado donde se encuentra el actual continente europeo.

Más tarde leí que su cabeza medía lo mismo que la de un caballo pequeño, y eso cambió mi percepción sobre aquel animal.

El género *Diatryma*, como su pariente, el género *Gastornis*, son miembros de la familia gastornítidos, un grupo extinto de grandes aves terrestres cuyo estudio ha demostrado que, una vez más, las interpretaciones de los paleontólogos pueden dejarse llevar por lo aparente. Así, desde que se hicieron las primeras descripciones de estas aves, consideraron que eran carnívoras y que, dado su tamaño, debieron ocupar nichos de grandes depredadores en los ecosistemas de inicios del Terciario. Ahí es donde comienza nuestra historia.

***

En 1855[477], el geólogo francés Costant Prevost anunció en la Academia de Ciencia de París un hueso fósil de un ave gigantesca encontrado en los depósitos de arcilla cercanos a París. Durante una excursión organizada por el propio Prevost, un joven estudiante llamado Gaston Planté[478] descubrió el fósil dentro de un conglomerado que había quedado expuesto en una trinchera reciente cerca de la ciudad. Prevost reconoció que aquel hueso era la parte interna de una tibia de un animal vertebrado de gran talla y estableció que vivía en un momento anterior al depósito de todos los cimientos de los terrenos terciarios de la región (el denominado *Conglomérat de Meudon* data del Eoceno temprano), también realizó la comparación anatómica del hueso con los de todos los animales vertebrados vivos o fósiles conocidos y consultó a diversos paleontólogos.

Al final, el hecho de que las características anatómicas del fósil sean tan diferentes a las de cualquier ave viva o fósil conocida (incluidas las grandes aves reportadas en depósitos recientes de Nueva Zelanda y Madagascar) y la antigüedad del depósito donde se encontraba el fósil hicieron que Prevost propusiera designar la gigantesca

---

477   Prévost, C. (1855) Annonce de la découverte d'un oiseau fossile de taille gigantesque, trouvé à la partie inférieure de l'argile plastique du terrain parisien. C. R. Acad. Sc. Paris 40, 554-557.

478   Gaston Planté inventó la batería o acumulador eléctrico de plomo-ácido que todavía se usa en los automóviles.

ave de la cuenca de París como *Gastornis parisiensis*, en recuerdo a Gastón Planté. Como dato curioso, cabe señalar que, en su disertación, Prévost representó el hueso fósil a tamaño natural junto a una tibia de cisne actual, solo para dar una idea general de las proporciones relativas de ambos seres, señalando que si el cisne pesa 10 kg, el peso de la antigua ave podría estimarse en 200 kg. Todo un hallazgo para una época en la que los paleontólogos imaginaban el Terciario como un mundo dominado por mamíferos.

Por otro lado, la escasez de material disponible dificultó el descubrimiento de las afinidades zoológicas de *Gastornis*, de manera que hubo investigadores que situaron al ave cerca de los patos, mientras que otros pensaban que estaba más cerca de las aves limícolas o de los albatros, e incluso alguno llegó a plantear que se trataba de un ave no voladora emparentada con *Aepyornis*. Pero lo cierto es que, a pesar de estas incertidumbres, el hueso de *Gastornis* se convertiría en un fósil muy conocido que atrajo mucha atención en Francia y en el extranjero, no solo por tratarse de un ave gigante, sino también por ser una de las aves más antiguas conocidas en aquella época, ya que el *Archaeopteryx* aún no se había descrito.

Más de dos décadas después, Victor Lemoine, un médico de Reims, descubrió más fósiles de *Gastornis* entre el conjunto de vertebrados del Paleoceno tardío de Cernay, cerca de Reims, que era en ese momento la fauna de vertebrados más antigua del Terciario europeo. Lemoine describió varios elementos nuevos de *Gastornis*[479], incluidos los que erróneamente pensaba que eran huesos del cráneo y las mandíbulas, claramente influenciado por las ideas de Huxley sobre las relaciones entre aves y reptiles, así como por las descripciones y estudios que se estaban publicando sobre *Archaeopteryx* y las aves dentadas *Hesperornis* e *Ichthyornis* del Cretácico superior. El trabajo de Lemoine sobre *Gastornis* se vio empañado por la inclusión errónea de elementos no aviares en su reconstrucción esquelética de ese pájaro gigante (Figura 47).[480]

---

479   - Lemoine, V. (1878) Recherches sur les oiseaux fossiles des terrains tertiaires inférieurs des environs de Reims. Part. one, Keller, Reims.
      - Lemoine, V. (1881) Recherches sur les oiseaux fossiles des terrains tertiaires inférieurs des environs de Reims. Part. II, Matot-Braine, Reims.
480   Buffetaut, E. (2017) From giant birds to X-rays: Victor Lemoine (1837-97), physician and palaeontologist. En: Duffin, C. J., Gardner-Thorpe, C. & Moody

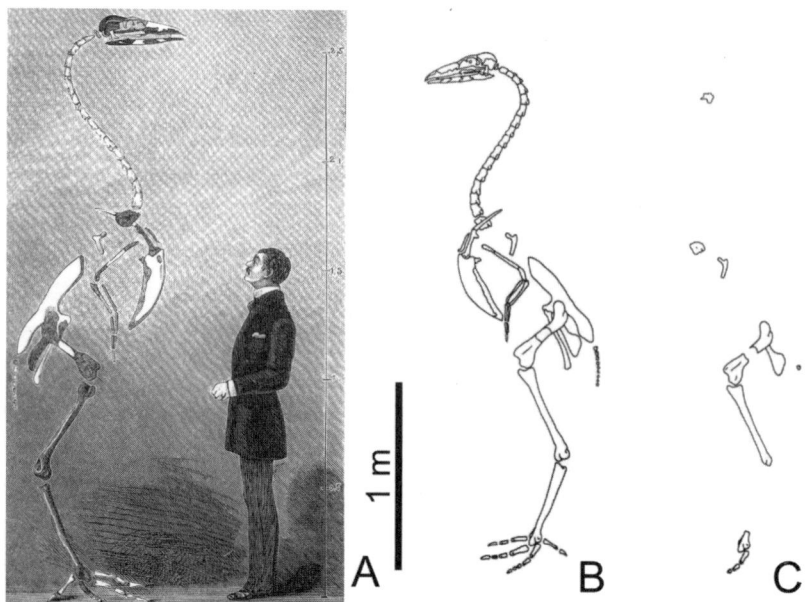

Figura 47. (A) Reconstrucción esquelética de *Gastornis* elaborada por Lemoine y publicada en 1881, reproducida aquí en un artículo popular de Meunier (1882)[481]. (B) Misma reconstrucción en detalle. (C) Elementos que pertenecen realmente al ave en la restauración de Lemoine (Martin, 1992).

Posteriormente informaron del hallazgo de huesos de *Gastornis* en Bélgica e Inglaterra, pero no aportaron cambios significativos a la reconstrucción de Lemoine, la cual muestra, en términos evolutivos, un ave primitiva que todavía exhibe muchas características reptilianas, de 2,70 metros de altura y constitución bastante esbelta, con un pico largo y dentado. Esta reconstrucción fue aceptada en gran medida como correcta y ampliamente reproducida en libros tanto de texto como populares, impidiendo durante muchos años el reconocimiento de las verdaderas afinidades evolutivas de *Gastornis*.

En 1876, el paleontólogo norteamericano Edward Drinker Cope descubría algunos fragmentos de una gigantesca ave en la formación Wasatch del Eoceno inferior de Nuevo México, a la cual deno-

R. T. J. (Eds.) *Geology and Medicine: Historical Connections.* Geological Society of London Vol. 452.

481   Meunier, Stanislas Étienne (1882) A Gigantic Fossil Bird. Popular Science Monthly Volume 21, August 1882.

minó *Diatryma gigantea*[482]. Varios autores sugirieron semejanzas con *Gastornis*, pero durante muchos años el material disponible de *Diatryma* permaneció tan escaso que no se pudieron hacer comparaciones significativas con la forma europea. En 1913 Robert Shufeldt describió algunos fragmentos hallados por Granger en el Eoceno de Wyoming[483] y nombró a *Diatryma ajax*. En 1894 Marsh describió un hueso del dedo del pie del Eoceno de Nueva Jersey[484] y le dio el nombre de *Barornis regens*, que posteriormente fue referido a *Diatryma* por Shufeldt.

Los restos de aves se encuentran entre los fósiles más raros en las formaciones del Terciario norteamericano, y prueba de ello es que, en las formaciones del Eoceno y Paleoceno de la cuenca Bighorn (Wyoming), se encontraron muy pocos y muy fragmentarios especímenes de aves fósiles. De hecho, a pesar de que, a comienzos del siglo pasado, el paleontólogo Walter Granger pasó más de una década recolectando fósiles de vertebrados para el Museo Americano de Historia Natural, solo se obtuvieron dos fragmentos de las patas de *Diatryma* en el sitio más rico en fósiles del Eoceno inferior. Finalmente se consideró que, para completar el trabajo, era aconsejable buscar en una o dos áreas pequeñas de la cuenca que aún quedaban por explorar, y allí se encontró un esqueleto bastante completo de *Diatryma*. El propio Granger y el también paleontólogo William Matthew describieron aquel esqueleto[485] y elaboraron una reconstrucción muy diferente de la que Lemoine hizo de *Gastornis* (Figura 48). En este sentido, las dudas que surgieron sobre la validez de aquella reconstrucción instaron a los paleontólogos europeos a revisar el material francés, pero como esto no se hizo, siguió prevaleciendo la incertidumbre sobre las relaciones entre *Gastornis* y *Diatryma*.

En 1992, Larry Dean Martin, paleontólogo de la Universidad de Kansas, publicó una revisión de *Gastornis* basándose en materiales tanto antiguos como recientemente descubiertos, demostrando que la reconstrucción esquelética que hizo Lemoine se basó en gran

---

482   Cope, E. D. (1876) On a Gigantic Bird from the Eocene of New Mexico. Proc. Acad. Nat. Sci. Phila. 18, 10-11.

483   Shufeldt, R. W. (1913) Bull. Amer. Mus. Nat. Hist. XXXII, 287-290.

484   Marsh, (1894) Amer. Jour. Sci. XLVIII, p. 344.

485   Matthew, W. D. & Granger, W. (1917) The skeleton of *Diatryma*, a gigantic bird from the Lower Eocene of Wyoming. Bulletin of the AMNH v. 37, article 11.

medida en material no aviar[486] y que no había ninguna base para las características «reptilianas» del cráneo erróneamente reconstruido por Lemoine.

Figura 48. Restauración del esqueleto de *Diatryma* publicada por Matthew y Granger en 1917.

Por entonces, los géneros *Diatryma* y *Gastornis* estaban situados en familias separadas del orden *Gastornithiformes*, pero las numerosas semejanzas que Martin observó entre ellos le llevaron a concluir que ambos podrían pertenecer a la familia gastornítidos y que se debería

486 Martin, L. D. (1992) The status of the Late Paleocene birds *Gastornis* and *Remiornis*. In Campbell, K.E. (ed.) Papers in Avian Paleontology Honoring Pierce Brodkorb, 97- 108. Los Angeles: Natural History Museum of Los Angeles County (Sciences series, 36). (p. 107).

revisar la identificación de *Diatryma* en Europa. De hecho, al revisar *Diatryma* de forma detallada,[487] el ornitológico Allison V. Andor llegó a conclusiones similares, aunque prefirió mantener los dos géneros en familias separadas hasta que revisasen el material europeo. El principal motivo por el que se tardó en reconocer las estrechas similitudes entre *Gastornis* y *Diatryma* fue porque la reconstrucción errónea que hizo Lemoine de *Gastornis* fue aceptada sin críticas, mientras que la que hicieron Matthew y Granger de *Diatryma* era más aceptable. Hoy en día está claro que esto obstaculizó la apreciación de las afinidades reales de *Gastornis*. En 1997 Eric Buffetaut[488] sugirió que los géneros *Gastornis* y *Diatryma* eran sinónimos, una propuesta que en 2002 fue formalizada por el ornitólogo checo Jiří Mlíkovský[489]. En este sentido, en 2013, Angst y Buffetaut compararon fósiles de *Diatryma* con una nueva mandíbula de *Gastornis*, bien conservada y relativamente completa, procedente del Paleoceno final de Mont-de-Berru (Francia), lo cual respaldó la sinonimia entre *Gastornis* europeo y *Diatryma* norteamericano[490].

✱✱✱

La posición sistemática de los gastornítidos ha dado lugar a varias hipótesis desde que, en 1855, Edmond Hébert publicó la descripción científica de los restos de *Gastornis*[491] y lo asoció con los «palmípedos

---

487   Andors, A. V. (1992) Reappraisal of the Eocene groundbird *Diatryma* (Aves: *Anserimorphae*). Natural History Museum of Los Angeles County, Science Series, 36, 109-125.

488   Buffetaut, E. (1997) New remains of the giant bird *Gastornis* from the upper Paleocene of the eastern Paris Basin and the relationships between *Gastornis* and *Diatryma*. Neues Jahrb Geol Paläontol, Mh 1997: 179-190.

489   Mlíkovský, J. (2002) Cenozoic birds of the world. Part 1: Europe. Ninox Press, Praha.

490   Angst, D. & Buffetaut, E. (2013) The first mandible of *Gastornis* Hébert, 1855 (Aves, Gastornithidae) from the Thanetian (Paleocene) of Mont-de-Berru (France). Revue de Paléobiologie, Genève 32 (2): 423-432.

491   - Hébert, E. (1855) Note sur le tibia du *Gastornis parisiensis*. C. R. Acad. Sci.,40, 579-582.
       - Hébert, E. (1855b) Note sur le fémur du *Gastornis parisiensis*. C. R. Acad. Sci. 40, 1214-1217.

lamelirrostros» tras compararlos con un cisne, un ganso o un pato. Posteriormente, Richard Owen coincidió con la conclusión final de Hébert[492] que asignaba *Gastornis* a un género de aves distinto de todos los ya conocidos[493]. Desde entonces, diversos especialistas han comparado a *Gastornis* con aves muy dispares y han relacionado a los gastornítidos con paleognatas, Ciconiformes, Gruiformes y anseriformes. A finales del pasado siglo, el ornitólogo Allison V. Andors revisó todas estas propuestas y consideró a los gastornítidos como grupo hermano de las anseriformes actuales dentro del superorden *Anserimorphae*[494], lo que fue avalado por un estudio de Federico L. Agnolín[495] que situaba a *Gastornis* dentro de anseriformes como tales, más que como un grupo hermano.

A finales del siglo XIX, cuando los forusrácidos fueron incluidos en los gruiformes, se sugirió que los gastornítidos formaban parte de ellos, pero trabajos posteriores rechazaron este parentesco. En 2011 se planteó la posibilidad de que *Gastornis* fuera un forusrácido[496], cuestionando los anteriores estudios anatómicos realizados por Andors. Pero lo cierto es que existen muchas diferencias anatómicas entre forusrácidos y gastornítidos, y las principales no se interpretan correctamente en el trabajo de 2011, que basaba sus comparaciones anatómicas en *Brontornis*, al cual consideraban forusrácido. Debido a sus muchas diferencias, actualmente los brontorníticos constituyen una familia aparte de los forusrácidos e incluida en el orden anseriformes, lo cual lleva a la antigua hipótesis de que los gastornítidos son anseriformes.

✳✳✳

492   «Palmípedos lamelirrostros» es una antigua denominación taxonómica que corresponde a parte de los actuales anseriformes.

493   Owen, R. (1856) On the Affinities of the large extinct Bird (*Gastornis parisiensis*, Hébert), indicated by a Fossil Femur and Tibia discovered in the Lowest Eocene Formation near Paris. Quarterly Journal of the Geological Society 12, 204-217.

494   *Ibid.* Andors, 1992.

495   *Ibid.* Agnolín, 2021.

496   Bourdon E. & Cracraft J. (2011) *Gastornis* is a terror bird: New insights into the evolution of the *Cariamae* (Aves, *Neornithes*). 71st Ann. Meet. Soc. Vert. Paleont. Progr. Abstr., p. 75.

La excelente conservación del fósil americano de *Diatryma* es la razón por la que, desde la década de 1920, la mayoría de los especímenes europeos se atribuyeron a ese género en lugar de a *Gastornis*. A finales de la década de 1920, William J. Sinclair creó dentro de gastornítidos el nuevo género, *Omorhamphus*[497], pero varias décadas después, Andors lo hizo sinónimo de *Diatryma*[498]. La coexistencia de estos tres géneros y la atribución preferencial de los fósiles de gastornítidos al género *Diatryma* frente a los otros se prolongó hasta principios de los años 1990, cuando Martin[499] publicó la revisión global del material de *Gastornis* a la que ya nos hemos referido y se cuestionó el principal argumento que permitía distinguir entre *Gastornis* y *Diatryma*, agrupándolos en la misma familia. Finalmente, el material fósil atribuido a estos dos géneros pertenece a un único género que, siguiendo la regla de prioridad del Código Internacional de Nomenclatura Zoológica, debe denominarse *Gastornis*, y a *Diatryma* considerarse un sinónimo.

Desde 1885 se han descrito numerosas especies de gastornítidos, atribuyéndose al género *Diatryma* todas las especies norteamericanas y parte de las europeas, mientras que el resto de las europeas lo fueron al género *Gastornis*. En los últimos 20 años se han realizado varios estudios para aclarar y simplificar esta clasificación. Todos los fósiles norteamericanos de *Diatryma* fueron estudiados nuevamente y se consideraron sinónimos a la mayoría de las especies descritas, conservando solo *Diatryma giganteus* y *Diatryma regens*. Un segundo estudio revisó las especies europeas de *Gastornis* del Paleoceno de Francia, agrupándolas a todas en *Gastornis parisiensis*, erigiendo la nueva especie *Gastornis russelli* y considerando la especie *Gastornis minor* como dudosa (*nomen dubium*). Al no haberse realizado ninguna comparación con la especie europea de *Diatryma*, las especies *Diatryma cotei*, *Diatryma geiselensis* y *Diatryma sarasini* quedaron excluidas de todas las revisiones taxonómicas realizadas hasta entonces. Estudios posteriores[500] —además de confirmar la sinonimia de *Diatryma* y *Gastornis*— han demostrado que *Diatryma cotei*

497 Sinclair, W. J. (1928) *Omorhamphus*, a new flightless bird from the Lower Eocene of Wyoming. *Proceedings of the American Philosophical Society* 67, 51-65.
498 *Ibid.* Andors, 1992.
499 *Ibid.* Martin, 1992.
500 Angst *et al.*, 2013; Mlíkovský, 2002; Hellmund, 2013.

no es un gastornítido, sino un forusrácido y han reconsiderado la posición taxonómica de *Diatryma sarasini* y *Diatryma geiselensis*. Finalmente, dentro de *Gastornithidae* se describió un cuarto género, *Zhongyuanus*[501], que incluye solo la especie *Z. xichuanensis* originaria de China, conocida solo por el extremo distal de un tibiotarso que carece de elementos suficientes para disociarlo del resto de fósiles del género *Gastornis* y, por ello, *Zhongyuanus* fue sinonimizado con el género *Gastornis*[502] (Figura 49).

BIOLOGÍA, EVOLUCIÓN Y EXTINCIÓN DE LOS GASTORNÍTIDOS

Los gastornítidos destacaron por ser aves terrestres grandes y masivas, cuyos individuos de mayor tamaño provienen del norte de América y midieron alrededor de 2 m de altura, mientras que las especies europeas eran más pequeñas con una altura de alrededor de 1,7 m. Desde el siglo XIX se han sugerido varias estimaciones de la masa corporal de los gastornítidos, comenzando, como ya vimos, por los 500 kg que propuso Edmond Hébert para *Gastornis parisiensis*[503]. Al mismo tiempo, en 1855, Prévost propuso[504] una masa corporal de casi 200 kg mediante extrapolación basada en los huesos de un cisne. Las únicas estimaciones recientes de la masa corporal de los gastornítidos franceses han sido propuestas por Angst y sus colegas en 2014[505], que, aplicando varios métodos en una amplia gama de restos óseos,

501   Hou, L.-H. (1980) New form of the Gastornithidae from Lower Eocene of the Xichuan, Honan. Vertebrata Palasiatica 18, 111-115.
502   Buffetaut, E. (2013) The giant bird *Gastornis* in Asia: A revision of *Zhongyuanus xichuanensis* Hou, 1980, from the Early Eocene of China. Paleontol. Zh. 47, 1302-1307.
503   *Ibid.* Hébert, 1855; Hébert, 1855b.
504   *Ibid.* Prévost, 1855.
505   Angst, D., Buffetaut, E., Lécuyer, C., Amiot, R., Smektala, F., Giner, S., Mechin, A., Mechin, P., Amoros, A., Leroy, L., Guiomar, M., Tong, H. & Martinez, A. (2014b) Fossil avian eggs from the Palaeogene of southern France: new size estimates and a possible taxonomic identification of the egg-layer. Geol. Mag. 152, 1-10.

han obtenido valores promedio que oscilan entre 108 y 180 kg. Las muestras utilizadas no incluyeron los restos hallados en el sitio de Louvois (Francia), donde las notables diferencias de tamaño apreciadas para el tarsometatarso y las falanges terminales de *Gastornis* sp.) se plantearon como una posible forma de dimorfismo sexual, aunque simplemente podría deberse a que los fósiles no pertenezcan a la misma especie que los otros gastornítidos descritos hasta ahora en Europa[506]. Así, los valores obtenidos probablemente incluyan tanto a individuos masculinos como femeninos, dado que nada parece indicar que la fosilización favorecería más a un sexo que al otro. Esto proporciona otra información indirecta sobre la ecología de gastornítidos, cuyas crías se volvieron autónomas inmediatamente después del nacimiento, como es el caso de los avestruces actuales.

En cuanto a las demás especies de gastornítidos europeos, los escasos fósiles de *Gastornis geiselensis* han permitido estimar su peso en 180 kg, mientras que aún no se han propuesto estimaciones de las masas corporales de *Gastornis russelli* y *Gastornis sarasini* por no conocerse ningún fémur ni tibiotarso.

Allison Andors fue el primero en proponer una masa corporal de 175 kg para el gastornítido norteamericano *Gastornis giganteus*[507], empleando un método basado en la circunferencia mínima del tibiotarso. Posteriormente, Murray y Vickers-Rich[508] reestiman esta masa utilizando varios métodos —incluido el de Andors— para obtener valores superiores a 200 kg, aunque no pueden utilizarse debido a un error matemático. La estimación más reciente de la masa corporal de *Gastornis giganteus*, al igual que las de los gastornítidos franceses, ha sido calculada por Angst y sus colegas en 2014[509], que han obtenido un valor medio de 210 kg partiendo de las circunferencias mínimas del fémur y de 180 kg al partir de las circunferencias mínimas del tibiotarso. Por lo tanto, la masa de *Gastornis giganteus* es aproximadamente un 25% más elevada que la de *Gastornis parisiensis*.

506 Mourer-Chauviré C., Bourdon E. (2015) The *Gastornis* (Aves, *Gastornithidae*) from the Late Paleocene of Louvois (Marne, France). Swiss J. Palaeontol. 1-15.
507 *Ibid*. Andors, 1992.
508 *Ibid*. Murray & Vickers-Rich, 2004.
509 *Ibid*. Angst *et al.*, 2014b.

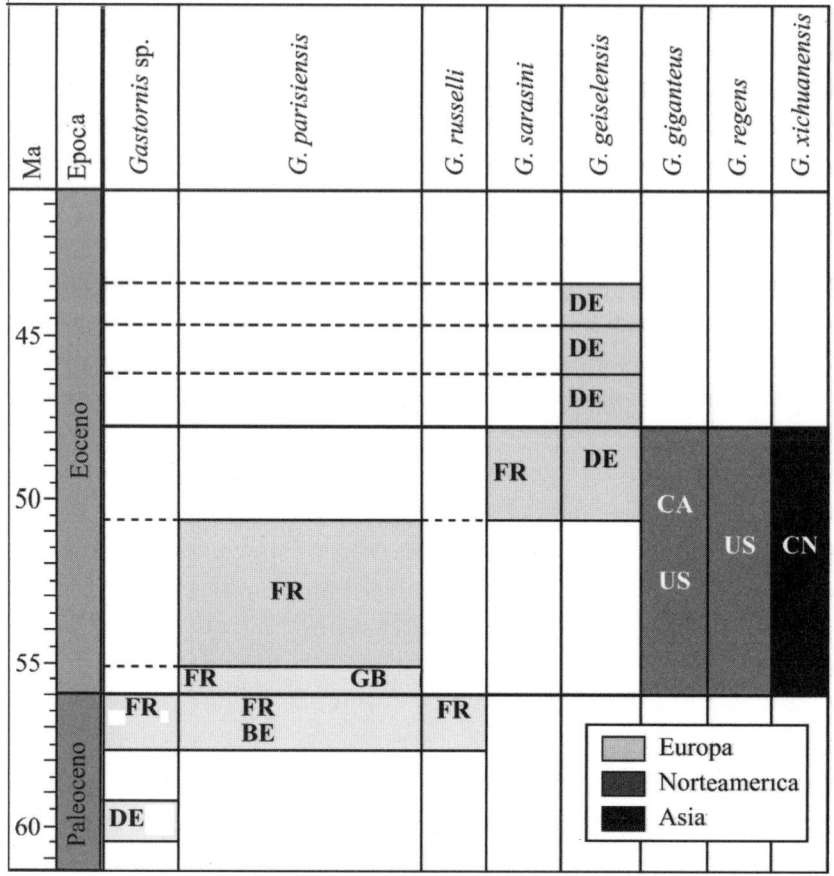

Figura 49. Especies de *Gastornithidae* de acuerdo con los
últimos estudios (Angst & Buffetaut, 2017).[510]

***

La pelvis de los gastornítidos es ancha y robusta, las alas son
muy reducidas y claramente no permitían volar, mientras que las
patas son robustas, con un tarsometatarso corto y cuya relación longitud máxima/anchura mínima marca el límite entre los tipos de

510   Angst, D. & Buffetaut, E. (2017) Paleobiology of Giant Flightless Birds. ISTE
Press Ltd and Elsevier Ltd.

locomoción graviportal y cursorial[511]. Este tipo de locomoción también fue sugerido a partir de huellas atribuidas a gastornítidos en Norteamérica, las cuales no muestran ninguna relación significativa con las huellas de pequeños mamíferos herbívoros conservadas en los mismos sitios y que podrían indicar un posible vínculo predador-presa, por lo que no hay evidencia de que los gastornítidos norteamericanos corriesen tras sus presas[512]. Lo cierto es que parece que todos los gastornítidos tenían el mismo tipo de locomoción, con independencia de su origen geográfico y de su masa corporal, más elevada en las especies norteamericanas. Además, las falanges terminales de estas aves son grandes y menos ganchudas que las de otros grupos, como forusrácidos, más parecidas a pequeñas pezuñas que a garras reales, ya que no presentan puntas afiladas.

Figura 50. Antigua reconstrucción de *Diatryma*
como carnívoro. Obra del autor (1987).

Buffetaut y Angst plantearon[513] que las interpretaciones de la paleobiología de los gastornítidos parecen haber estado frecuen-

---

511 *Ibid.* Angst *et al.*, 2016.
512 Mustoe, G. E., Tucker, D. S. & Kemplin, K. L. (2012) Giant Eocene bird footprints from northwest Washington, USA. Palaeontology 55, 1293-1305.
513 Buffetaut, E. & Angst, D. (2013) "Terror cranes" or peaceful plant-eaters: changing interpretations of the palaeobiology of gastornithid birds. Revue de Paléobiologie 32 (2): 413-422.

temente influenciadas por reconstrucciones inexactas. Desde que Matthew y Granger sugirieron que *Diatryma* habría tenido hábitos similares a los forusrácidos, la idea de los gastornítidos competidores de los mamíferos a inicios del Terciario como grandes depredadores fue ampliamente difundida durante la primera mitad del siglo XX sin haber sido muy cuestionada y posteriormente aceptada por varios autores en artículos científicos e influyentes libros de paleontología de vertebrados, como los de Alfred Romer[514], así como en publicaciones populares e incluso películas (Figura 50).

En 1991, Lawrence M. Witmer y Kenneth D. Rose[515] realizaron el primer estudio biomecánico del cráneo y mandíbula de los gastornítidos y plantearon la hipótesis de que fueron carnívoros. En 1992, Andors realizó un estudio similar sobre los mismos fósiles y concluyó que la dieta de esta ave era herbívora. La contradicción entre las conclusiones de estos dos estudios muestra las limitaciones de los métodos comparativos clásicos en paleontología. Finalmente, en 2014, Angst y sus colegas[516] resolvieron este debate comparando los valores isotópicos de carbono de los huesos fósiles de *Gastornis* franceses con los de la fauna asociada en los mismos yacimientos y estableciendo un rango según el cual *Gastornis* debió alimentarse de plantas C3 presentes en su entorno. También evaluaron la dieta de *Gastornis* estudiando la morfología funcional de su mandíbula a partir de un modelo de la musculatura de varios cráneos y mandíbulas de aves actuales con una dieta conocida.

Además, en el sur de Francia, asociados con las cáscaras de huevos fósiles atribuidos a gastornítidos, se han encontrado pequeños guijarros de cuarzo con una superficie redondeada y que, según el geólogo francés André Cailleux,[517] podrían ser gastrolitos tragados

---

514 Alfred Romer (1894-1973) fue un paleontólogo y anatomista estadounidense que se especializó en evolución de los vertebrados. Publicó varios libros sobre su disciplina que tuvieron impacto en la formación de muchos especialistas, entre los que se encuentran:
- Romer, Alfred (1945) *Vertebrate Paleontology*. Univ. of Chicago Press. Chicago.
- Romer, Alfred (1949) *The Vertebrate Body*. W. B. Saunders. Philadelphia.

515 Witmer, L. M. & Rose, K. D. (1991) Biomechanics of the jaw apparatus of the gigantic Eocene bird *Diatryma*: implications for diet and mode of life. Paleobiology 17 (2): 95-120.

516 *Ibid*. Angst *et al*., 2014a.

517 Cailleux A. (1969) Observations sur des gastrolithes d'oiseaux holocènes et

por aquellas aves para ayudar a digerir las plantas en su molleja, como hacen los avestruces actuales con gastrolitos de tamaño semejante. Esta hipótesis es difícil de comprobar, pero de ser cierta sugeriría que los gastornítidos tenían la misma fisiología digestiva que algunas aves herbívoras actuales.

***

Como ya sabemos, el estudio de los restos de huevos de grandes aves terrestres constituye una importante fuente de información y, en el caso de los gastornítidos, permiten asemejar su comportamiento reproductor al de los avestruces actuales. En el sur de Francia se han recolectado más de un millar de fragmentos de cáscaras de huevo que en su gran mayoría corresponden al tipo *Ornitholithus arcuatus*, las más gruesas que se han muestreado y en el tránsito Paleoceno-Eoceno del sur de Francia y norte de España. A partir de la curvatura de estos fragmentos de huevo se ha estimado que tenían de 11 a 13 cm de ancho, de 16 a 19 cm de largo y una masa en torno a 1,4 kg[518], una envergadura correspondiente a la de un huevo de avestruz actual y, por aquel entonces, en el sur de Francia las únicas aves suficientemente grandes como para poner estos huevos fueron gastornítidos. Además, la longitud del fémur del ave que puso el huevo, estimada a partir de su masa[519], es una medida muy cercana a las longitudes de los fémures conocidos de gastornítidos.

El hecho de que no aparezcan huevos enteros de gastornítidos en el sur de Francia, pero sí muchos de dinosaurio, podría deberse a que los de estos últimos tuvieron más probabilidades de fosilizar enteros porque los pusieron parcialmente enterrados en agujeros, mientras que los gastornítidos debieron depositarlos en el suelo sin ningún enterramiento, como hacen los avestruces actuales.

Aunque en el sur de Francia no se han encontrado huevos ente-

tertiaires. C. R. Soc. géol. Fr. 73-75.

518   *Ibid*. Angst *et al*., 2014b.

519   Dyke G.J., Kaiser G.W. (2010) Cracking a developmental constraint: egg size and bird evolution. Rec. Aust. Mus. 62, 207-216.

ros de *Gastornis*, la gran acumulación de fragmentos podría indicar la presencia de sitios preferenciales para las puestas. Estas pueden proceder de varios nidos construidos sucesivamente y que pertenecieron a diferentes hembras, lo cual sugeriría que estas grandes aves vivían en grupos, al menos durante la reproducción, como es habitual en los avestruces actuales.

Los huevos fósiles de *Gastornis* también ayudan a comprender la estrategia de puesta de los gastornítidos; analizando los isótopos de carbono y oxígeno presentes en las cáscaras de los huevos se estiman los valores promedio de precipitación y temperatura del aire durante el periodo en que se pusieron. Así, si las estimaciones reflejan un clima cálido y seco todo el año significa que los gastornítidos ponían huevos durante todo el año, como algunas aves tropicales actuales. Por el contrario, si las estimaciones reflejan solo el clima durante el período de puesta (que diferiría del anual) los gastornítidos no pusieron huevos durante todo el año, sino solo en una época más seca, justo antes de la estación húmeda, como los avestruces actuales. Si esto último es correcto, considerando que las precipitaciones y temperaturas deducidas de las cáscaras corresponden a las del período seco, al comparar estas con el clima actual resulta que el único clima compatible es el de tipo mediterráneo, que tiene solo un período seco en verano. Esto podría sugerir que los gastornítidos únicamente pusieron huevos al final del verano, justo antes de las lluvias otoñales, y que el clima en el sur de Francia era de tipo mediterráneo.

***

Los gastornítidos se conocen en Europa y Norteamérica desde principios del Terciario (Paleoceno tardío hasta Eoceno medio), mientras que *Gargantuavis* fue la última ave gigante del Cretácico superior (Maastrichtiense inicial) de Francia. Esto y la atribución de algunas semejanzas entre *Gargantuavis* y *Gastornis* permite plantear una posible proximidad filogenética entre ambos, lo cual sugeriría que las aves gigantes sobrevivieron a través del límite Cretácico-Terciario, pero lo cierto es que *Gargantuavis* pertenece a un grupo de aves más arcaico y sus semejanzas con los gastornítidos probablemente se deban a una evolución convergente hacia modos de vida similares.

En el capítulo tres señalamos que no hay evidencia de que el linaje de los gargantuávidos sobreviviera al evento de extinción masiva del final del Cretácico, y de ser así habría detenido el gigantismo temprano y la falta de vuelo en las aves, un proceso evolutivo que se renovó en las posteriores aves gigantes no voladoras del Cenozoico, tales como los gastornítidos [520].

Cualquiera que fuera su dieta, en general se ha aceptado que tales aves terrestres gigantes solo pudieron evolucionar después de que el espacio ecológico dejado por los dinosaurios tras su extinción y el pequeño tamaño de los primeros mamíferos redujeran la amenaza para las aves que anidaban en el suelo, y probablemente hicieron posible una mayor expansión de las aves en los hábitats terrestres[521].

Los órdenes galliformes y anseriformes forman parte de las galloanseres, un clado de aves apoyado por todo tipo de análisis de datos moleculares y morfológicos. En este sentido, en 2015, el investigador norteamericano Richard O. Prum y sus colegas[522] dataron la separación de galliformes y anseriformes en hace unos 55 Ma (Eoceno temprano), aunque el registro fósil de esa edad e incluso anterior incluye a representantes de estos dos grupos que son morfológicamente dispares. Indudablemente, las morfologías esqueléticas poscraneales de galliformes y anseriformes actuales muestran bastantes diferencias, pero estas se acortan ante la elevadísima diversidad morfoecológica que muestran los taxones asignados a las galloanseres basales del Paleógeno, que incluye desde aves terrestres gigantes no voladoras con alas muy reducidas hasta taxones pelágicos con envergaduras de 4 a 5 metros[523].

---

520   *Ibid.* Buffetaut, 2002.

521   Martin, L. D. (1992) The status of the Late Paleocene birds *Gastornis* and *Remiornis*, *in* Campbell, K., ed., Papers in avian paleontology honoring Pierce Brodkorb: Natural History Museum of Los Angeles County Science Series 36, 97-108.

522   Prum, R. O., Berv, J. S., Dornburg, A., Field, D. J., Townsend, J. P., Lemmon, E. M. & Lemmon, A. R. (2015) A comprehensive phylogeny of birds (Aves) using targeted next-generation DNA sequencing. Nature 526, 569-573.

523   Los Pelagornítidos, que recuerdan a gigantescos albatros dotados de picos aserrados.

Dado su alto grado de especialización, los primeros gastorníti-dos seguramente divergieron de otras aves neornitas del Cretácico superior y, de todas las que se conocen, solo el supuesto anseriforme *Asteriornis*[524] muestra alguna similitud con los gastorníticos en las proporciones craneales. Esto sugiere que un taxón similar pudo dar origen a los gastorníticos y, de hecho, Andors revisó en 1992 las afi-nidades filogenéticas de estas grandes aves y llegó a la conclusión de que son un grupo hermano de los anseriformes, compartiendo algu-nas características osteológicas con las galloanseres.

El registro estratigráfico de los gastorníticos refleja claramente su distribución temporal y permite inferir su historia biogeográfica. Los primeros restos de aves del Cenozoico conocidos en Europa pro-ceden de la localidad belga de Maret, e incluyen el posible registro de paleognatas litorníticos y el registro europeo más antiguo de gastor-níticos, datados hace unos 61 Ma (Paleoceno Medio).

Los enormes gastorníticos europeos vivieron en ambientes bos-cosos durante el Cenozoico temprano, representados por un solo género *Gastornis*, y se conocen desde el Selandiense (Paleoceno medio) hasta el Luteciense tardío (Eoceno medio). Por entonces, la presión de depredación era baja y el gran tamaño de aquellas aves posiblemente represente una adaptación a su dieta herbívora.

Los gastorníticos aparecen por primera vez en Norteamérica hacia el límite Paleoceno/Eoceno, mientras que en el Paleoceno nor-teamericano la ausencia de gastorníticos y de paleognatas no vola-dores Remiorníticos (*Remiornithidae*) pudo deberse a que durante dicho periodo hubo más mamíferos carnívoros de gran tamaño en Norteamérica que en Europa. De hecho, en Norteamérica, *Oxyaenidae* y *Mesonychidae* aparecen, al menos, desde el Paleoceno medio, mientras que en Europa no hubo ningún *Oxyaenidae* antes del Eoceno temprano y los *Mesonychidae* más antiguos son del Paleoceno tardío.

Parece lógico que la pérdida inicial de la capacidad de vuelo de las especies basales de gastorníticos solo pudo ocurrir en un ambiente libre de grandes depredadores, y es probable que estas aves no llega-ran a Norteamérica antes de que un tamaño corporal alcanzase un

---

524   *Ibid.* Field *et al.*, 2020.

tamaño que las hiciera menos propensas a ser depredadas[525]. Ya dijimos que el estudio de Klara E. Widrig y Daniel J. Field[526] destacaba cómo las reconstrucciones del estado ancestral de las aves modernas predicen que los ancestros comunes de las neognatas y paleognatas más antiguas no eran arbóreos, por lo que los ancestros de estas últimas pudieron haber sobrevivido al evento de extinción masiva, entre otras cosas, por tener estilos de vida terrestres no arbóreas.

La composición de las faunas de mamíferos terrestres en ese momento bien pudo favorecer la evolución de la falta de vuelo en aves que podían obtener alimento en el suelo, un patrón que —junto con ratites— pudieron seguir las grandes aves paleógenas no voladoras de las familias gastornítidos, forusrácidos y dromornítidos. En el caso de Sudamérica, la falta de carnívoros placentarios durante la mayor parte del Cenozoico puede contribuir a la mayor diversidad de aves no voladoras y facilitar que los forusrácidos ocupasen nichos depredadores.

El hecho de que en Europa *Gastornis* se registre desde principios del Paleoceno tardío hasta el Eoceno medio, mientras que en Norteamérica *Diatryma* está restringida al Eoceno temprano[527], indicaría que la familia gastornítidos pudo originarse en Europa y posteriormente llegar a Norteamérica a principios del Eoceno. Esto pudo suceder durante el importante episodio de intercambio faunístico que se produjo por entonces entre ambos continentes,[528] y el hallazgo de restos de *Diatryma* del Eoceno inferior en la isla de Ellesmere sugiere que la ruta ártica fue la más probable para la dispersión de esas aves gigantes[529]. De hecho, la semejanza entre las avifaunas del Paleoceno de Europa y Norteamérica podría interpretarse como el resultado de eventos de dispersión del Cenozoico temprano,

---

525   Mayr, G. & Smith, T. (2019) New Paleocene bird fossils from the North Sea Basin in Belgium and France. Geologica Belgica 22/1-2: 35-46.

526   *Ibid.* Widrig & Field, 2022.

527   - *Ibid.* Andors 1992.
     - Buffetaut, E. & Angst, D. (2014) Stratigraphic distribution of large flightless birds in the Palaeogene of Europe and its palaeobiological and palaeogeographical implications. Earth-Science Reviews 138, 394-408.

528   Ya hicimos referencia a una dispersión de aves paleognatas no voladoras entre América del Sur y Australia a través de la Antártida hacia finales del Eoceno.

529   Stidham, T. A. & Eberle, J. J. (2016) The palaeobiology of high latitude birds from the early Eocene greenhouse of Ellesmere Island, Arctic Canada. Scientific Report 6: 20912.

mientras que la evidencia de gastornítidos en depósitos del Eoceno inferior de China[530] indicaría la amplia distribución euroasiática de la familia durante el Eoceno temprano.

Podríamos concluir que, a finales del Paleoceno, los tetrápodos terrestres más grandes de Europa eran aves gigantes herbívoras[531], como demuestra el hecho de que en los depósitos del Paleoceno superior de varias localidades francesas los restos de *Gastornis* se encuentran junto a los de la paleognata *Remiornis*. Este género de ratites estuvo representado por dos especies de mediano tamaño, *Remiornis heberti* del Thanetiense (Paleoceno tardío) y *Palaeotis weigelti* del Luteciense (Eoceno medio).

Los gastornítidos y las ratites coexistieron desde el Paleoceno a la mitad del Eoceno, pero mientras que *Gastornis* sobrevivió hasta el Eoceno dispersándose desde Europa a Norteamérica y Asia, *Remiornis* se extinguió al final del Paleoceno. A finales del Eoceno medio las únicas aves terrestres grandes que habitaban en Europa parece que fueron forusrácidos carnívoros de la especie *Eleutherornis cotei*, que se interpreta como el resultado de una dispersión desde África seguida de una extinción local.

✳✳✳

Las primeras extinciones de gastornítidos se produjeron en Norteamérica a finales del Eoceno inicial (Ypresiense) y 5 Ma después en Europa, donde los últimos fósiles del grupo aparecen en el yacimiento alemán de Geiseltal, del Eoceno medio (Luteciense). Las causas de la extinción de los gastornítidos aún no están claras, aunque se ha planteado la hipótesis de que pudo ser un cambio climático significativo que afectó a las comunidades y al nivel del mar, fragmentando rápidamente el área de distribución de aquellas grandes aves y provocando su desaparición, aunque las reconstrucciones

---

530 *Ibid.* Hou, L.-H., 1980.
531 Buffetaut, E. & de Ploëg, G. (2020) Giant Birds from the Uppermost Paleocene of Rivecourt (Oise, Northern France). Boletim do Centro Português de Geo-História e Pré-História 2 (1) 29-33.

paleoclimáticas para el Eoceno europeo no revelan ningún cambio significativo en la temperatura de las aguas profundas ni en el nivel medio del mar.

Es cierto que el progresivo cambio del clima a partir del PETM[532] hizo evolucionar los paleoambientes en Europa oriental durante el Luteciense y provocó el descenso gradual del nivel del mar, pero este probablemente no afectó al área de distribución de gastornítidos, aunque facilitó los intercambios faunísticos con el resto de Europa. De hecho, los factores climáticos y paleoambientales no pueden explicar por sí solos la desaparición de gastornítidos en el Luteciense medio.

Otra hipótesis sobre la posible causa de la extinción de gastornítidos es la evolución de la fauna de mamíferos terrestres. Por un lado, pudo haber una diversificación significativa de los mamíferos carnívoros de todos los tamaños que se alimentaban de gastornítidos, pero lo cierto es que el número de especies se mantuvo relativamente estable hasta el final del Eoceno medio[533]. Por otro lado, entre los mamíferos herbívoros y los gastornítidos pudo comenzar una competencia por el acceso a los alimentos y, en este sentido, diversos estudios[534] muestran una significativa diversificación y especialización entre los mamíferos herbívoros europeos desde principios del Luteciense, más pronunciada en torno al momento en que se extinguió *Gastornis*, coincidiendo con la aparición de mamíferos herbívoros artiodáctilos. Estos acontecimientos pudieron facilitar que los mamíferos herbívoros más especializados compitieran con los gastornítidos, ocupando nichos alimentarios que hasta entonces fueron específicos de aquellas grandes aves[535], lo que pudo llevarlas progresivamente a la extinción.

---

532   PETM son las siglas en inglés del *Máximo Térmico del Paleoceno-Eoceno*. Un brusco cambio climático que marcó el fin del Paleoceno y el inicio del Eoceno, hace 55,8 Ma.
533   Legendre *et al.*, 1991; Solé *et al.*, 2015.
534   Legendre *et al.* (1991); Sudre y Legendre (1992).
535   Sudre y Legendre (1992).

BRONTORNÍTIDOS: LAS AVES TERRESTRES MÁS MASIVAS DE SUDAMÉRICA

La enorme *Brontornis burmeisteri* es una de las aves extintas más notables que han habitado en América del Sur. Sus fósiles han sido hallados en los depósitos del Mioceno de la Patagonia argentina, y entre ellos destacan algunas porciones incompletas de los huesos de las extremidades posteriores. Es muy probable que *Brontornis* sea el ave no voladora más masiva de todas las que han habitado en América del Sur y una de las más grandes que han existido.

Desde que fue descrita a finales del siglo XIX se consideró que *Brontornis* pertenece o está estrechamente relacionada con las aves forusracoides. En la primera década del presente siglo se ha planteado incluirla en las aves galloanseres, aunque recientemente esto se ha cuestionado y se ha propuesto que es un ave cariamiformes, probablemente un forusracoides.

✳✳✳

En 1891 los naturalistas argentinos Francisco Pascasio Moreno y Alcides Mercerat[536] describieron por primera vez *Brontornis burmeisteri*[537] a partir de varias partes de un esqueleto halladas en la Formación Santa Cruz, en la Patagonia argentina, incluidos varios huesos de las extremidades posteriores de un mismo individuo. Estos investigadores consideraban que el tamaño de *Brontornis* se habría aproximado al del «ave elefante» de Madagascar (*Dinornis maximus*) y observaron que el fémur y la tibia presentan algunas analogías con los del cisne (*Cygnus*). En su descripción original, Moreno y Mercerat establecieron para *Brontornis* una familia propia, los bron-

---

536 Moreno, F.P. & Mercerat, A. (1891) Paleontología Argentina I. Catálogo Pájaros Rep. Argent. Conserv. Mus. Plata, 1, 8-71 Francisco Pascasio Moreno (1852-1919) Alcides Mercerat (¿? -1934).

537 Dedican esta especie al eminente paleontólogo, German Burmeister, director del Museo Nacional de Buenos Aires.

tornítidos (*Brontornithidae*), dentro de *Stereornithes*, un orden que posteriormente incluiría las aves ahora consideradas forusrácidos[538]. En 1895, el paleontólogo argentino Florentino Ameghino revisó las aves fósiles patagónicas[539] y aclaró parcialmente la confusión creada por el trabajo de Moreno y Mercerat, considerando que *Stereornithes* pertenece a ratites e incluyendo a *Brontornis* entre los forusrácidos. Este criterio fue seguido por la mayoría de los autores hasta que la paleontóloga Mathilde Dolgopol de Sáez[540] acuñó el orden *Brontornithes* para separarlo de los demás Forusracoides, a los cuales incluyó en el orden *Stereornithes*, aunque consideró que *Gastornis* podía estar estrechamente relacionado con *Brontornis*. Durante la pasada década ha habido un profundo debate sobre las relaciones evolutivas de los brontornítidos, del que trataremos más adelante.

✷✷✷

Según sugiere Federico L. Agnolín, los brontornítidos forman una familia distinta de forusrácidos que puede ubicarse entre los anseriformes basales y, de acuerdo con la filogenia que propone, *Brontornis burmeisteri* estaría estrechamente relacionado con los gastornítidos de Laurasia y los dromornítidos de Australia[541] (Figura 51).

Se han descrito dos especies de brontornítidos, *Brontornis burmeisteri* y *Brontornis platyonyx*, además de los restos fragmentarios de otros taxones atribuidos a la familia considerados en su mayoría como *Brontornithidae* indet., todos procedentes de la Formación

---

538   Los *Stereornithes* eran aves con una combinación compartida de caracteres entre anseriformes, Ciconiiformes y Accipitriformes, probablemente «intermedios» entre *Anatidae* y *Cathartidae*.

539   Ameghino, F. (1895) Sur les oiseaux fossiles de Patagonie. Bol. Inst. Geogr. Argent. 15, 501-602.

540   de Sáez, M. D. (1927) Las aves corredoras fósiles del Santacrucense. Anal. Soc. Cient. Argent. 103, 145-160.

541   - Agnolín F. L. (2007) *Brontornis burmeisteri* Moreno & Mercerat, un anseriformes (Aves) gigante del Mioceno Medio de Patagonia, Argentina. Revista del Museo Argentino de Ciencias Naturales 9, 15-25.
       - Agnolín, F. L. (2013) La posición sistemática de *Hermosiornis* (Aves, Phororhacoidea) y sus implicancias filogenéticas. Rev. Mus. Argent. Cienc. Nat., 15, 39–60.

Santa Cruz. Los especímenes atribuibles a brontornítidos de otras formaciones (especialmente las del Oligoceno de Bolivia) son demasiado incompletos para ser identificados más allá de *Brontornithidae* indet.

***

Herculano Alvarenga y Elizabeth Höfling[542] estimaron que *Brontornis burmeisteri* alcanzaba una altura de aproximadamente 280 cm medidos a la altura de la cabeza. Basándose en comparaciones con aves actuales, de tamaño y masa corporal conocidas, estos autores estimaron que la masa de *Brontornis* oscila entre 350 y 400 kg, lo que la convierte en una de las aves más grandes que jamás hayan existido, junto con *Dromornis stirtoni* y *Aepyornis maximus*. Posteriormente, en 2012, el paleontólogo argentino Federico Degrange y sus colegas estimaron masas entre 319 kg y 350 kg basándose en la circunferencia del fémur y del tibiotarso[543].

Por otro lado, Alvarenga y Höfling sugirieron la existencia de dimorfismo sexual en *Brontornis burmeisteri* tras observar diferencias significativas de tamaño entre los tarsometatarsos, con algunos huesos hasta un 33% más pequeños que otros, una hipótesis que merece ser probada con estudios estadísticos más exhaustivos. Por otro lado, las investigaciones histológicas demostraron, mediante el hallazgo de hueso medular, si los individuos más grandes eran machos, como sucede en los avestruces, o hembras, como en algunos moa.

Varias partes del esqueleto de los brontornítidos siguen siendo desconocidas y en particular, no sabemos prácticamente nada sobre su cráneo (Figura 52). El hueso cuadrado de *Brontornis* muestra una morfología anatómica propia de galloanseres que lo separa de los

542 Alvarenga, H. M. & Höfling, E. (2003) Systematic revision of the Phorusrhacidae (Aves: Ralliformes). Pap. Avulsos Zool. 43, 55-91.
543 Degrange, F. J., Noriega, J. I. & Areta, J. I. (2012) Diversity and paleobiology of the Santacrucian birds. En: Vizcaíno S. F., Kay, R. F. & Bargo, M. S. (Eds.) Early Miocene Paleobiology in Patagonia: High-Latitude Paleocommunities of the Santa Cruz Formation. Cambridge University Press, Cambridge, pp. 138-155.

forusrácidos, y las características anatómicas de la mandíbula difieren claramente de la de forusrácidos[544].

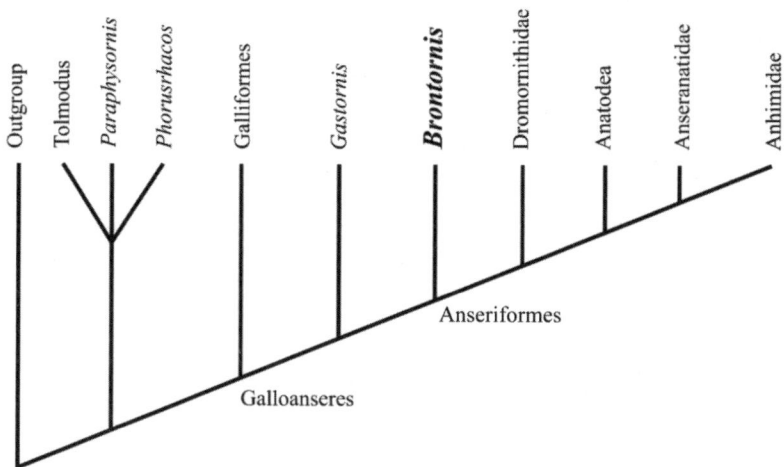

Figura 51. Posición filogenética de *Brontornis*, de acuerdo a Agnolín (2007).

La extremidad trasera de *Brontornis* posee una serie de características morfo-anatómicas que separan a los brontornítidos de los forusrácidos. El tarsometatarso relativamente corto y ancho de *Brontornis* es muy diferente del largo y delgado de la mayoría de forusrácidos, de manera que en función de estas proporciones, el tipo de locomoción que se ha estimado para esta ave es claramente graviportal e incapacitada para correr rápidamente[545]. Este tipo de locomoción estaría a favor de que los brontornítidos fueron herbívoros, porque no habrían podido perseguir presas que corriesen rápidamente, a diferencia de la mayoría de forusrácidos que eran corredores. Los forusrácidos con esqueleto muy robusto[546] también se consideran graviportales y, aunque su mandíbula no difiere esencialmente de la de otros forusrácidos, es muy probable que fuesen carnívoros especializados que no perseguían a sus presas.

Las proporciones de sus extremidades y la forma de los elementos

---

544   - *Ibid.* Agnolín, 2007.
       - *Ibid.* Agnolín, 2013.
545   *Ibid.* Angst *et al.*, 2016.
546   Como *Paraphysornis* y *Kelenken*.

indican que *Brontornis* era un ave graviportal, probablemente carroñera o incluso herbívora, pero las hipótesis sobre su estilo de vida se han visto influenciadas por la idea de que simplemente representa un forusrácido especialmente masivo. Como los forusrácidos eran en general carnívoros, este tipo de dieta se ha atribuido con frecuencia a *Brontornis*. También se ha sugerido que los brontornítidos eran carroñeros, en consonancia con su corpulencia y su tipo de locomoción, probablemente lenta[547].

Figura 52. Reconstrucción del aspecto de *Brontornis*.

Para Alvarenga y sus colegas, *Brontornis* es un forusrácido especialmente grande[548] y, como ya vimos en el caso de los gastornítidos, algunas restauraciones lo han mostrado como un carnívoro con un pico ganchudo similar al de forusrácidos. En este sentido, resulta

547 *Ibid.* Alvarenga & Höfling, 2003.
548 Alvarenga, H. M. F., Chiappe, L. & Bertelli, S. (2011) Phorusrhacids: the Terror Bird. En: Dyke, G. & Kaiser, G. (Eds.), *Living Dinosaurs: The Evolutionary History of Modern Birds*. Wiley, Chichester, pp. 187-208.

curioso que no hay evidencia de que el pico de *Brontornis* fuese similar al de las aves rapaces, teniendo en cuenta que se desconoce la mandíbula superior. La mandíbula inferior, profunda y ancha, recuerda a gastornítidos y dromornítidos —consideradas actualmente aves herbívoras— y algunas restauraciones recientes atribuyen a *Brontornis* un pico similar al de estas aves, sin aludir a su dieta[549]. Además, los rastros de inserción muscular en la mandíbula inferior parecen indicar un desarrollo notable de los músculos aductores, que son fuertes en las aves herbívoras y relativamente poco desarrollados en las carnívoras, lo cual sugiere que la dieta de *Brontornis* era herbívora.

EVOLUCIÓN Y EXTINCIÓN DE LOS BRONTORNÍTIDOS

Ya dijimos que el investigador argentino Federico L. Agnolín propuso en 2007 incluir a *Brontornis* en galloanseres, como un miembro basal gigante de anseriformes[550] sin ninguna relación con los forusracoides y, por el contrario, otros investigadores han propuesto que era un Forusrácido de gran tamaño[551]. En su ya mencionado análisis de la filogenia de galloanseres publicado en 2017, Trevor H. Worthy y sus colegas[552] llegaron a la conclusión de que *Brontornis* está estrechamente relacionado con los forusracoides y lo consideraron parte de cariamiformes, alejado de galloanseres. El argumento era que las fuertes diferencias observadas en la anatomía poscraneal

---

549   Tambussi, C. P. (2011) Palaeoenvironmental and faunal inferences based on the avian fossil record of Patagonia and Pampa: what works and what does not. Biol. J. Linn. Soc. 103, 458-474.
     - Ibid. Degrange *et al.*, 2012.
550   *- Ibid*. Agnolín, 2007.
     - Agnolín, F. L. (2009) Sistemática y Filogenia de las aves Fororracoideas (Gruiformes, Cariamae); de Azara, F., Mazzini, V., Eds.; Fundación de Historia Natural: Buenos Aires, Argentina.
     - Ibid. Angst & Buffetaut, 2017.
551   *Ibid*. Alvarenga *et al.*, 2011.
552   *Ibid*. Worthy *et al.*, 2017.

de *Brontornis* y otros cariamiformes son resultado del gigantismo y la locomoción graviportal de los primeros.

Posteriormente, en 2021 Agnolín reevaluó[553] las afinidades filogenéticas de *Brontornis* publicadas por Worthy, dando como resultado que el taxón pasase a formar parte de un clado de anseriformes gigantes *Gastornithiformes*. Esto excluye a *Brontornis* de los Forusracoides y lo sitúa entre los anseriformes como representante de una radiación en gran parte desconocida de aves graviportales gigantes de América del Sur.

En resumen, de acuerdo con Worthy y sus colegas, los anseriformes graviportales del clado *Gastornithiformes* están representados por gastornítidos del Paleógeno euroasiático y norteamericano, por los dromornítidos del Paleógeno y Neógeno de Australasia, así como por los brontornítidos del Paleógeno-Neógeno de América del Sur. De ser cierta esta agrupación filogenética, durante el Paleógeno se produjo una radiación generalizada de anseriformes gigantes a lo largo de varias masas de tierra, y solo el incremento del registro fósil de estas aves gigantes permitirá comprender su historia paleobiogeográfica.

La consideración de que *Brontornis* es un anseriforme gigante herbívoro, junto con varios aspectos de su morfología mandibular, refuerza los planteamientos previos de que tenía hábitos herbívoros, y esto da como resultado una imagen de brontornítidos como grandes aves graviportales con una dieta herbívora, bastante diferente en este aspecto de forusrácidos, con la que compartían su entorno. El papel ecológico de brontornítidos durante el Terciario suramericano parece bastante similar al de gastornítidos en el Eoceno temprano del hemisferio norte y al de dromornítidos en el Cenozoico de Australia, es decir, el de grandes herbívoros. Tanto en la Patagonia como en Bolivia, la fauna que acompañaba a los brontornítidos incluía diversos mamíferos herbívoros, algunos de gran tamaño, junto a carnívoros terrestres principalmente marsupiales y forusrácidos. En aquella época, el paleoambiente de la Patagonia albergó una mezcla de ambientes vegetales abiertos y cerrados, en un clima que exhibía cierto grado de estacionalidad,[554] parecido al del Chaco húmedo actual. Probablemente, los forusrácidos de tamaño mediano

---

553   *Ibid.* Agnolín, 2021.
554   *Ibid.* Tambussi, 2011; *Ibid.* Degrange *et al.*, 2012.

a grande preferían hábitats abiertos debido a su tipo de locomoción cursorial, mientras que los brontornítidos, de locomoción graviportal, pudieron preferir un tipo de hábitat más cerrado que les proporcionase abundante alimento vegetal.

***

Los brontornítidos más recientes que se conocen fueron hallados en la Formación Santa Cruz (finales del Mioceno superior) y actualmente ninguna evidencia fósil sugiere la existencia de brontornítidos después del Mioceno temprano. Las causas de su desaparición no están claras, pero se puede suponer que estuvo asociada con los cambios climáticos ocurridos en América del Sur después del Mioceno temprano, caracterizados por una tendencia hacia un clima más frío y una creciente aridez[555] que provocaron la disminución de las áreas boscosas frente a las estepas. Si los brontornítidos se adaptaron a ambientes relativamente cerrados, esta evolución de los paisajes pudo causar su declive, pero el hecho de que este cambio ambiental fuese más marcado en las regiones más australes de Sudamérica posiblemente explique la desaparición de brontornítidos en la Patagonia, aunque no necesariamente en zonas más al norte.

FORUSRÁCIDOS: LAS AUTÉNTICAS «AVES DEL TERROR»

Los forusrácidos son las mayores aves de presa conocidas, y su nombre procede de *Phorusrhacos longissimus* (Figura 53), la denominación que el paleontólogo argentino Florentino Ameghino le dio a la primera especie de estas aves al describirla en 1887[556]. La familia forusrácidos (*Phorusrhacidae*) forma parte de la superfamilia fororacoideos

---

555   *Ibid.* Tambussi & Degrange, 2013.
556   Ameghino, F. (1887) Enumeración sistemática de las especies de mamíferos

(*Phororhacoidea*) y suele situarse dentro del orden cariamiformes (*Cariamae*). Los forusrácidos incluyen en torno a una quincena de géneros y una veintena de especies de grandes aves corredoras extintas, caracterizadas por sus cabezas desproporcionadamente grandes y sus alas de tamaño reducido. Sin temor a exagerar, considero que el aspecto particular de los forusrácidos los convierte en las aves que más recuerdan a un dinosaurio aviar y se han hecho muy populares bajo el nombre de «aves del terror», una denominación que empleó por primera vez el paleornitólogo Larry Marshall en 1978[557].

Figura 53. Reconstrucción del aspecto de *Phorusrhacos longissimus*.

fósiles coleccionados por Carlos Ameghino en los terrenos eocenos de la Patagonia austral. Bol. Mus. Plata 1, 1-26.

557   Marshall, L. (1978) The terror bird. Field Mus. Nat. Hist. Bull. 49, 6-15.

Parece ser que el primero que trató sobre la existencia de aves gigantes durante el Terciario sudamericano fue el paleontólogo e ingeniero francés Auguste Bravard[558], cuando en 1860 publicó una lista de fósiles argentinos en la que menciona «aves gigantescas» en las capas sedimentarias de los acantilados que bordean el río Paraná, en el norte de Argentina. Sin embargo, no sería hasta finales de la década de 1880 cuando los paleontólogos argentinos Carlos y Florentino Ameghino, en pugna con Francisco Moreno y Alcides Mercerat, revelaron a la comunidad científica la existencia de los forusrácidos a través de sus descubrimientos realizados en la Patagonia, a los cuales se refieren como «grandes pájaros»[559]. Moreno y Mercerat propusieron que el orden *Stereornithes*[560] abarca a todos los fororacoideos, pero Florentino Ameghino, tras describir la mayor parte de los «*Stereornithes*», los consideró como ratites en sus primeros trabajos y negó que pertenecieran a un orden propio, aunque posteriormente les atribuyó una posición sistemática incierta y aceptó que provisionalmente se crease exprofeso el orden «*Stereornithes*»[561]. En 1893, el zoólogo británico Richard Lydekker[562] fue el primero en proponer que los forusrácidos pertenecen al grupo de las aves neognatas carenadas y se basó en las similitudes entre los dentarios para establecer semejanzas entre el forusrácido del género *Phorusrhacos* y el actual taxón *Cariama*, un ave llamada *seriema*, perteneciente al orden cariamiformes (*Cariamae*). El paleontólogo británico Charles William Andrews dio a conocer internacionalmente a los forusrácidos en 1899, tras estudiar la colección de aves fósiles de Ameghino en el Museo Británico de Historia Natural y describir detalladamente el esqueleto de *Phorusrhacos inflatus*, asig-

---

558 Bravard A. (1860) Catalogue des espèces d'animaux fossiles recueillies dans l'Amérique du Sud par Auguste Bravard, 1860. Document autolithographié.

559 Moreno, F. P. & Mercerat, A. (1891) Catalogue des oiseaux fossiles de la République Argentine conservés au Musée de La Plata, Anales del Museo de La Plata 1, 7-71

560 Un orden artificial compuesto de aves patagónicas del Mioceno muy grandes que se creía que eran ratites y en su mayoría incluidas en el orden Gruiformes.

561 - Ameghino F. (1895) Sur les oiseaux fossiles de Patagonie. Bol. Inst. Geográfico Argent. 15, 501-602
     - Ameghino F. (1899) Sinopsis geológico-paleontológico. Suplemento (adiciones y correcciones). Imprenta La Libertad pp. 1-13. La Plata.

562 Lydekker, R. (1893) On the extinct giant birds of Argentina. The Ibis 1893: 1-9.

nando definitivamente los «*Stereornithes*» a los cariamiformes[563]. En 1933, el paleontólogo húngaro Kálmán Lambrecht clasificó a los forusrácidos y brontornítidos dentro del orden de telmatoformes[564] (que incluía a *Cariamae*, grullas y aves limícolas), lo cual relacionaba a los forusrácidos con *Cariamae*, de acuerdo con la propuesta de Andrews. En 1927, la paleontóloga argentina Mathilde Dolgopol de Sáez usaba el término *Stereornithes* para incluir solo a forusrácidos y colocaba a los brontornítidos en otro orden[565], un punto de vista que adoptarían otros muchos autores[566].

Desde principios del pasado siglo son muchos los fósiles de forusrácidos hallados en Argentina, Uruguay y Brasil.[567] En 1963 el paleontólogo Pierce Brodkorb describió por primera vez un Forusrácido norteamericano y en 2011 Cécile Mourer-Chauviré y sus colegas reportaron la presencia de uno en el Eoceno africano, mientras que recientemente se han referido restos fósiles de este grupo en el Eoceno europeo[568].

Ameghino se sorprendió por la ausencia de restos de huevos de forusrácidos en la Formación Santa Cruz de la Patagonia, a pesar de que contiene muchos restos esqueléticos de estas aves, y le pare-

---

563   - Andrews, C. W. (1896) Remarks on the Stereornithes, a group of extinct birds from Patagonia. The Ibis 2, 1-12 .
     - Andrews C. W. (1899) On the extinct birds of Patagonia – The skull and skeleton of *Phorusrhacos inflatus* Ameghino", Trans. Zool. Soc. Lond. 15, 55-86.

564   Lambrecht, K. (1933) *Handbuch der Palaeornithologie*. Gebrüder Borntraeger. Berlin.

565   Dolgopol de Sáez, M. (1927) Las aves corredoras fósiles del Santacrucense. Soc. Cient. Arg. 103, 145-160.

566   Kraglievich, L. (1932) Una gigantesca ave fósil del Uruguay, *Devincenzia gallinazi* n. gén. n. sp., tipo de una nueva familia *Devincenziidae* del orden Stereornithes. An. Mus. Hist. Nat. Montevideo 2, 323-353.
     - *Ibid*. Agnolín, 2013.
     - *Ibid*. Tambussi & Degrange, 2013.

567   - Alvarenga, H. (1982) Uma gigantesca ave fóssil do Cenozoico brasileiro: *Physornis brasiliensis* sp. n. An. Acad. Bras.Cienc. 54, 697-712.
     - *Ibid*. Kraglievich, 1932.

568   - Brodkorb, P. 1963. A giant flightless bird from the Pleistocene of Florida. *The Auk* 80, 11-15.
     - Mourer-Chauviré C., Tabuce R., Mahboubi M., Adaci, M. & Bensalah, M. (2011) A Phororhacoid bird from the Eocene of Africa. Naturwissenschaften 98, 815-823.
     - Angst, D., Buffetaut, E., Lécuyer, C. & Amiot, R. (2013) «Terror Birds» (*Phorusrhacidae*) from the Eocene of Europe Imply Trans-Tethys Dispersal. PloS One 8, 1-8.

ció razonable concluir que los huevos de aquellas aves «no tenían cáscara calcárea», como los de algunos reptiles. Aún no se conocen huevos de forusrácidos, y lo cierto es que la hipótesis de Ameghino parece muy poco plausible.

✳✳✳

En las primeras décadas del presente siglo se publicaron varias revisiones de todos los forusrácidos conocidos, que fueron estableciendo la taxonomía de estas aves, incluyendo una detallada sinonimia[569]. En la década de 1890, los primeros pasos de la taxonomía de los forusrácidos se vieron dificultados en gran medida por la rivalidad entre los primeros que estudiaron estas aves (los hermanos Ameghino, Moreno y Mercerat), que sobrestimaron mucho el número de taxones del Mioceno de Patagonia. Muchos de aquellos taxones han sido sinonimizados desde principios del siglo XX y se establecieron numerosos taxones válidos, existiendo un relativo consenso sobre el número de géneros y especies que deben distinguirse y algunas diferencias en la nomenclatura (Figura 54)[570].

A medida que se describían nuevos taxones, la sistemática de los forusrácidos fue cambiando, de manera que, para algunos autores, el rango taxonómico del grupo es una superfamilia forusracoideos (*Phorusrhacoidea*) que incluye varias familias[571], mientras que, para

---

569   - *Ibid.* Alvarenga & Höfling, 2003; *Ibid.* Agnolín, 2009; *Ibid.* Alvarenga *et al.*, 2011; *Ibid.* Tambussi & Degrange, 2013.

570   - *Ibid.* Alvarenga & Höfling, 2003; *Ibid.* Agnolín, 2009; *Ibid.* Alvarenga *et al.*, 2011.
    - Buffetaut E. (2013) Who discovered the Phorusrhacidae? An episode in the history of avian Palaeontology. En: Göhlich, U. B. & Kroh, A. (Eds.) Paleornithological Research 2013, Proceedings 8th International Meeting of the Society of Avian Paleontology and Evolution, Wien, Naturhistorisches Museum, pp. 123-133.

571   - Patterson, B. (1941) A new phororhacoid bird from the Deseado formation of Patagonia. Geological Series, Field Museum of Natural History 8, 49-54.
    - Patterson, B. & Kraglievich, J. L. (1960) Systemática y nomenclatura de las aves fororracoideas del Plioceno argentino, Pub. Mus. Mun. Cienc. Nat. Tradicion Mar. del Plata 1, 3-49.
    - *Ibid.* Agnolín, 2009.

otros autores, solo existe la familia forusrácidos subdividida en varias subfamilias[572], siendo esta última disposición sistemática la preferida por los autores actuales. Con independencia de esto, los forusracoideos pueden subdividirse claramente en dos grupos, de acuerdo con el tamaño corporal y las proporciones esqueléticas. Uno de estos grupos es el compuesto por las aves más gráciles y pequeñas de la familia psilóptéridos (*Psilopteridae*); otro, el de las aves más grandes y robustas de la familia forusrácidos. Las clasificaciones más recientes basadas en análisis filogenéticos[573] llegan a conclusiones similares, subrayando la proximidad entre los forusrácidos y las seriemas, todos ellos clasificados entre *Cariamae*, que también incluyen varias formas próximas que no pertenecen a forusrácidos (Figura 55).

Familia *Phorusrhacidae*

Subfamilia *Mesembriornithinae*
– *Mesembriornis incertus* (Mioceno Superior Argentina)
– *Mesembriornis milneedwardsi* (Plioceno Argentina)
– *Llallawavis scagliai* (Plioceno Argentina)
– *Procariama simplex* (Mioceno Superior Argentina)

Subfamilia *Psilopterinae*
– *Psilopterus affinis* (Oligoceno Superior Argentina)
– *Psilopterus bachmanni* (Mioceno Inicial Argentina)
– *Psilopterus colzecus* (Mioceno Superior Argentina)
– *Psilopterus lemoinei* (Mioceno Inicial Argentina)

Subfamilia *Phorusrhacinae*
– *Kelenken guillermoi* (Mioceno Medio de Argentina.
– *Devincenzia pozzi* (Mioceno Superior/Plioceno Uruguay-Argentina)
– *Titanis walleri* (Plioceno de Estados Unidos)
– *Paraphysornis brasiliensis* (Oligoceno Superior Brasil)
– *Andrewsornis abbotti* (Oligoceno Superior Argentina)
– *Andalgalornis steulleti* (Mioceno Superior Argentina)
– *Patagornis marshi* (Mioceno Inicial Argentina)
– *Phorusrhacos longissimus* (Mioceno Inicial Argentina)
– *Physornis fortis* (Oligoceno Superior Argentina)
– *Eleutherornis cotei* (Eoceno Medio Francia- Suiza)
– *Lavocatavis africana* (Eoceno Inicial Argelia Central)

Figura 54. Sistemática de la familia forusrácidos (*Phorusrhacidae*).
Modificado de Angst & Buffetaut (2017).

---

572 *Ibid.* Alvarenga & Höfling, 2003; *Ibid.* Alvarenga *et al.*, 2011; *Ibid.* Degrange *et al.*, 2012; *Ibid.* Tambussi & Degrange, 2013.
573 *Ibid.* Agnolín, 2009; *Ibid.* Alvarenga *et al.*, 2011.

	Altura estimada (cm)	Masa estimada (kg)
Psilopterus bachmanni	60 - 80	4.5 - 5
Psilopterus lemoinei	---	8 - 13
Procariama simplex	70	10
Andalgalornis steulleti	90 - 100	45 - 50
Patagornis marshi	90 - 100	26 - 50
Masembriornis milneedwardsi	110 - 170	70
Phorusrhacos longissimus	140 - 240	94 - 130
Paraphysornis brasiliensis	140 - 240	180

Figura 55. Posición de filogenética de *Phorusrhacidae* según:
A. Agnolin (2009) y B. Alvarenga *et al.* (2011).

Se conocen representantes de la superfamilia fororacoideos en América del Sur, América del Norte y África, además de quizás en Europa[574] y en la región antártica[575]. El registro seguro más antiguo de Fororacoideos procede del Oligoceno-Eoceno temprano de Argentina y está representado por psilopterinos (*Psilopterinae*) inde-

574 Un tarsometatarso fósil de Lissieu (Francia) y una pelvis incompleta de Egerkingen (Suiza), ambos del Eoceno medio, han sido atribuidos al taxón *Eleutherornis cotei*, un ave de tamaño mediano atribuida a forusrácidos psilopterinos. Pero el poco material disponible hace difícil confirmar esta atribución.
- *Ibid.* Angst *et al.*, 2013.
575 En los depósitos del Paleoceno-Eoceno de la Isla Rey Jorge (Islas Shetland del Sur), huellas tridáctilas atribuidas a forusrácidos o ratites, pero lo cierto es que los informes de huesos de forusrácidos de regiones antárticas son aparentemente erróneos, mientras que se conocen ratites de esa zona.
- Case, J. A., Woodburne, M. & Chaney, D. (1987) A gigantic phororhacoid (?) bird from Antarctica. Journal of Paleontology 61, 1280-1284.
- *Ibid.* Tambussi & Acosta Hospitaleche, 2007.
- *Ibid.* Angst & Buffetaut, 2017.

terminados[576], mientras que los últimos registros del grupo están representados por los forusrácidos (*Phorusrhacinae*) *Titanis walleri* del Plioceno norteamericano y *Devincenzia pozzii* del Plioceno superior-Pleistoceno inferior de Uruguay[577].

En cuanto a biogeografía de los forusrácidos, está claro que las formas norteamericanas son inmigrantes recientes que vinieron de América del Sur durante el *Gran Intercambio de Fauna Americana* que comenzó en el Plioceno, con el surgimiento del istmo de Panamá. Por otro lado, las relaciones entre los forusrácidos sudamericanos, africanos y europeos son menos claras, pero la posibilidad de que sean excluidos los materiales europeos atribuidos a este grupo de aves simplificaría la explicación de su dispersión. En este sentido, todos los fororacoideos conocidos anteriores al Pleistoceno proceden de Sudamérica, lo cual sugiere que su origen y posterior diversificación en dicho continente fue antes del Eoceno.

¿QUÉ CONVIERTE UN AVE EN TERRORÍFICA?

Al observar las reconstrucciones de los forusrácidos, su aspecto recuerda a la imagen inquietante que suele tenerse de dinosaurios carnívoros, como los famosos velocirráptores. Pero la cuestión es que, aunque el público a menudo asocia los forusrácidos con las «aves del terror», lo cierto es que no todas las especies de este grupo alcanzan esa siniestra categoría. A continuación, descubriremos que la morfología anatómica de los forusrácidos revela una serie de detalles diferenciadores que permiten comprender qué convierte a una de estas aves en «terroríficas».

El gran tamaño de algunos forusrácidos ha sido enfatizado desde los primeros estudios relevantes, ya que los autores a menudo insis-

576 Tonni, E. P. & Tambussi, C. P. (1988) Un nuevo Psilopterinae (Aves: Ralliformes) del Mioceno tardío de la provincia de Buenos Aires, República Argentina. Ameghiniana 25, 155-160.

577 Tambussi, C. P., Ubilla, M. & Perea, D. (1999) The youngest large carnassial bird (*Phorusrhacidae, Phorusrhacinae*) from South America (Pliocene–Early Pleistocene of Uruguay). J. Vertebr. Paleontol. 19, 404-406.

ten en el hecho de que el cráneo de algunas formas era más grande que el de un caballo. Sin embargo, existe una amplia gama de tamaños dentro de este grupo: *Psilopterinae* son las formas más pequeñas, mientras que algunos *Phorusrhacinae* alcanzaron un tamaño muy grande. En cuanto a la masa corporal de los forusrácidos, las primeras estimaciones fueron propuestas en 2003[578], basadas en comparaciones con aves actuales de tamaños similares, tales como el avestruz y la seriema (*Cariama*), entre otras. Como ya vimos, en 2012, Degrange y sus colegas estimaron el peso de varios forusrácidos de la Formación Santa Cruz (Mioceno inferior) basándose en diversos métodos (Figura 55)[579].

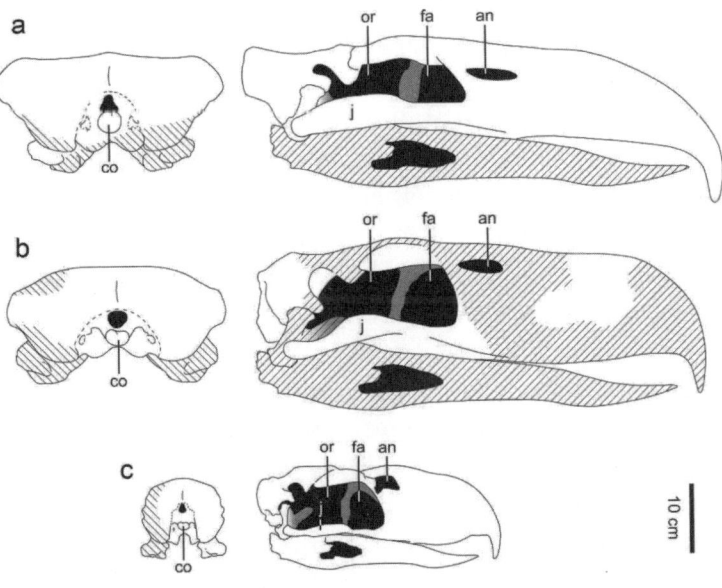

Figura 56. Resumen de los valores de tamaños y masas corporales estimadas para los diferentes grupos de forusrácidos. Valores obtenidos por Degrange *et al.* (2012) y Alvarenga & Höfling (2003).

578   *Ibid.* Alvarenga & Höfling, 2003.
579   *Ibid.* Degrange *et al.*, 2012.

De manera general, las aves del terror podían llegar a alcanzar gran tamaño, siendo uno de los ejemplares más grandes *Titanis walleri*, cuyos restos se han encontrado en el sur de Estados Unidos. Sin embargo, con algo más de 3 metros de altura, el forusrácido de mayor tamaño es *Kelenken guillermoi*, un nuevo género y especie descrito en 2007 que procede del Mioceno medio del noroeste de la Patagonia (Argentina), cuyo cráneo alcanza los 71,6 cm de longitud, un tamaño comparable con el cráneo de un caballo adulto (Figura 56)[580].

***

Otra característica que acerca las denominadas aves del terror a la imagen de un carnosaurio son, además de su aspecto, el hecho de que su modo de vida era exclusivamente terrestre. De hecho, los forusrácidos son aves *Cariamae* descendientes de aves voladoras que perdieron esa capacidad y, tras fortalecer sus extremidades posteriores, desarrollaron una locomoción cursorial. Cabe señalar que la incapacidad de volar de los forusrácidos, unida al aumento de su tamaño corporal y al marcado dimorfismo sexual en tamaño establecido por algunos investigadores[581], son aspectos que, como hemos visto, se consideran característicos de las aves insulares.

Generalmente se acepta que los taxones de forusrácidos de tamaño mediano o grande no podían volar debido a su peso y sus alas reducidas. Por otro lado, los forusrácidos psilopterinos (*Psilopterinae*), más pequeños y primitivos, presentan unas extremidades anteriores fuertemente desarrolladas, por lo que, según algunos autores, habrían retenido la capacidad de realizar vuelos cortos, especialmente las especies del género *Psilopterus*, cuyo peso de entre 5 y 10 kg no era demasiado elevado para poder volar.

Sin embargo, las alas de los psilopterinos son más cortas que las patas traseras y es probable que se desplazaran más caminando o

---

580   Bertelli, S., Chiappe, L. M. & Tambussi, C. (2007) A new phorusrhacid (Aves: *Cariamae*) from the Middle Miocene of Patagonia, Argentina. Journal of Vertebrate Paleontology, 27, 409-419.

581   *Ibid.* Alvarenga & Höfling, 2003.

corriendo que volando, lo que sugiere un tipo de locomoción parecido al de las actuales avutardas (*Otididae*) y seriemas (*Cariamidae*). Actualmente sigue debatiéndose la capacidad de volar de los psilopterinos, y, si realmente podían volar, su vuelo debió de ser bastante torpe, como el de las actuales seriemas[582]. De hecho, estas últimas aves presentan un plumaje muy suave y laxo poco capacitado para el vuelo, compuesto por plumas poco consistentes y filamentosas[583].

Basándose en la morfología del carpometacarpo se supuso que el ala de *Titanis walleri* y otras especies relacionadas era robusta y se caracterizaba por poseer un pulgar móvil equipado probablemente con una poderosa garra utilizada para sujetar a la presa[584], lo que haría que estas aves se pareciesen aún más a un dinosaurio. Esta interpretación ha dado lugar a varias recreaciones donde se representa al ave con una especie de dedo con garras en sus alas y ha sido cuestionada argumentando que la articulación en cuestión es similar a la que se puede observar en *Cariamidae*[585].

Como las demás aves que han perdido su capacidad de volar y sus hábitos terrestres, han quedado bien establecidos basados en la reducción de sus extremidades anteriores y una elevada masa corporal. El modo de locomoción de los forusrácidos está lógicamente determinado por la morfología anatómica asociada a sus extremidades traseras, caracterizadas por ser muy largas, aparentemente adecuadas para perseguir a sus presas, lo que apoyaría el modo de vida depredador; además, la comparación de las extremidades posteriores con las de los grupos existentes sugiere que lo más seguro es que los psilopterinos eran caminantes y limícolas, mientras que los mesembriornitinos y patagornitinos eran aves corredoras[586].

582 Degrange, F. J., Tambussi, C. P., Taglioretti, M. L., *et al.* (2015) A new *Mesembriornithinae* (Aves, *Phorusrhacidae*) provides new insights into the phylogeny and sensory capabilities of terror birds. J. Vertebr. Paleontol. 35, e912656.

583 Cracraft, J. (1982) Phylogenetic relationships and transantartic biogeography of some gruiform birds. Geobios 6, 393-402.

584 Chandler, R. (1997) New discoveries of *Titanis walleri* (Aves: *Phorusrhacidae*) and a new phylogenetic hypothesis for the Phorusrhacids. Jour. Vert. Paleont. 17 (3), supl. 36-37A.

585 Gould, G. C. & Quitmyer, I. R. (2005) *Titanis walleri*: Bones of contention. Bull. Fla. Mus. Nat. Hist. 45, 201-229.

586 Degrange, F. J. (2017) Hind limb morphometry of terror birds (Aves, Cariamiformes, Phorusrhacidae): Functional implications for substrate

Los segmentos más alargados de las extremidades posteriores de los forusrácidos son el tibiotarso y el tarsometatarso, siendo este último hueso generalmente largo y estrecho, aunque en algunas formas particularmente grandes es más robusto debido a sus implicaciones para la locomoción. Además, la fuerza de los huesos de algunas especies también puede implicar un comportamiento de patadas para incapacitar a sus presas

Los forusrácidos tienen tres dedos relativamente cortos y uno pequeño y elevado, que es una característica relacionada con los hábitos terrestres, por lo que se consideran tridáctilos[587]. Se ha debatido la función de las falanges ungueales de los forusrácidos y se ha propuesto que las del segundo dedo pudieron ser útiles para retener presas, de manera similar a las seriemas existentes, mientras que otros autores argumentaron que las falanges ungueales grandes, curvadas y comprimidas lateralmente pudieron tener la función de apuñalar una presa. La fuerza de los huesos de algunas especies seleccionadas también puede implicar un comportamiento de patadas para incapacitar a sus presas[588].

El desconocimiento de huellas claramente atribuibles a forusrácidos reduce la información disponible sobre su modo de locomoción. Las primeras y únicas huellas fósiles conocidas asignadas a forusrácidos se hallaron recientemente en la Formación Río Negro de la Patagonia, están muy bien conservadas y las denominaron *Rionegrina pozosaladensis*. Estas huellas fueron analizadas en 2023 para obtener información sobre los hábitos locomotores de forusrá-

preferences and locomotor lifestyle. Earth Environ. Sci. Trans. R. Soc. Edinb. 106, 257–276.

587 Raikow, R. J. (1985) En: King, A. S. & McLelland, J. (Eds.) *Form and Function in birds* Academic Press. 57-147.

588 - Blanco, R. E. & Jones, W. W. (2005) Terror birds on the run: A mechanical model to estimate its maximum running speed. Proc. R. Soc. B 272, 1769-1773.
- Jones, W. W. (2010) *Nuevos Aportes Sobre la Paleobiología de los Fororrácidos (Aves: Phorusrhacidae) Basados en el Análisis de Estructuras Biológicas* PhD thesis, Universidad de Ciencias.
- Degrange, F. J. (2012) *Morfología del Cráneo y Complejo Apendicular en Aves Fororracoideas: Implicancias en la Dieta y Modo de Vida* PhD thesis, Universidad Nacional de La Plata.
- Oswald, T., Curtice, B., Bolander, M. & Lopez, C. (2023) Observation of claw use and feeding behavior of the red-legged seriema and its implication for claw use in deinonychosaurs. J. Arizona-Nevada Acad. Sci. 50, 17–21.

cidos de mediano tamaño del Mioceno tardío (hace unos 8 Ma) [589].
Los resultados del estudio de las huellas indican que aquellas aves
desarrollaron fuertes adaptaciones cursoriales en sus dedos y se diferencian de las huellas didáctilas del Cretácico inferior por afinidad
con los deinonicosaurios[590].

Es probable que la masa corporal del Forusrácido que produjo
las huellas *Rionegrina pozosaladensis* sea mayor a la estimada en el
estudio. El enorme Forusrácido *Kelenken guillermoi* queda descar-
tado como productor potencial de las huellas debido a su gigantesco
tamaño y a que es más antiguo, por lo que el productor más probable
es un forusrácido de tamaño mediano a grande, probablemente perteneciente a un mesembriornitino, aunque no es posible una coincidencia exacta con un género conocido.

Por otro lado, la pelvis de los forusrácidos, alargada y muy com-
primida lateralmente, es propia de un tipo de locomoción cursorial y
suele considerarse que eran aves corredoras capaces de alcanzar altas
velocidades mientras persiguen a sus presas. Se ha propuesto que los
forusrácidos podían alcanzar grandes velocidades, llegando a seña-
larse una velocidad cercana a 97 km/h[591], aunque generalmente se
proponen velocidades menores más cercanas a las que alcanzan aves
corredoras actuales como el avestruz, de en torno a 60 km/h.

Pero lo cierto es que existen diferencias significativas entre los
distintos taxones en la robustez del esqueleto de las extremidades
traseras en relación con la masa corporal y, en ese sentido, han eva-
luado el tipo de locomoción de diferentes forusrácidos, basándose en
las proporciones entre largo y ancho del tarsometatarso[592]. Los resultados obtenidos indican que la locomoción de *Paraphysornis bra-*

589   Melchor, R. N., Feola, S. F., Cardonatto, M. C., Espinoza, N., Rojas-Manriquez,
      M. A. & Herazo, L. (2023) First terror bird footprints reveal functionally
      didactyl posture. Scientific Reports 13: 16474.
590   Deinonicosaurios (*Deinonychosauria*) son dinosaurios terópodos Manirraptores,
      que vivieron en lo que hoy es América, Europa, África, Asia y la Antártida, desde
      el Jurásico medio al Cretácico superior (hace entre 167 y 65 Ma).
591   Blanco, E. R & Jones, W. W. (2005) Terror birds on the run: a mechanical model
      to estimate its maximum running speed. Proc. R. Soc. B 272, 1769-1773.
592   - Angst, D., Buffetaut, E., Lecuyer, C. & Amiot, R. (2015) A new method for
      estimating locomotion type in large ground birds. Palaeontology 59, 217-223.
      - Angst, D. & Chinsamy, A. (2017) Ecological implications of the revised
      locomotory habits of the giant extinct South American birds (Phorusrhacidae
      and Brontornithidae). Contrib. Mus. Argent. Cienc. Nat. 7, 17-38.

siliensis y *Kelenken guillermoi* era graviportal, probablemente asociada con su robustez general y su considerable masa corporal. Los resultados obtenidos indican que forusrácidos como *Paraphysornis brasiliensis* y *Kelenken guillermoi* tenían un tipo de locomoción graviportal más lenta, tal vez asociada con su robustez general y su considerable masa corporal, que los permitía atacar presas grandes y bastante lentas, como grandes mamíferos[593]. Por otro lado, los resultados indican que en los forusrácidos más pequeños y livianos, como *Psilopterus lemoinei*, *Psilopterus bachmanni* y *Phorusrhacos longissimus*, la locomoción era del tipo cursorial y basaban su dieta en la recolección de carroña o la caza con emboscada.

***

Denominar «aves del terror» a los forusrácidos indica que fueron unos depredadores formidables, porque los animales más terroríficos son, sin duda, carnívoros. Desde que se descubrieron restos craneales suficientemente completos, quedó claro que los forusrácidos eran aves carnívoras, dotadas de un robusto pico ganchudo que debió de ser un arma letal para sus presas [594]. Además, en consonancia con una dieta carnívora, la mandíbula inferior de los forusrácidos no muestra ninguna superficie extensa para la inserción de los músculos aductores mandibulares, muy desarrollados en las aves herbívoras y débiles en las carnívoras[595], mostrando también en los pies fuertes garras comparables a las de las aves rapaces.

Todas las características anteriores, unidas al gran tamaño de varios forusrácidos, les permitieron situarse rápidamente entre los mayores depredadores de su época y ocupar el nivel más alto de la cadena trófica. Durante el Terciario, la radiación evolutiva de estas aves en América del Sur estuvo asociada con la existencia en este continente aislado de ecosistemas específicos, donde los carnívo-

---

593 Por ejemplo, en la Formación Tremembé *Paraphysornis brasiliensis* aparece junto a *Astrapotheria* y *Pyrotheria*.
594 *Ibid.* Ameghino, 1887.
595 *Ibid.* Angst *et al.*, 2014a.

ros terrestres no aviares eran marsupiales y cocodrilos terrestres que probablemente se movían muy despacio. Esto facilitó el desplazamiento de las grandes aves corredoras carnívoras, que pudieron desarrollar y ocupar nichos ecológicos específicos, especialmente en los ambientes abiertos que se expandieron durante los cambios climáticos del Neógeno[596].

Los forusrácidos debieron cazar presas de tamaños muy diversos, dependiendo de la envergadura de cada especie, de manera que los pequeños psilopterinos se alimentaban de vertebrados de menor tamaño e incluso de invertebrados, y las especies más grandes podían alimentarse de animales de tamaño mucho mayor. En este sentido, destaca el hecho de que en la mayoría de las formaciones que contienen restos de forusrácidos aparecen especies de diferentes tamaños, lo que probablemente indique que compartían diferentes nichos ecológicos de carnívoros.

Se ha planteado que los forusrácidos debieron poder tragar enteras a sus pequeñas presas y destrozar a las más grandes con sus garras[597]. En un artículo de divulgación científica sobre forusrácidos publicado en 1895, Édouard Trouessart informó[598] en una carta que Ameghino menciona la existencia de bolitas fosilizadas hechas de huesos de animales triturados de aspecto bastante similar a las regurgitadas por las rapaces nocturnas. Es difícil asegurar que se trataba de egagrópilas atribuibles a forusrácidos, ya que no consta su mención en ninguna publicación de Ameghino, aunque la posible interpretación del paleontólogo argentino puede verse respaldada por pequeñas masas calcificadas (pellets) procedentes de depósitos del Mioceno superior del norte de Argentina descritas en 2009[599], que contienen huesos y dientes de pequeños roedores con rastros de corrosión atribuidos a los jugos gástricos, muy similares a las egagrópilas regurgitadas de las actuales aves rapaces. Como las únicas aves carnívoras registradas en aquellos estratos son forusráci-

596   *Ibid.* Tambussi & Degrange, 2013.
597   *Ibid.* Tambussi, 2011.
598   Trouessart, E. (1895) Les oiseaux géants de la Patagonie australe. La Nature 23, 87-91.
599   Nasif, N. L., Esteban, G. I. & Ortiz, P. E. (2009) Novedoso hallazgo de egagrópilas en el Mioceno tardío, Formación Andalhuala, provincia de Catamarca, Argentina. Ser. Correl. Geol. 25, 105-114.

dos, las egagrópilas pueden atribuirse a una especie identificada allí, *Procariama simplex*, cuyo pequeño tamaño (70 cm de altura y 10 kg de peso estimado) está en consonancia con el de los pellets hallados. Por otro lado, esta interpretación parece plausible, dado que las seriemas actuales, estrechamente relacionadas con forusrácidos, regurgitan bolitas.

Los *Cariamidae* son aves exclusivamente carnívoras que se alimentan de grandes insectos y pequeños vertebrados, a los cuales capturan con su pico y golpean contra el suelo hasta matarlos y poder así tragar a su presa entera[600]. La tendencia hacia la carnivoría se ve mayormente evidenciada en los fororacoideos, que pueden ser considerados como el punto culmen de la carnivoría dentro del grupo. Estas aves se caracterizan por su rostro muy curvado en la parte anterior, notablemente fuerte y alto, sin duda relacionado con la captura de presas. La morfología del paladar y el cráneo sugieren una fuerte musculatura para abrir y cerrar las mandíbulas, del mismo modo que la de la sínfisis mandibular indica una fuerte resistencia a los movimientos medio-laterales durante la masticación.

Dentro de los Fororacoideos, la familia forusrácidos presenta unas características craneales correlacionables con un aumento de la musculatura mandibular y la captura de presas, una tendencia incrementada en forusrácidos como *Devincenzia* y *Kelenken*. De hecho, dentro de los Fororacoideos se aprecia un progresivo aumento en el tamaño y altura del rostro y la sínfisis mandibular, que comienza en el grácil *Psilopterus* y culmina en el robusto *Devincenzia*[601].

✳✳✳

A pesar de las importantes diferencias de tamaño entre los distintos taxones, los forusrácidos son relativamente homogéneos desde

---

600   *Ibid.* Marshall, 1978.
601   - *Ibid.* Bertelli et al., 2007.
      - Degrange, F., Moreno, K., Wroe, S., Tambussi, C. P., & Witmer, L. (2008) A computational biomechanical approach to the reconstruction of predatory behavior in the terror bird *Andalgalornis steulleti*. Jour. Vert. Paleont. 28(3), supl.: 71A.

un punto de vista anatómico y su cráneo se conoce a partir de un número bastante grande de ejemplares. Destaca por sus grandes dimensiones en relación con el resto del cuerpo, y su pico, muy comprimido lateralmente, termina en un fuerte gancho similar al de las rapaces actuales y diferente de los picos altos no ganchudos de gastornítidos y dromornítidos.

En 2010, la mortífera capacidad del pico córneo de las forusrácidos llevó a Degrange y sus colegas a realizar un estudio biomecánico y un análisis funcional del pico en relación con la estrategia de matanza de estas aves[602]. Aplicaron análisis de elementos finitos a un cráneo de *Andalgalornis steulleti*, un forusrácido de mediano tamaño (masa estimada en unos 40 kg) que vivió hace unos 7 Ma (Figura 57), y los resultados obtenidos se podían extrapolar a otras especies de la familia, dado que todos sus cráneos son desproporcionadamente grandes y se asemejan al de las aves rapaces. De hecho, es significativo que el cráneo de los forusrácidos sea rígido al perder la cinesis craneal por la fusión de elementos óseos y el endurecimiento de las zonas de flexión, ocasionando que el pico perdiese su movilidad en relación con la parte posterior del cráneo, a diferencia de lo que ocurre en la mayoría de las aves.

La biomecánica del cráneo de *Andalgalornis* y, por comparación, la de otros forusrácidos de tamaño mediano a grande, indica que tenían un cráneo rígido y acinético. La fuerza de mordida estimada en la punta del pico de *Andalgalornis* es de 133 Newton y la reconstrucción de las fuerzas ejercidas sobre el mismo, comparadas con los resultados obtenidos para una seriema y un águila, sugiere que el pico estaba particularmente restringido lateralmente, mientras que las restricciones dorsoventrales eran menos marcadas. Esto implica que el pico de los forusrácidos, a pesar de ser bastante robusto, habría sido lateralmente débil, motivando que corriera el riesgo de fracturarse si se viese sometido a grandes presiones mecánicas.

602 Degrange, F. J., Tambussi, C. P., Moreno, K., Witmer, L. M. & Wroe, S. (2010) Mechanical analysis of feeding behavior in the extinct "Terror Bird" *Andalgalornis steulleti* (Gruiformes: *Phorusrhacidae*). Plos One 5-e11856.

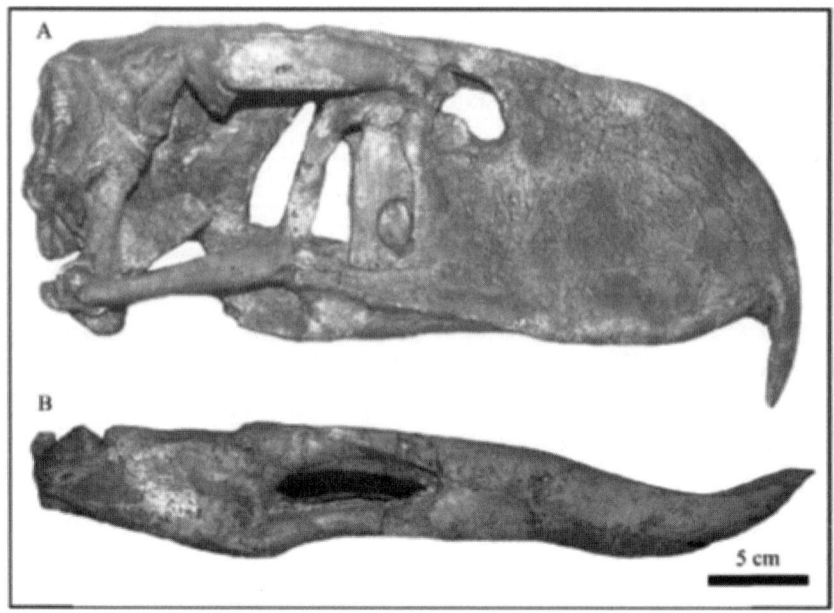

Figura 57. Reconstrucciones de *Kelenken guillermoi* (A), *Devincenzia pozzi* (B) y *Patagornis marshi* (C) en vistas occipital (izquierda) y lateral, (derecha). Modificado de Bertelli *et al.*, 2007.

Una posibilidad que se ha planteado es que la dieta de los forusrácidos pudo ser carroñera, alimentándose de presas muertas que no corrían riesgo de retorcerse. De hecho, varios autores han concluido que, de haber sido predadores activos, los forusrácidos apenas habrían podido agarrar y sujetar con el pico presas grandes y retorcidas, por lo que su dieta se basaba en presas bastante pequeñas que podían tragar enteras o en atacar a presas más grandes empleando una estrategia de embestida y retroceso, asestando con el pico repetidos golpes sagitales precisos para que, una vez muerta la presa, pudiera ser partida en trozos y devorada con mayor facilidad.

De todas formas, el hecho de que el pico de forusrácidos pudiera fracturarse ante presas que se revolviesen durante su captura, no implica que la fuerza de mordida no fuera elevada. En este sentido, en un estudio que ya hemos mencionado[603], Degrange y sus colegas evaluaron la fuerza de mordida de varios forusrácidos de la

---

603   *Ibid.* Degrange *et al.*, 2012.

Formación Santa Cruz, extrapolada en función de su masa corporal, que, a su vez, se evaluó en función de la circunferencia del fémur. El resultado fue que en psilopterinos la fuerza de mordida es más débil, con valores de 49,5 N[604] para *Psilopterus bachmanni* y 64 N para *Psilopterus lemoinei*, mientras que en forusrácidos dicha fuerza es más fuerte, con valores de 110 N para *Patagornis marshi* y 196 N para *Phorusrhacos longissimus*. Es indiscutible que el resultado de un picotazo vertical propiciado por una de estas aves sería fatal para la víctima, equivaliendo a un potente golpe con un hacha u otro instrumento cortante.

El cráneo de forusrácido mejor conservado pertenece a *Kelenken guillermoi*, del Mioceno medio del noroeste de la Patagonia (Argentina)[605], representado, entre otros materiales, por un cráneo que es el más grande conocido entre las aves[606]. Dada la escasez de cráneos bien conservados de los forusrácidos de mayor tamaño, este fósil proporciona mucha información anatómica novedosa sobre la morfología craneana de estas aves.

De hecho, antes de conocerse el cráneo de *Kelenken*, la morfología craneal de los forusrácidos gigantes (con cráneos de más de 60 cm de largo) solía reconstruirse como una versión a escala de los cráneos mejor conservados de sus parientes mucho más pequeños. El descubrimiento de *Kelenken* ha mostrado las diferencias significativas que distinguen la morfología craneal de los forusrácidos gigantes de la de sus parientes más pequeños y gráciles, lo cual indica que las reconstrucciones del cráneo de los grandes forusrácidos basadas en sus parientes más pequeños no están justificadas.

Partiendo de que la geometría del pico de los forusrácidos había sufrido cambios y su cráneo tendió hacia una mayor rigidez (pérdida de cinesis)[607], Degrange propuso en 2021 que la evolución del cráneo de estas aves estuvo influenciada por la adaptación a un nicho muy

---

604 El Newton (N) es la unidad de medida de la fuerza en el sistema internacional de unidades, que se define como $1 \text{ kg} \cdot \text{m/s}^2$, la fuerza que proporciona a una masa de 1 kilogramo una aceleración de 1 metro por segundo en cada segundo.

605 *Ibid.* Bertelli *et al.*, 2007.

606 Chiappe, L. M. & Bertelli, S. B. (2006) Skull morphology of giant terror birds. Nature 443, 929.

607 A partir de una presunta morfología similar a una seriema actual.
 - *Ibid.* Degrange *et al.*, 2010.

específico entre las aves depredadoras y, de hecho, la morfología del cráneo desarrollada por los forusrácidos representa un diseño único entre las aves neornitas[608].

El paleontólogo argentino distinguía dos morfotipos de cráneo en forusrácidos: el tipo psilopterino y el tipo «ave del terror». El primer morfotipo conservaría en mayor medida el estado ancestral de las características craneales del grupo y estaría formado por las especies de forusrácidos menos masivas (subfamilias *Psilopterinae* y *Mesembriornithinae*). El segundo morfotipo podría considerarse como una especialización evolutiva hacia la rigidez e inmovilidad del cráneo y estaría formado por las especies de forusrácidos de mayor tamaño, que presumiblemente cazaban presas más grandes. Este segundo morfotipo representaría la condición derivada de los forusrácidos e incluiría a las verdaderas *aves del terror* (subfamilias *Patagornithinae* y *Phorusrhacinae*). Además, las diferentes morfologías de las fosas temporales indican que los músculos mandibulares del morfotipo del *ave del terror* son más grandes que los del otro morfotipo, en correlación con las fuerzas de mordida necesarias para las presas de mayor tamaño.

LA EXTINCIÓN DE LOS FORUSRÁCIDOS

Los ambientes habitados por forusrácidos de América del Sur han sido analizados en los lugares que han aportado la mayor parte de los restos conocidos y los estudios sobre sus paleoambientes se han centrado principalmente en las formaciones neógenas de Argentina. El conjunto particularmente diverso de forusrácidos representado en la avifauna de la Formación Santa Cruz (parte superior del Mioceno inferior) permitió a los investigadores concluir que estas aves habitaban un ambiente similar al actual Chaco húmedo, donde se alternan áreas abiertas y zonas más boscosas a lo largo de ríos y esteros. Además, de acuerdo con su tipo de locomoción cursorial, han plan-

---

608   Degrange, Federico J. (2021): A revision of skull morphology in Phorusrhacidae (Aves, Cariamiformes), Journal of Vertebrate Paleontology e1848855.

teado que los forusrácidos, especialmente las especies de tamaño mediano a grande, prefieren las áreas abiertas, y por la abundancia de aves cursoriales se ha establecido que los ambientes son abiertos con presencia de áreas más boscosas[609].

Las condiciones climáticas se deterioraron significativamente en la Patagonia desde el Mioceno tardío en adelante, con temperaturas más bajas y una mayor aridez, por lo que los forusrácidos de esa época debieron vivir en ambientes caracterizados por pastizales abiertos, donde convivieron con otras aves corredoras como los Réidos. La tendencia climática que comenzó a finales del Mioceno persistió durante el Plioceno, donde se han encontrado forusrácidos junto a una robusta Réida en un ambiente estepario[610], por lo que la paulatina aridificación de la Patagonia durante el Neógeno no parece haber tenido un efecto nocivo sobre los forusrácidos, que estaban bien adaptados a ambientes abiertos, especialmente gracias a su tipo de locomoción.

***

Los Fororacoideos fueron los carnívoros dominantes durante el Terciario tardío sudamericano, alcanzando su apogeo en el Mioceno inferior, y durante el Mio-Plioceno decrecen abruptamente en variedad y cantidad[611]. La edad de los últimos forusrácidos sudamericanos sigue siendo un tema de discusión. En 1999 la paleornitóloga Claudia Patricia Tambussi y sus colegas describieron un tibiotarso perteneciente a un gran ejemplar de forusrácido en Raigón, Uruguay[612] (Plioceno al Pleistoceno temprano). Un año después, el investigador brasileño Herculano Alvarenga y sus colegas atribuyeron un tarsometatarso incompleto de un ejemplar de Forusrácido bastante pequeño de la Formación Dolores de Uruguay (Pleistoceno

609   *Ibid.* Tambussi, 2011; *Ibid.* Degrange *et al.*, 2012.
610   *Ibid.* Tambussi, 2011; *Ibid.* Tambussi & Degrange, 2013.
611   Tonni, E. (1980) The present state of knowledge of the Cenozoic birds of Argentina. Contrib. Sci., Nat. Hist. Mus. Los Angeles County 330, 104-114.
612   *Ibid.* Tambussi *et al.*, 1999.

medio a superior)[613]. Este último hallazgo fue cuestionado, pero en la misma Formación han reportado más recientemente especímenes nuevos atribuidos a *Psilopterinae* y datados hace 96.040 ± 6300 años[614]. De ser cierto esto último, los forusrácidos pudieron persistir en Uruguay hasta el Pleistoceno tardío. La presencia de pequeños forusrácidos en Uruguay durante el Pleistoceno tardío significaría que las formas grandes todavía presentes en América del Sur a finales del Plioceno e incluso principios del Pleistoceno podrían haber desaparecido antes que las formas más pequeñas, tal vez víctimas de la competencia de grandes carnívoros placentarios, mientras que las pequeñas pudieron persistir por más tiempo.

Se han planteado otras hipótesis para explicar la extinción de los últimos fororacoideos psilopterinos registrados. Así, basándose en que los cóndores (*Cathartidae)* fueron abundantes durante el Plioceno temprano, algunos autores[615] plantearon la posibilidad de que la extinción de los últimos psilopterinos registrados fue ocasionada posiblemente por el desplazamiento que habrían sufrido debido a la competencia por la carroña con los buitres y cóndores. Sin embargo, la estructura del tarsometatarso de los psilopterinos indica que probablemente eran cazadores activos[616], por lo que no parece que compitieran por el alimento con las aves carroñeras.

Además, hubo forusrácidos que lograron instalarse en Norteamérica. Así, la especie *Titanis walleri* fue descrita mediante restos hallados en sedimentos inicialmente atribuidos al Pleistoceno superior de Florida y el Pleistoceno tardío de Texas[617], aunque revisiones posteriores remitieron al Plioceno todo el material de ambas

613 Alvarenga, H. M. F., Jones, W. & Rinderknecht, A. (2010) The youngest record of phorusrhacid birds (Aves, Phorusrhacidae) from the late Pleistocene of Uruguay, N. Jb. Geol. Paläontol. Abh. 256, 229-234.
614 Jones, W., Rinderknecht, A., Alvarenga, H., Montenegro, F. & Ubilla, M. (2018) The last terror birds (Aves, *Phorusrhacidae*): new evidence from the late Pleistocene of Uruguay. Paläontologische Zeitschrift 92, 365-372.
615 Tonni, E. P. & Noriega, J. I. (1998) Los cóndores (*Vulturidae*) de la región pampeana de la Argentina durante el Cenozoico tardío: distribución, interacciones y extinciones. Ameghiniana 32, 141-150.
616 - *Ibid.* Tonni & Tambussi, 1988.
      - Acosta Hospitaleche, C. & Tambussi, C. (2005) Phorusrhacidae Psilopterinae (Aves) en la Formación Sarmiento de la localidad de Gran Hondonada (Eoceno Superior), Patagonia, Argentina. Rev. Española Paleont. 20, 127-132
617 - *Ibid.* Brodkorb (1963).

localidades[618]. En 2007, MacFadden y sus colegas concluyeron que *Titanis* llegó a Norteamérica durante el Gran Intercambio Faunístico Americano, a principios del Plioceno, por lo que nada sugiere que fuera víctima inmediata de la competencia o depredación de animales provenientes del norte y, como se extinguió antes de comenzar el Pleistoceno, no pudo haber coexistido con los primeros seres humanos que llegaron a Norteamérica. Según MacFadden y sus colegas, *Titanis* pudo haber desaparecido debido a la competencia de grandes mamíferos carnívoros (cánidos, félidos y úrsidos) que se diversificaron en la región durante el Plioceno[619].

Varios autores proponen que la completa extinción de los forusrácidos se debe a que fueron desplazados de sus nichos por los carnívoros placentarios que ingresaron en Sudamérica a través del Istmo de Panamá[620]. Pero también debe tenerse en cuenta que, antes de la apertura del istmo, estas aves ya se encontraban en decrecimiento numérico en el Mioceno superior, al igual que muchos grupos de mamíferos nativos. En este sentido, cabe señalar que, al igual que numerosos grupos de ungulados nativos (como *Litopterna*, *Notoungulata* y otros), los forusrácidos tuvieron una gran diversidad durante gran parte del Mioceno, sufriendo una importante reducción en su número a comienzos del Plioceno, hasta casi desaparecer a finales del período, sobreviviendo escasamente en el Pleistoceno. Esta similitud de patrones sugiere que, al igual que ocurrió con los ungulados nativos, el empobrecimiento ecológico debido a cambios climáticos puede haber sido la principal causa de la extinción de los forusrácidos.

- Baskin, J. (1995) The giant flightless bird *Titanis walleri* (Aves: *Phorusrhacidae*) from the Pleistocene coastal plain of South Texas. Jour. Vert. Paleont. 15, 842-844.

618 *Ibid.* Gould & Quitmyer (2005).

619 MacFadden, B. J., Labs-Hochstein, J., Hulbert, R. C. & Baskin, J.A. (2007) Revised age of the late Neogene terror bird (*Titanis*) in North America during the Great American Interchange. Geology, 35: 123-126.

620 - Marshall, L. & Ciffellli, R. (1990) Analysis of changing diversity patterns in Cenozoic Land Mammal Age faunas of South America. Palaeovertebrata 19, 169-210.

Epílogo

Probablemente, la característica que mejor define a las aves en general son sus alas y no las plumas, que, como todos sabemos, también las poseían muchos dinosaurios. En este contexto parece lógico que la adquisición de la capacidad de volar ha jugado un papel fundamental en el triunfo evolutivo del grupo aviar y, por ese motivo, resulta paradójico que las aves de mayor tamaño que han habitado nuestro planeta alcanzaran su cima evolutiva tras perder la capacidad de volar.

El título del libro, *Historia de las aves terrestres extintas*, hace referencia al éxito y extinción de unas enormes aves que no utilizaban sus alas para volar. De hecho, en algunas de aquellas aves, las alas quedaron reducidas a muñones que a veces ni se apreciaban, mientras que otras aves las conservaron, pero relegando su papel al de meros adornos para exhibir durante el cortejo, o al de herramientas para las luchas territoriales y para mantener el equilibrio cuando se desplazaban a la carrera.

Los numerosos grupos de grandes aves terrestres que evolucionaron tras la extinción de los grandes reptiles debieron su éxito a las condiciones medioambientales de la Tierra en la primera mitad del Terciario, muchos de cuyos ecosistemas les brindaron nichos ecológicos en los que poder diversificarse. Pero a lo largo del Neógeno, la redistribución de las masas continentales y los consiguientes cambios medioambientales que acontecieron, junto a la exitosa e imparable diversificación de los mamíferos, afectaron negativamente de las grandes aves terrestres.

En los últimos millones de años se redujeron progresivamente las oportunidades para las poblaciones de las grandes aves terrestres, y su distribución fue quedando relegada a las que por entonces eran las regiones más aisladas del planeta, como la América del Sur previa al cierre del Istmo de Panamá, Australia y algunas islas. Finalmente, los seres humanos seríamos los responsables, directos o indirectos, de que desaparecieran muchas de las últimas grandes aves terrestres.

Aves como los avestruces, ñandúes, emúes, casuarios y kiwis siguen ahí para recordarnos que hubo un día en que la diversidad de los *gigantes alados* fue enorme. Si bien hubo varios actores involucrados en su desaparición, la parte final de este drama nos corresponde y nos enseña que nuestra obligación es preservar las pocas especies que aún habitan nuestro planeta.

Índice onomástico